Kohlhammer

Der Autor

Dr. Malte Riemann, geb. 1982 in Wilhelmshaven, lehrt seit 2014 Verteidigungs- und Sicherheitspolitik an der Royal Military Academy Sandhurst, GB. Studium in Bremen, Pietermaritzburg (SA) und Reading (GB), 2003–2009; Stipendiat des Deutschen Akademischen Austauschdienstes; Stipendiat der Earhart Foundation; Promotion zum Dr. phil. 2016 in Reading (GB). Seine Forschung konzentriert sich auf die Historizität gewalttätiger, nichtstaatlicher Akteure, Praktiken der Militarisierung, Internationale Politische Soziologie und das Verhältnis zwischen Medizin, Bevölkerungsgesundheit und bewaffneter Gewalt. Er ist Gründer und Mitherausgeber der *Sandhurst Trends in International Conflict* Buchreihe (Howgate Publishing) und seine Aufsätze erschienen in verschiedenen Fachzeitschriften, darunter das *Journal for Global Security Studies*, *Critical Public Health*, *RUSI Journal*, *Small Wars Journal*, *Peace Review* und *Discover Society*.

Malte Riemann

Der Krieg im 20. und 21. Jahrhundert

Entwicklungen und Strategien

Verlag W. Kohlhammer

Für meine Eltern
Christel und Lutz Riemann

Dieses Werk einschließlich aller seiner Teile ist urheberrechtlich geschützt. Jede Verwendung außerhalb der engen Grenzen des Urheberrechts ist ohne Zustimmung des Verlags unzulässig und strafbar. Das gilt insbesondere für Vervielfältigungen, Übersetzungen, Mikroverfilmungen und für die Einspeicherung und Verarbeitung in elektronischen Systemen.

Die Wiedergabe von Warenbezeichnungen, Handelsnamen und sonstigen Kennzeichen in diesem Buch berechtigt nicht zu der Annahme, dass diese von jedermann frei benutzt werden dürfen. Vielmehr kann es sich auch dann um eingetragene Warenzeichen oder sonstige geschützte Kennzeichen handeln, wenn sie nicht eigens als solche gekennzeichnet sind.

Es konnten nicht alle Rechtsinhaber von Abbildungen ermittelt werden. Sollte dem Verlag gegenüber der Nachweis der Rechtsinhaberschaft geführt werden, wird das branchenübliche Honorar nachträglich gezahlt.

Umschlagbild: Lancashire Fusiliers Trench Beaumont Hamel, 1. Juli 1916, Imperial War Museum, Wiki Commons: https://commons.wikimedia.org/wiki/File:Lancashire_Fusiliers_trench_Beaumont_Hamel_1916.jpg (abgerufen am 07.05.2020).

1. Auflage 2020

Alle Rechte vorbehalten
© W. Kohlhammer GmbH, Stuttgart
Gesamtherstellung: W. Kohlhammer GmbH, Stuttgart

Print:
ISBN 978-3-17-032767-2

E-Book-Formate:
pdf: ISBN 978-3-17-032768-9
epub: ISBN 978-3-17-032769-6
mobi: ISBN 978-3-17-032770-2

Für den Inhalt abgedruckter oder verlinkter Websites ist ausschließlich der jeweilige Betreiber verantwortlich. Die W. Kohlhammer GmbH hat keinen Einfluss auf die verknüpften Seiten und übernimmt hierfür keinerlei Haftung.

Inhaltsverzeichnis

Vorwort		7
1	**Krieg und Kriegsführung**	**9**
1.1	Kriegsursachentheorien	11
1.2	Kriegsformen	14
1.3	Moderne Kriegsführung	16
1.4	Kriegsfolgen	25
2	**Der Erste Weltkrieg**	**31**
2.1	Entwicklungen der Kriegsführung vor und zu Beginn des Ersten Weltkrieges	32
2.2	Kriegsführung im Ersten Weltkrieg	40
2.3	Der Erste Weltkrieg: ein totaler Krieg?	51
3	**Der Zweite Weltkrieg**	**55**
3.1	Entwicklungen der Kriegsführung vor und zu Beginn des Zweiten Weltkrieges	56
3.2	Der Kriegsverlauf in Europa	60
3.3	Der Zweite Weltkrieg zu See: Die Atlantikschlacht	70
3.4	Der Luftkrieg	72
3.5	Irreguläre Kriegsführung im Zweiten Weltkrieg	77
4	**Der Kalte Krieg**	**81**
4.1	Was war der »Kalte Krieg«?	82
4.2	Nuklearstrategien im Kalten Krieg	85
4.3	Heißer Friede: *Insurgency* und *Counterinsurgency* im Kalten Krieg	94
5	**Der Krieg nach dem Ende des Kalten Krieges**	**105**
5.1	*Revolution in Military Affairs*?: Der Erste Irakkrieg (1990–1991)	106
5.2	Die »Neuen Kriege«	111
6	**Der Krieg im 21. Jahrhundert**	**119**
6.1	Der Krieg gegen den Terrorismus	119
6.2	Hybride Kriege	126
6.3	*Remote warfare*: Kriegsführung aus sicherer Distanz	131

	6.4	Der Cyber-Krieg – Kriegsführung im Informationszeitalter...	139
7	**Die Zukunft des Krieges: Ein Ausblick**		**145**
	7.1	Künstliche Intelligenz und autonome Waffensysteme	145
	7.2	Urbane Kriegsführung: die Rückkehr der Stadt als Schlachtfeld...	149
	7.3	Neurologische Kriegsführung.................................	152

Literaturverzeichnis **155**

Abbildungsverzeichnis **167**

Vorwort

Im Jahre 1898 erschien das nicht weniger als 4 000 Seiten umspannende Werk *Der Krieg* des polnischen Bankiers Ivan Bloch. In diesem Werk, welches im folgenden Jahr als Übersetzung in verschiedenen europäischen Sprachen veröffentlicht wurde, argumentierte Bloch, dass die Industrielle Revolution und die hierdurch möglich gewordenen neuen Technologien ein Anzeichen dafür sind, »dass der künftige Krieg zur Unmöglichkeit wird.« (Bloch 1899, XI) Zur Begründung seiner These führte Bloch die enorme Steigerung der Feuerkraft moderner Waffen an, welche den Krieg zu einer selbstmörderischen Angelegenheit machen würde. Auf einer ähnlichen Logik fußten politische und militärstrategische Überlegungen nach dem Ersteinsatz nuklearer Kernwaffen zum Ende des Zweiten Weltkrieges. Diese Waffen, so schien es, machten die Kriegsführung so gefährlich, dass sie aufhörten, eine politische Funktion, welche bloße Gewalt von Krieg unterscheidet, zu erfüllen. Das Zerstörungspotential nuklearer Kernwaffen im Einklang mit Blochs Überlegungen über den Krieg an der Schwelle zum 20. Jahrhundert machte den Krieg nun erst recht zu einer selbstmörderischen Angelegenheit. Der amerikanische Verteidigungsminister Robert McNamara gab dieser Auffassung mit seiner in den frühen 1960er-Jahren formulierten Strategie der *mutually assured desctruction* Ausdruck, welche mit dem passenden Akronym MAD (verrückt) abgekürzt wurde. Obwohl beide Voraussagungen auf menschlicher Vernunft und der Logik der Selbsterhaltung basierten, so lagen sie dennoch falsch, denn Staaten haben seit dem Beginn des 20. Jahrhunderts nicht aufgehört, Kriege zu führen. Tatsächlich war das zurückliegende Jahrhundert zweifellos die blutigste Periode in der Geschichte der Menschheit und auch das 21. Jahrhundert ist bisher von Kriegen geprägt. Dieses Buch bietet eine Einführung in die Geschichte des Krieges und der Kriegsführung im 20. und 21. Jahrhundert.

Thematisch beginnt dieses Buch mit der Frage nach dem Wesen des Krieges. (▶ Kap. 1) Hierbei werden verschiedene Kriegsursachentheorien angeführt, unterschiedliche Kriegsformen beleuchtet, die Ebenen der modernen Kriegsführung beschrieben und ein Ausblick auf die Folgen des Krieges angestellt. Dieser Ausführung über den modernen Krieg folgen sieben chronologisch aufgebaute Kapitel mit unterschiedlichen Fallstudien. (▶ Kap. 2–6) Die erste Fallstudie bildet hierbei der Ersten Weltkrieg (1914–1918). (▶ Kap. 2) Im Fokus der Analyse stehen der Stellungskrieg in Europa sowie den sich hiervon unterscheidenden Krieg in den Kolonien der europäischen Mächte. Hierauf folgt eine Betrachtung des Zweiten Weltkrieges (1939–1945). (▶ Kap. 3) Der Schwerpunkt liegt hierbei auf den europäischen Schlachtfeldern. Thematisch wird zunächst der konventionelle Krieg zwischen den Achsenmächten und den Alliierten beleuchtet, um diesen dem Partisanenkrieg in den besetzten Territorien gegenüberzustellen. Auf dieses Kapitel folgt eine Betrachtung des

Kalten Krieges. (▶ Kap. 4) Im Zentrum dessen stehen einerseits die militärstrategischen Überlegungen der ideologisch verfeindeten Blöcke in Bezug auf die Nuklearstrategie und andererseits Theorien des Aufstandskampfes sowie der Aufstandsbekämpfung. Im darauffolgenden Kapitel werden die Kriege nach dem Ende des Kalten Krieges beleuchtet. (▶ Kap. 5) Statt einer Beschreibung verschiedener Konflikte, welche in den 1990er-Jahren stattfanden, stehen zwei unterschiedliche Theorien zur Transformation des Krieges im Zentrum der Analyse. Die vorletzte Fallstudie betrachtet die gegenwärtige Entwicklung des Krieges. (▶ Kap. 6) Im Vordergrund stehen hierbei der Krieg gegen den Terror als neue, globale Form des Krieges, der Vormarsch hybrider und asymmetrischer Kriegsführung, die durch technologische Entwicklungen, wie etwa Kampfdrohnen, zunehmende Kriegsführung auf Distanz (*remote warfare*) sowie die immer größer werdende Rolle des Cyber-Krieges als Folge der digitalen Revolution. Den Abschluss bildet ein Ausblick auf die Zukunft des Krieges. (▶ Kap. 7)

Ein so weitläufiges Phänomen, welches der Krieg und die Kriegsführung im 20. und 21. Jahrhundert darstellen, kann natürlich in einem Buch nicht vollständig, wenn dies überhaupt im Bereich des Möglichen liegt, erfasst werden. Für eine Vertiefung bezüglich der betrachteten Teilbereiche sei deshalb auf die zitierten Quellen verwiesen.

1 Krieg und Kriegsführung

»Der Krieg [...] ist ein wahres Chamäleon, weil er in jedem konkreten Falle seine Natur etwas ändert.«

(Carl von Clausewitz 1989, S. 212)

Was ist Krieg? Diese Frage mag zunächst trivial klingen, glauben wir doch, dass dieses Phänomen für uns klar zu erkennen ist. Wir beziehen uns hierbei zumeist auf gegenwärtige (Syrien, die Ukraine) und geschichtliche Ereignisse (der Erste und Zweite Weltkrieg), welche mit diesem Begriff beschrieben und dadurch begreifbar werden. Darüber hinaus benutzen wir den Begriff des Krieges, um unterschiedliche Aspekte wie Kriegstechniken, Motivationen und Ursachen verschiedener Kriege und Kriegsformen begrifflich einzuordnen. In diesem Sinne finden wir eine endlose Liste an Kriegsbegriffen: totaler Krieg, Kalter Krieg, Weltkrieg, konventioneller und nuklearer Krieg, Angriffs- und Verteidigungskrieg, Stellvertreterkrieg, Revolutionskrieg, Unabhängigkeitskrieg, Dekolonisationskrieg, Eroberungskrieg, Guerillakrieg, Heiliger Krieg, ethnischer Krieg, Bürgerkrieg, humanitärer Krieg und viele andere. Aufgrund dieser unterschiedlichen Kriegsbegriffe stellt sich die Frage, ob der Krieg ein Wesen hat. Oder anders ausgedrückt, ob diese unterschiedlichen Konfliktformen und Begriffe etwas ihnen Inhärentes haben, welches die Benutzung des Begriffes Krieg ermöglicht. Um den Krieg somit zu ergründen, benötigen wir zunächst eine Definition. Hierbei wird schnell das klar, dass es für Krieg keine allgemein akzeptierte Definition gibt. Bluhm und Geis geben dieser Problematik Ausdruck:

»In den Sozialwissenschaften kann man sich selten auf eine allgemeingültige Definition von Begriffen einigen, pluralistische Deutungen und unterschiedliche konzeptuelle Zuspitzungen von sozialen Phänomenen, die historischem Wandel unterliegen, sind die Regel.« (Bluhm/Geis 2004, S. 420)

Schon ein kurzer Blick auf die Geschichte des Krieges reicht aus, um sich der Schwierigkeit eines solchen Unterfangens bewusst zu werden, da die Bedeutungen, Absichten, Mittel, Wege und Ergebnisse des Krieges einer immerwährenden Transformation unterworfen sind. Der Krieg, wie der berühmte preußische General Carl von Clausewitz (1780–1831) bereits im 19. Jahrhundert anmerkte, ist somit ein Chamäleon, welches sich seinen Umweltbedingungen anpasst. Moderner drückt dies der Politikwissenschaftler Sven Chojnacki aus. »Weil Krieg immer auch mit den Strukturen und dem Wandel interner und externer gesellschaftlicher Rahmenbedingungen verkoppelt ist, unterliegt er als soziale und politische Praxis vielfältigen, historisch kontingenten Veränderungsprozessen«. (Chojnacki 2004, S. 403) Dass der Krieg »zugleich auch selbst Motor des Wandels« (Chojnacki 2004, S. 403) ist, der Geschichte verändert und transformiert, erschwert darüber hinaus eine begriffliche

1 Krieg und Kriegsführung

Definition. Der Krieg ist in diesem Sinne ein Chamäleon, das sich nicht nur seiner Umgebung anpasst und somit seine Gestalt wandelt, sondern das auch seine Umgebung verwandelt. Anna Geis merkt deshalb an: »Krieg ›wesenhaft‹ oder zeitlos gültig zu definieren, ist angesichts seiner Historizität, seines Gestalt- und Formwandels im Laufe der Geschichte, seiner vielfältigen Erscheinungsformen wohl kaum möglich.« (Geis 2006, S. 14)

Trotz dieser definitorischen Probleme oder gerade deswegen ist der Krieg Gegenstand wissenschaftlicher und politischer Debatten, in denen wir »unterschiedliche Konzepte und Deutungsrahmen von dem, was Krieg ist« finden. (Ehrhart 2017, S. 9) Ein Ansatzpunkt ist es Krieg, quantitativ zu erfassen. Am bekanntesten ist die an der University of Michigan entwickelte *Correlates of War* Datenbank. Diese klassifiziert gewaltsame Konflikte mit mindestens 1 000 kampfbedingten Todesopfern innerhalb eines Zeitraums von zwölf Monaten und an denen organisierte Streitkräfte beteiligt sind als Krieg. (Sarkees/Wayman 2010) Dieser Ansatz ist vielfältig kritisiert worden. Erstens ist die Schwelle von 1 000 Kriegstoten schwer nachzuvollziehen (können etwa gewaltsame Konflikte mit 999 Todesopfern nicht als Krieg gelten?). Zweitens sind präzise Daten über Kriegsopferzahlen oft schwer zu erhalten. Und drittens stellt sich die Frage, ob Krieg nur über dessen physische Auswirkungen definiert werden sollte.

Ein anderer Ansatz ist es, den Krieg qualitativ anhand seiner funktionalen Charakteristika zu erfassen. Clausewitz tat dies als einer der ersten in seinem unvollendeten Hauptwerk *Vom Kriege* (1832). Für Clausewitz ist der Krieg die »Fortsetzung des politischen Verkehrs mit Einmischung anderer Mittel«. (Clausewitz 1980, S. 674) Krieg wird als »politisches Werkzeug« verstanden, dessen Ziel es ist, einem Gegner den eigenen Willen aufzuzwingen. Den Krieg verbindet hierbei »stets die Tirade aus Ziel (Niederwerfen des Gegners), Mittel (Anwendung physischer Gewalt) und politischem Zweck (Aufzwingen des eigenen Willens).« (Tsetsos 2014, S. 22) An Clausewitz' Kriegsdefinition wird vornehmlich kritisiert, dass diese zu kurz greift, da »neben politischen Zwecken Kriege auch aus anderen Gründen geführt werden. Die Motive reichen von ideologischen und religiösen Ansichten über persönlichen Geltungsdrang von Eliten bis hin zur individuellen Bereicherung.« (Tsetsos 2014, S. 23) Weitergefasst lässt sich Krieg in Anlehnung an Clausewitz als organisierte Gewalt zwischen zwei oder mehreren organisierten Gruppen zur Durchsetzung politischer, wirtschaftlicher, ideologischer und militärischer Interessen verstehen.

Neben quantitativen und qualitativen Ansätzen hat sich in den letzten Jahren der Ansatz der kritischen Kriegsstudien (*Critical War Studies*) (Barkawi/Brighton 2011) entwickelt. Aus dieser Perspektive, angelehnt an das Werk des französischen Philosophen Michel Foucault, wird der Krieg als ein ontogenetischer Moment des sozialen Lebens verstanden. Der Krieg wird den *Critical War Studies* folgend als ein generativer und produktiver Gewaltakt definiert, der kein Wesen hat, sondern als transformative Kraft verstanden werden muss. Hüppauf sieht deshalb Krieg als etwas an das sich aus Gewalt und Diskurs zusammensetzt. »Es gibt keinen Krieg ohne einen gesellschaftlichen Diskurs aus Reflexion, Imagination und Gedächtnis. Der Diskurs ist im Krieg. Zugleich ist auch der Krieg stets im Diskurs.« (Hüppauf 2013, S. 32)

Was als Krieg bezeichnet wurde und wird, ist somit historischen Veränderungen unterworfen und in hohem Maße von politischen Interessen, rechtlichen Interpretationen, ideologischen Standpunkten und kulturellen Traditionen abhängig, auf welche der Krieg selbst transformativ einwirkt. Aufgrund dieser Vielzahl von Kriegsverständnissen ist aus der Sicht des Völkerrechtes »der Begriff des Krieges funktionslos geworden« (Bothe 2007, S. 469) In der Charta der Vereinten Nationen kommt der Begriff nur einmal vor und die »stattdessen verwendeten juristischen Bezeichnungen lauten ›internationaler bewaffneter Konflikt‹ und ›nichtinternationaler bewaffneter Konflikt‹« (Ehrhart 2007, S. 9) Abschließend ist somit festzuhalten, dass der Krieg ein definitorisch schwer erfassbares Phänomen ist.

1.1 Kriegsursachentheorien

Neben der Frage, was der Krieg ist, ist auch die Frage nach den Gründen des Krieges umstritten. Dieser Frage wird in der Kriegsursachenforschung nachgegangen. Es gibt in der Kriegsursachenforschung keine einheitliche Theorie, vielmehr finden sich verschiedene Erklärungsmodelle, auf welche im Folgenden eingegangen werden soll. Kriegsursachen zwischen Staaten können in drei unterschiedliche Analyseebenen unterteilt werden: »das Individuum, die Gesellschaft bzw. der Staat und das internationale System.« (Bonacker/Imbusch 1996, S. 88) In der Kriegsursachenforschung finden sich für jede dieser drei Analyseebenen unterschiedliche Erklärungsmodelle.

1) Auf der Ebene des Individuums stehen zwei Erklärungsansätze im Mittelpunkt.
   - Einerseits wird postuliert, dass der Krieg zur Natur des Menschen gehört. »Hier wird der Mensch mit seinen Neigungen, Trieben und seinem Machwillen als Quelle der Gewalt ausgemacht, die die Ursache für Konflikte im allgemeinen und Kriege im Besonderen ist.« (Bonacker/Imbusch 1996, S. 88)
   - Ein zweiter individualistischer Ansatz leitet die Kriegsursache von der Natur spezifischer Individuen (z. B. Staatsoberhäupter, religiöse Führer) ab. Dieser Ansatz basiert auf der Annahme, dass die psychologischen und persönlichen Charakteristika von Personen in Führungspositionen die Entscheidung zum Krieg beeinflussen. Kriege, nach diesem Ansatz, wären anders verlaufen oder hätten nicht stattgefunden, wenn ein bestimmtes Individuum keine politische Macht innegehabt hätte. (Tsetsos 2014) So stellt sich hier z. B. die Frage, ob der Zweite Weltkrieg auch ohne Hitlers Ernennung zum Reichskanzler ausgebrochen wäre.
2) Auf der gesellschaftlichen Ebene wird der Ausbruch organisierter Gewalt in der Organisation und Struktur der kriegsführenden Akteure verortet. Der amerikanische Politikwissenschaftler Kenneth Waltz fasste diesen Erklärungsansatz mit der Prämisse »bad states lead to war« (Waltz 1959, S. 122) zusammen. Dieser Prämisse folgend bestimmen die Binnenstruktur eines Staates (politisch-gesellschaftlich), dessen Verfassungsform und die von dieser Verfassungsform maßgeblich geprägte politische Praxis das internationale Verhalten eines Staates.

(Waltz 1959) Despotische Unrechtsregime, z. B. tendieren eher dazu, binnen- sowie außenpolitische Konflikte mit Gewalt zu lösen als rechtsstaatlich verfasste Gemeinwesen.

3) Das internationale System bildet den dritten Kriegserklärungsansatz. Diesem liegt eine spezifische Interpretation der internationalen Politik zugrunde, nach der die Struktur des internationalen Systems durch die Abwesenheit einer höheren Autorität gekennzeichnet ist. Durch ihre Abwesenheit finden sich Staaten in einem anarchischen Selbsthilfesystem wieder. Da Anarchie »Zwangsregulierung seitens einer übergeordneten Autorität entbehrt« (Herz 1974, S. 57), zwingt der reine Selbsterhaltungswille die Staaten zum Machtwettstreit; »ihrer eigenen Sicherheit wegen müssen sie, wenn sie nicht den Untergang riskieren wollen, auf Verteidigung gegen einen möglichen Angriff gerüstet sein«. (Herz 1974, S. 57) Dies führt zu einem Sicherheitsdilemma, in welchem Staaten kontinuierlich ihre eigene Sicherheit erhöhen (z. B. durch Aufrüstung), welches gleichzeitig in anderen Staaten ein Gefühl der Unsicherheit hervorruft und diese ebenfalls dazu zwingt, ihre eigene Sicherheit zu erhöhen. Obwohl die Sicherheitserhöhung der Verteidigung dienen soll, wird diese oft als Bedrohung wahrgenommen, welche unter Umständen zum Krieg führen kann. Der internationale Erklärungsansatz betrachtet den Krieg somit als endemische Eigenschaft des Staatensystems, welcher nur durch eine grundlegende Änderung dieses Systems überwunden werden kann. Innerhalb der Disziplin der Internationalen Beziehungen ist dieser Erklärungsansatz jedoch stark umstritten. Die Kritik reicht hierbei von einer Ablehnung der Annahme, dass das internationale System inhärent anarchisch ist (Wendt 1992), das internationale Kooperation den Effekt der Anarchie regulieren kann (Milner 1991) und das Anarchie nur eine diskursive Konstruktion ist. (Ashley 1988)

Neben diesen unterschiedlichen Analyseebenen sind speziell seit dem Ende des Kalten Krieges und dem gesteigerten Interesse an innerstaatlichen Konflikten weitere Gründe für den Ausbruch des Krieges angeführt worden. Eine der prägendsten Wissenschaftlerinnen in dieser Debatte ist die Engländerin Mary Kaldor. Basierend auf einer qualitativen Analyse des Konfliktes in Bosnien und Herzegowina argumentiert Kaldor, dass in den 1980er- und frühen 1990er-Jahren eine neue Art von organisierter Gewalt (Gewalt zur privaten Bereicherung) entstanden ist, die als »Neuer Krieg« bezeichnet werden kann. (▶ Kap. 5.2) Diese Kriege müssen im Kontext der Schwächung der staatlichen Souveränität durch die Globalisierung verstanden werden, welche zu innenpolitischen Krisen durch die internationale Verflechtung mit anderen globalen Risiken wie der Ausbreitung von Krankheiten, der Anfälligkeit für Katastrophen und Armut führt. (Kaldor 2000) Kennzeichnend für diese Kriege ist eine spezifische Kriegsökonomie. Diese basiert auf Raub und Kriminalität, weshalb Konfliktparteien kein Interesse an einer Beendigung des Konfliktes besitzen, da die Re-Etablierung eines staatlichen Gewaltmonopols negative Auswirkungen auf diese hätte. Neben der Kriegsökonomie wurde auch besonderes Augenmerk auf die Rolle von Ethnizität als Konfliktursache »Neuer Kriege« gelegt. Jüngste Beispiele sind der Völkermord in Ruanda und die Balkankriege. Ethnizität schließt Identitätskonflikte mit ein, bei denen kriegsführende Gruppen aufgrund einer bestimmten Identität (z. B. Stammesverband), Religion oder Sprache politische Machtansprüche stellen.

Die beiden wichtigsten theoretischen Diskurse über ethnische oder kulturelle Konflikte sind erstens die primordialistische und zweitens die konstruktivistische Theorie. Der primordiale Ansatz meint, dass ethnische Konflikte in uraltem Gruppenhass und Gruppenloyalitäten verwurzelt sind und dass diese alten Quellen der Feindseligkeit und Erinnerungen an vergangene Gräueltaten kollektives Selbstverständnis und Handeln bestimmen, wodurch Gewalt nur schwer zu vermeiden ist. (Kaplan 1994) Die konstruktivistische Konflikttheorie nimmt an, dass Ethnizität ein soziales Konstrukt ist, welches von Eliten als Instrument zur gewaltsamen Mobilisierung missbraucht wird.

> »Die konstruktivistische Perspektive verdeutlicht, dass die Identität jedes Individuums und jeder Gruppe keineswegs nur durch ethnische Merkmale bestimmt wird. Daneben besteht eine Vielzahl weiterer Prägungen: Stand, Dynastie, Religion, Weltanschauung, Klasse, Geschlecht, Alter, Einkommen, Bildung usw.« (Schrader 2012)

Durch den Prozess der »Ethnisierung« werden solche Eigenschaften marginalisiert oder durch ethnische Eigenschaften ersetzt. Kritiker der ethnischen Konflikttheorien argumentieren, dass diese zu monokausal seien und oftmals die politischen und wirtschaftlichen Wurzeln von Konflikten nicht angemessen analysieren. (Stewart 2002) Untersuchungen zur relativen Benachteiligung in Gesellschaften und ihrer Assoziation mit Konflikten kommen zu dem Ergebnis, dass bei einer signifikanten Diskrepanz zwischen dem, was Menschen glauben, das ihnen zusteht, und dem, was sie glauben zu bekommen, die Wahrscheinlichkeit eines (gewaltsamen) Konflikts besteht. (Gurr 1970) Politische Gewalt wird als wahrscheinlicher angesehen, wenn die Bevölkerung glaubt, dass die derzeitige politische Führung und/oder das sozioökonomische/politische System ihre Ansprüche nicht erfüllen kann oder rechtswidrig handelt. (Gurr 1970) Frances Stewart merkt hierzu an, dass Identität, Religion, und Klassenunterschiede Bevölkerungsgruppen entzweien könnten, aber diese Gruppenunterschiede führen nur dann zu Konflikten, wenn es Unterschiede in Bezug auf die Verteilung und Ausübung politischer und wirtschaftlicher Macht gibt. (Stewart 2002) Unterprivilegierte Gruppen könnten Gewalt als Mittel ansehen, um den Status quo zu verändern und ihre eigene Position zu verbessern, während privilegierte Gruppen möglicherweise Gewalt ausüben, um ihre Privilegien zu schützen, wenn sie glauben, dass diese gefährdet sind. Neben wirtschaftlichen, ethnischen und sozio-politischen Erklärungsansätzen hat die Konfliktforschung in neuerer Zeit auch auf die Folgen des Klimawandels als Konfliktkatalysator hingewiesen. Thomas Homer-Dixon argumentiert, dass Klimawandel und Bevölkerungszunahme die Nachfrage nach natürlichen Ressourcen erhöhen und eine Verknappung erneuerbarer Ressourcen wie Ackerland, Wasser und Wälder verursachen werden. Diese Verknappung kann tiefgreifende soziale Folgen haben, die zu ethnischen Zusammenstößen, Aufständen, städtischer Gewalt und anderen Formen von Konflikten führen können, insbesondere in Ländern mit niedrigem und mittlerem Einkommen. Es wird jedoch darauf hingewiesen, dass es schwierig ist, einen direkten Kausalzusammenhang zwischen Umweltveränderungen und Konflikten nachzuweisen. Dieser Kritikpunkt lässt sich gleichwohl auf alle Erklärungsmodelle anwenden, da kein allgemeines Erklärungsmodell alle Ursachen eines so komplexen Phänomens, wie es der Krieg ist, erfassen kann. Andreas Herberg-Rothe drückt diese Problematik wie folgt aus: »Wir haben es mit einem allgemeinen Problem der Sozialwissenschaft zu tun: Wie lässt sich in komplexen gesellschaftlichen Zusammenhängen mit unzähligen Wechselwirkungen und unbeabsichtigten Folgen nach eindeutigen Ursachen forschen?« (Herberg-Rothe 2003, S. 85)

1.2 Kriegsformen

Trotz der Problematik das Phänomen des Krieges zu definieren und dessen Ausbruchsursachen zu bestimmen, lässt sich doch eine konzeptuelle Unterscheidung zwischen Kriegsformen anstellen. Hierbei können Kriege in zwei unterschiedliche Typologien aufgeteilt werden. (Ruloff 2004) Einerseits gibt es konventionelle, auch symmetrisch genannte Kriege, bei denen beide Konfliktparteien aus Staaten mit regulären Streitkräften bestehen. Andererseits finden wir irreguläre Kriege, welche auch als unkonventionell oder asymmetrisch bezeichnet werden. Bei diesen Kriegen sind auf mindestens einer Seite irreguläre, nichtstaatliche Akteure wie Rebellen, Partisanen und Aufständische beteiligt. Diese beiden Kriegsformen strukturieren den weiteren Verlauf dieses Buches. Im Folgenden soll ein kurzer Einblick auf diese beiden Kriegsformen angestellt werden, bevor in den weiterführenden Kapiteln genauer auf Beispiele dieser Kriegsformen eingegangen wird. (▶ Kap. 2–6)

Konventionelle Kriege

Der konventionelle Krieg bezeichnet den klassischen Krieg zwischen staatlich organisierten und staatlich gelenkten Streitkräften, welcher durch eine relativ begrenzte Dauer, eine klare politische Zielsetzung und einer Trennung zwischen Kombattanten und Nichtkombattanten gekennzeichnet ist. Konventionelle Kriege beschreiben somit einen Idealtypus des Krieges, welcher charakteristisch für europäische Kriege vom späten 18. bis zur Mitte des 20. Jahrhunderts steht. (Kaldor 2000) Diese Kriege, wie der Politikwissenschaftler Charles Tilly anmerkt, waren eng mit dem Aufstieg des modernen Nationalstaates verbunden und somit ein zentraler Faktor des europäischen Staatsbildungsprozesses. (Tilly 1992) Der Krieg ermöglichte dem Staat die schrittweise Errichtung eines Gewaltmonopoles, was zu einer gleichzeitigen Eliminierung privater Gewaltakteure auf dem Staatsgebiet führte. Das Erheben von Steuern ermöglichte die Finanzierung von Berufsheeren und die Administration dieser Heere bereitete den Weg für die Errichtung modernen Bürokratiestrukturen. Tilly fasst diesen Prozess mit seinem bekannten Diktum »war made the state, and the state made war« (Krieg machte den Staat und der Staat machte Krieg) zusammen. (Tilly 1975, S. 42) In diesem Sinne sind konventionelle Kriege in ihrer Form symmetrisch. Symmetrie bezeichnet hier jedoch nicht einen Zustand von gleicher Stärke, sondern bezieht sich auf die Gleichartigkeit der Akteure, nämlich Staaten als Monopolisten des Krieges. Dieser Idealtypus des Krieges wurde zumindest theoretisch nach Regeln des internationalen Rechtes, wie etwa jenen in den Genfer und Haager Konventionen, geführt. Zu diesen Regeln gehört z. B. eine Unterscheidung zwischen Kombattanten und Nichtkombattanten, der Schutz der Zivilbevölkerung und gefangener Soldaten, eine klare Kriegserklärung zu Beginn sowie ein Friedensschluss am Ende der Kriegshandlungen. Diese Verstaatlichung und Verrechtlichung des Krieges werden in diesem Zusammenhang auch oft als »Hegung des Krieges« bezeichnet (Schmitt 1974), da sie die Kriegshandlung eingrenzen und zu einer Humanisierung der Kriegsführung beitragen sollen. Kennzeichnend für diese Kriege ist somit eine klare Unterscheidung zwischen öffentlich und privat, intern und extern, Ökonomie und Politik, zivil und militärisch, sowie Kombattanten und Nichtkombattanten.

Irreguläre Kriege

Irreguläre Kriege müssen im Gegensatz zu regulären Kriegen verstanden werden. Diese Kriege bezeichnen Konflikte, in denen ein oder mehrere Staaten gegen irreguläre Kampfgruppen wie etwa Rebellen, Partisanen, Guerilleros oder Terroristen kämpfen. (Heuser 2013) Kennzeichnend für diese Form des Krieges ist das asymmetrische Verhältnis der Kriegsteilnehmer. (Münkler 2006) Diese Asymmetrie ist sowohl konzeptueller Natur, da sich nichtstaatliche und staatliche Kampfgruppen als Gegner gegenüberstehen, als auch materieller Natur, da irreguläre Kräfte zumeist über weit geringere Ressourcen als deren staatliche Gegner verfügen. Da irreguläre Kräfte im Allgemeinen nicht über weitreichende Ressourcen verfügen, ist das Kampfgebiet der irregulären Kriege zumeist das Land. Obwohl irreguläre Kräfte meist qualitativ und quantitativ schwächere Kräfte im Vergleich zu dessen staatlichen Kontrahenten haben, so können sie jedoch auf besondere Stärken zurückgreifen. Dies sind »ihre Beweglichkeit, ihr Tarnvermögen aufgrund ihrer geringen Stärke und leichten Bewaffnung und ihrer Möglichkeit, Zeit und Ort des Angriffs bestimmen zu können.« (Heuser 2013, S. 16) Hinzukommt, dass die ihnen zahlenmäßig und qualitativ überlegenen konventionellen Truppen in einem irregulären Krieg selbst Schwächen aufweisen. Konventionelle Truppen müssen meist in einem ihnen unbekannten Gebiet und inmitten einer fremden Kultur operieren. Außerdem stellt die Versorgung konventioneller Truppen oft eine Achillesferse dar. Irreguläre Kriege machen gegenwärtig die Mehrzahl der weltweiten kriegerischen Konflikte aus. In der Forschung hat sich daraufhin der Begriff der »Neuen Kriege« etabliert (Kaldor 2000; Münkler 2002), um diese von den regulären Kriegen, welche als »alte Kriege« bezeichnet werden, abzugrenzen. (▶ Kap. 6)

Tab. 1: Unterschiede zwischen regulären und irregulären Kriegen.

	Reguläre Kriege	Irreguläre Kriege
Alternative Bezeichnung	Konventioneller Krieg; Zwischenstaatlicher Krieg	Asymmetrischer Konflikt; Kleiner Krieg; Guerilla; Bürgerkrieg; Aufstand (*insurgency*)
Teilnehmer	Staat vs. Staat	Staat vs. nichtstaatliche Akteure

1.3 Moderne Kriegsführung

Dieses Buch beschreibt Entwicklungen des modernen Krieges. Hierbei soll jedoch nicht der philosophischen Frage nachgegangen werden, was »modern« bedeutet oder die »Moderne« als Epoche ist. (siehe hierzu z. B. Habermas 1989; Walker 1993; Bauman 2005) Moderne Kriegsführung in diesem Buch bezieht sich auf Entwicklungen des Kriegsgeschehens seit dem Beginn des 20. Jahrhunderts. Obwohl sich der Krieg, wie oben beschrieben, nicht oder nur schwer definieren lässt, so muss doch eine Abgrenzung zu früheren Kriegen erfolgen. Dennoch lassen sich beim modernen Krieg eigentümliche Prozesse identifizieren, die den modernen Krieg von vorherigen Kriegen unterscheidet. Der moderne Krieg ist das Produkt dreier eigenständiger, jedoch eng miteinander verbundener Prozesse und Veränderungen, welche bis in das 16. Jahrhundert zurückreichen. Diese sind administrativer, technologischer und ideologischer Natur.

Der administrative Aspekt des modernen Krieges bezieht sich auf den Aufstieg des modernen Staates. Die Schaffung von Staatlichkeit und staatlichen Streitkräften führte zu klaren Unterscheidungen, die zuvor nicht existierten oder vage waren. Zu diesen gehören die Unterscheidung zwischen

1) öffentlich und privat (d. h. staatlich und nichtstaatlich);
2) intern (was innerhalb des klar definierten Staatsgebiets geschieht) und extern (außerhalb dieses Gebiets);
3) dem rechtmäßigen Waffenträger (Soldat) und dem unrechtmäßigen (Kriminellen);
4) der zivilen und militärischen Domäne.

Auf der technologischen Ebene ist zunächst die sich stetig erhöhende Feuerkraft seit dem 16. Jahrhundert hervorzuheben. Hinzukommt die durch technologische Entwicklungen möglich gewordene Erschließung weiterer Ebenen (z. B. unter Wasser und in der Luft) der Kriegsführung. Ein letzter Aspekt bezieht sich auf die Kommunikationstechnologie. Telegrafen, Telefone, Computer und andere Informationssysteme erhöhten die Mobilisierungsgeschwindigkeit, verbesserten die Gefechtssteuerung und kreierten eine, wenn auch umstrittene (Rid 2018), neue Domäne der Kriegsführung (Cyber). Die ideologische Komponente bezieht sich auf die vor allem durch die Französische Revolution (1789) beschleunigte Verbindung von Massenarmee und Nationalismus, welche den Weg in eine Totalisierung des Krieges ebnete.

Ebenen der Kriegsführung

Generell wird bei der Führung eines Krieges zwischen drei Ebenen mit andersgearteter Entscheidungsgewalt unterschieden. (▶ Abb. 1)

- Die strategische Ebene der Kriegsführung ist der Politik zuzuordnen. In einem militärischen Konflikt formuliert die politische Ebene die Zielsetzung und legt

das grundsätzliche militärische Vorgehen fest. Unter der Ägide der strategischen Zielsetzung ermittelt und bestimmt die Politik die nationalen Ressourcen, welche zur Erfüllung dieser notwendig sind und im Bereich des Möglichen liegen.
- Die operative Ebene der Kriegsführung bezieht sich auf die Planung und Ausführung militärischer Operationen im Hinblick auf die strategische Zielsetzung. Aufgabe der operativen Führung ist es, politische Absichten und militärstrategische Vorgaben in Befehle an die taktische Führung zu vermitteln. Hierbei definiert die operative Führung mögliche Ziele, fasst diese in operative Konzepte, Operationspläne sowie Operationsbefehle und koordiniert die Gesamtheit der dazu erforderlichen taktischen und logistischen Maßnahmen.
- Die taktische Ebene der Kriegsführung umschließt alle Sphären des direkten militärischen Gefechtes. Aufgabe der taktischen Ebene ist es, die Zielsetzungen der operativen Stufe durch die Planung und Ausführung militärischer Schlachten und Auseinandersetzungen auf dem Gefechtsfeld umzusetzen.

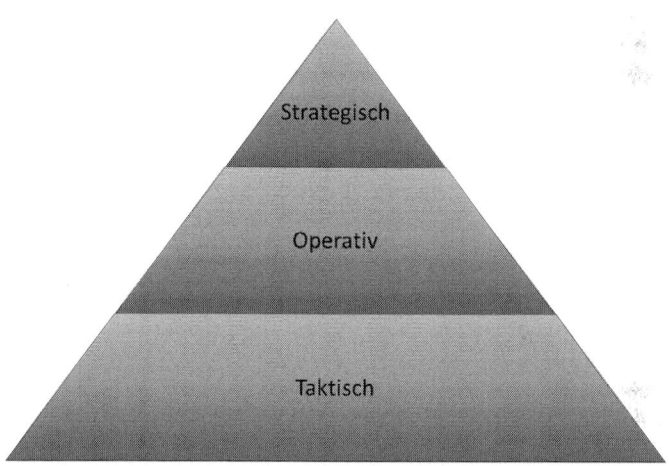

Abb. 1: Ebenen der Kriegsführung.

Formen und Domänen der Kriegsführung

Da unter dem Begriff Kriegsführung im Allgemeinen die Anwendung oder gedrohte Anwendung militärischer Gewalt verstanden wird, muss eine Untersuchung zur Kriegsführung den Fokus auf Kampfhandlungen, die eigentliche Raison der Streitkräfte, legen. Zunächst muss hierfür eine Beschreibung der unterschiedlichen Bereiche, in welchen Krieg geführt, wird angestellt werden. Im Folgenden sollen hierbei die drei Domänen, zu Lande, zur See, und in der Luft, welche den Krieg im 20. und 21. Jahrhundert geprägt haben, beleuchtet werden. In Kapitel 6 wird hinterfragt, ob mit der Cyber-Domäne eine weitere Kriegsdomäne hinzugekommen ist. (▸ Kap. 6)

Kriegsführung zu Lande

Denken wir an den Krieg, so denken wir zumeist als erstes an Konflikte, welche auf dem Land ausgetragen werden. Der Landkrieg umfasst die operativen und taktischen Kriegshandlungen, welche zur offensiven oder defensiven Kontrolle einer bestimmten Landmasse herangezogen werden. Heere sind die idealtypischen Akteure eines Bodenkrieges. Die Kriegsführung zu Lande wird durch vier wesentliche Merkmale gekennzeichnet, welche diesen von anderen geostrategischen Umgebungen unterscheidet. Dies sind:

1) die politische Bedeutung der Landdomäne,
2) die Vielfalt,
3) die Friktion
4) sowie die Undurchsichtigkeit der Landmasse. (Tuck 2016)

Der Krieg bietet die Möglichkeit, Territorien zu erobern und zu kontrollieren, welches oftmals zu ausschlaggebenden, politischen Konsequenzen führt. In diesem Sinne merkte der britische Strategietheoretiker Colin S. Gray an, dass der Kriegsführung zu Lande die Kraft innewohnt, eine politische Entscheidung herbei zu führen. (Gray 1999) Der Fähigkeit, eine Landmasse zu erobern und zu halten, kommt somit eine ausschlaggebende Rolle in militärischen Handlungen zu, da territoriale Kontrolle einen wesentlichen Teil der Funktionsfähigkeit und Legitimität von Regierungen bildet. Die kurzfristige Okkupation oder dauerhafte Annexion eines politischen Territoriums entscheidet deshalb oftmals über den Erfolg oder Misserfolg einer militärischen Operation. (Tuck 2016)

Neben der politischen Signifikanz bildet die topografische Vielfalt der Landmasse ein weiteres, herausstellendes Merkmal der Kriegsführung zu Lande. Dass der Bodenkrieg in unterschiedlichen topografischen Umgebungen geführt wird, unterscheidet diesen vom Seekrieg und Luftkrieg. Das Land ist eine komplexe Umgebung, welche Landstreitkräfte vor mehrere Probleme stellt.

> »Im Dschungel wird die Bewegung und Versorgung schwerer Kräfte beeinträchtigt; Probleme mit der Sichtbarkeit und Navigation machen Koordination eine Herausforderung. In der Wüste stellen extreme Hitze und Sand die Zuverlässigkeit von Ausrüstung und die Ausdauer von Truppen vor Probleme. Mit der Ausnahme weniger Orientierungspunkte wird die Navigation in diesem Gebiet problematisch, wenn Globale Positions Systeme (GPS) nicht verfügbar sind. Schnee und Temperaturen unter dem Gefrierpunkt können gleicherweise die Effektivität von militärischen Organisationen beeinträchtigen.« (Tuck 2016, S. 85)

Die Besonderheit der Friktion ist ein weiteres Merkmal des Landkrieges. Schon der simple Akt der Truppenbewegung sowie der Transport von Logistikmaterial stellen eine physikalische Herausforderung dar. Um dieser Friktion entgegen zu wirken, hat sich der Mensch verschiedener Hilfsmittel bedient (Straßenbau, Schienennetze usw.). Diese Mittel haben jedoch oft den Nebeneffekt, dass sie Bewegung einengen, Flexibilität reduzieren und Angriffspunkte für den Feind schaffen. (Tuck 2016)

Das vierte wesentliche Merkmal des Landkrieges ist die Undurchsichtigkeit der Landmasse, welche zu Sichtbehinderungen führt. Sichtbehinderung entstehen durch Anhöhen wie etwa Gebirgsmassiven, Vegetation und Gebäuden. Diese Anhöhen bedingen Möglichkeiten und Beschränkungen der Landkriegsführung gleichermaßen. Einerseits erschwert die Topografie die Kommunikation und Koordination von Truppenteilen sowie die Auffindung von militärischen Zielen. Andererseits bietet die Topografie Möglichkeiten der Tarnung und Deckung, welche zur militärischen Vorteilsgewinnung genutzt werden können. (Tuck 2016)

Bodentruppen, die in der Landdomäne operieren, sind durch ihre Komplexität, Vielseitigkeit, Beständigkeit und Entschiedenheit gekennzeichnet. (Tuck 2016) Ihre Komplexität ergibt sich daraus, dass Bodentruppen nicht nur aus Gefechtselementen, sondern auch aus gefechtsunterstützenden Gefechtsdienstleistungen und kommandierungsunterstützenden Elementen bestehen. (Tuck 2016) Als gefechtsunterstützende Elemente werden z. B. die Artillerie, Ingenieure und Luftverteidigungseinheiten verstanden. Diese unterstützen die Gefechtseinheiten durch Luftverteidigung, Aufklärung, Feuerunterstützung und Pioniertätigkeiten. Gefechtsdienstleistungen beinhaltet u. a. logistische Unterstützung, militärische Versorgung und medizinische Hilfe. Kommandierungsunterstützung bezieht sich vor allem auf Kommunikations- und Informationsunterstützung z. B. durch technisches Equipment und Spionage. Die Vielseitigkeit von Bodentruppen ergibt sich aus ihrer Anpassungsfähigkeit, weshalb diese weniger von der Technologie abhängig sind als die Marine oder die Luftwaffe. Darüber hinaus können Bodentruppe Aufgaben übernehmen, die das volle Spektrum der Kriegsführung abdecken und außerdem auch in friedensunterstützenden Operationen eingesetzt werden. (Tuck 2016) Aufgrund dieses breiten Aufgabenspektrums sind Bodentruppen vielseitiger einsetzbar. Die Beständigkeit der Bodentruppe bezieht sich auf ihre Fähigkeit, sich über einen längeren Zeitraum in einem bestimmten Gelände aufhalten zu können. Bodentruppen können somit Territorien halten und kontrollieren, was die Luftwaffe und die Marine nicht können. General Norman Schwarzkopf, Oberbefehlshaber der Koalitionsstreitkräfte im Zweiten Golfkrieg (1990–1991), merkte im Hinblick hierauf an: »Es gibt in der ganzen Welt keinen Kommandeur, der behaupten würde, ein Objekt eingenommen zu haben, indem er darüber geflogen ist.« (Schwarzkopf zitiert nach Londsdale 2016, S. 88) Obwohl es für eine erfolgreiche Kriegsführung oft kein adäquates Ersatzmittel für Bodentruppen gibt, um die Landmasse zu kontrollieren, so kann ihre langwierige Stationierung innerhalb eines politischen Gebietes eine Reihe von Problemen verursachen. Eine dauerhafte Präsenz macht Bodentruppen z. B. angreifbar. Des Weiteren kann eine beständige Anwesenheit politische Probleme verursachen, welche sich oftmals aus Spannungen zwischen den militärischen Einheiten und der Bevölkerung des Landes ergeben. Zuletzt zeichnen sich Bodentruppen durch ihre Fähigkeit aus, eine Entscheidung herbeizuführen. Milevski bezeichnet Bodentruppen in diesem Sinne als *fortissimus inter pares*, da nur diese die Fähigkeit besitzen, Gebiete zu erobern und zu halten und somit den größten strategischen und politischen Effekt im Krieg erzielen können. (Milevski 2012, S. 10)

Die oben aufgeführten Charakteristika des Landkrieges haben und hatten einen grundlegenden Einfluss auf die Entwicklung der modernen Kriegsführung zu Lande. In Bezug auf den Landkrieg lassen sich Veränderungen in fünf Bereichen feststellen, die den Krieg im 20. und 21. Jahrhundert geprägt haben:

- der Maßstab,
- die Feuerkraft,
- das Kommandieren und Kontrollieren von Truppen,
- die Logistik
- sowie die gemeinsame Kriegsführung mehrerer Teilstreitkräfte (Land, See und Luft).

Eine der größten Veränderungen der Kriegsführung betrifft den sich erhöhenden Maßstab des Landkrieges. Waren Armeen bis zur Mitte des 19. Jahrhunderts noch relativ klein, Napoleons Armee z. B. zählte nicht mehr als 70 000 Soldaten in der Schlacht bei Austerlitz, so standen sich im Ersten und Zweiten Weltkrieg Millionen gegenüber. Dies hatte Auswirkungen auf das Kommandieren und Koordinieren von Armeen. Die immer größer werdende Komplexität moderner Armeen im Sinne ihrer Organisation, Spezialisierung, Größe und Mobilität machen Bodentruppen schwierig zu kommandieren und koordinieren. (Tuck 2016) Des Weiteren hatten und haben technologische Entwicklungen einen Einfluss. Computer, Satelliten, Radar und Sonar, um nur einige zu nennen, stellen Armeen vor die Herausforderung wie diese Systeme und die durch diese ermöglichte Maße an Informationen, effektiv organisiert und integriert werden. Eine weitere Veränderung betrifft die Logistik. Die logistische Versorgung von Bodentruppe hat seit dem Beginn des 20. Jahrhunderts an Komplexität gewonnen, welches hauptsächlich mit der sich verändernden Größe von Armeen zusammenhängt. Logistik hat sich deshalb als zentraler Teil der modernen Kriegsführung etabliert und ist Kernteil der Planung militärischer Operationen geworden. Der amerikanische General Dwight D. Eisenhower gab der Wichtigkeit der Logistik im modernen Krieg Ausdruck: »Die Versorgung beeinflusst alle Schlachten und entscheidet viele.« (Eisenhower zitiert nach Jahns/Schüffler: 2018, S. 146) Die letzte fundamentale Veränderung, welche die Kriegsführung im 20. und 21. Jahrhundert maßgeblich beeinflusst hat, ist das koordinierte Zusammenspiel verschiedener Teilstreitkräfte in der Kriegsführung. (Tuck 2016; ▶ Kap. 3)

Kriegsführung zur See

Die Kriegsführung zur See unterscheidet sich maßgeblich vom Landkrieg. Zunächst ist hier der Unterschied zwischen dem Land und dem Meer als Kriegsdomäne hervorzuheben. Die maritime Umgebung, in welcher die Marine Krieg führt, umfasst die Hochsee, Küstengebiete, Buchten und Meeresmündungen. Küstengebieten kommt hierbei eine besondere Bedeutung zu. Aufgrund der Nähe zu menschlichen Siedlungen konzentrieren sich Marineaktivitäten zwangsläufig auf den Bereich, an dem Land und See aufeinandertreffen. Nichtsdestotrotz verstehen wir unter der maritimen Domäne hauptsächlich die Region der offenen See. Drei bestimmende Charakteristika kennzeichnen diese Domäne:

1) Die erste und offensichtlichste ist die Größe der Ozeane. Über 70 Prozent der Erdmasse sind von Wasser bedeckt. Aufgrund dieser Größe erstreckt sich die Seekriegsführung über hunderte, teils tausende Kilometer. Admirale müssen

deshalb langfristige Manöver koordinieren, weshalb die Seekriegsführung im Bereich der strategischen Kriegsführung (▶ Abb. 1) verortet wird. (Speller 2016) Neben dessen Größe ist das Meer durch eine fast vollständige Abwesenheit topografischer Elemente gekennzeichnet. Es existieren somit keine unterschiedlichen Gelände wie Dschungel, Sumpf oder Berge, welche die Bewegungsfreiheit von Einheiten begrenzen und somit können sich maritime Streitkräfte nahezu gleichgut durch das Kampfgebiet bewegen. Fahrwassertiefe spielt nur in Küstennähe oder bei U-Booten eine Rolle. Darüber hinaus bietet das Meer keine Deckung im Gelände oder Höhen, welche eine bessere Feuerposition ermöglichen.

2) Die maritime Domäne zeichnete sich zweitens dadurch aus, dass das Seegebiet zum größten Teil verbunden ist. (Speller 2016) Es eröffnet der Marine somit die Möglichkeit, global zu operieren. Darüber hinaus und im scharfen Kontrast zum Land und dem Luftgebiet über dem Land, welches durch physikalische und politische Barrieren begrenzt ist, ist das Seegebiet eine Domäne, welche in Friedenszeiten allen offensteht. Dies wird generell unter dem Begriff der Meeresfreiheit verstanden. Die Idee der Meeresfreiheit wurde in ihrer modernen Form zuerst von dem niederländischen Juristen und Philosophen Hugo Grotius in seinem Buch *Mare Liberum* (1609) formuliert. Hierin legte Grotius dar, dass das Meer als internationales Territorium zu verstehen ist, welches allen Völkern zum Seehandel offensteht. (Weiß 2009) Hierdurch rückt die ökonomische Wichtigkeit dieser Domäne in den Fokus. Gegenwärtig werden über 96 Prozent der global gehandelten Güter auf diesem Wege transportiert, da das Meer, abzüglich der zwölf Meilenzone des souveränen Staatsgebietes angrenzender Staaten, ein uneingeschränktes Gebiet ist. (Speller 2016) Der maritime Handel führt der Seestrategie damit eine ökonomische Dimension zu.

3) Der dritte entscheidende Unterschied zwischen See und Land neben seiner Fläche, Verbundenheit und Freizügigkeit ist dessen Unbewohnbarkeit. (Speller 2016) Da der Mensch nicht auf dem Meer leben kann und sich auf dem Meer nur auf speziellen, hierfür gefertigten Plattformen (z. B. Schiffen, U-Booten, Bohrinseln) aufhalten kann, ist das Meer eine Umgebung, die nicht unter direkte physische Kontrolle zu bringen ist und somit nicht im gleichen Sinne wie das Land beherrscht werden kann.

Die Seekriegsführung hat deshalb zwei Aspekte zum Ziel. Einerseits soll Kontrolle über die Meeresdomäne erlangt werden, andererseits diese dem Gegner verwehrt werden. (Speller 2016) Die Freiheit des Meeres selbst zu nutzen und diesen Nutzen dem Gegner zu versagen wird im Allgemeinen als die Herrschaft zu See (*command of the sea*) bezeichnet. Diese zu erringen, ist die Hauptaufgabe der Seestreitkräfte. Seestreitkräfte, auch Flotte oder Marine genannt, übernehmen die Kriegsführung zur See. Diese bestehen aus den eigentlichen militärischen Einheiten, der Flotte, den diese unterstützenden Einheiten, Einrichtungen zu Lande sowie deren Administration. Um die Kontrolle über das Meer zu erhalten und diese dem Gegner zu verwehren, stehen den Seestreitkräften verschiedene Optionen offen. Bezüglich der Kontrolle stehen die Entscheidungsschlacht und die Seeblockade im Zentrum der maritimen Strategie. Bei der Entscheidungsschlacht handelt es sich um ein Seegefecht, bei dem die Hauptflotte des Gegners besiegt oder besser noch zerstört wird. Einer der Vordenker der Entscheidungsschlacht zur See war der Amerikaner Alfred Thayer Mahan, der sie in seinem Buch *The Influence of Sea Power Upon History, 1660–1783* (1890) ausführte. Trotz der überzeugenden Logik der Entscheidungsschlacht hat sich diese in der Geschichte jedoch oft nicht bewahrheitet und kann sogar als Mythos bezeichnet werden. Bekannte Entscheidungsschlachten zu See wie etwa die Seeschlacht von Trafalgar (1805) waren meist eine Vielzahl kleiner Schlachten. Aufgrund dessen ist die Entscheidung zu See meistens das Ergebnis einer Vielzahl kleiner Auseinandersetzungen und nicht das Ergebnis eines einzigen, entscheidenden Gefechtes. (Speller 2016) Darüber hinaus muss auch die Entscheidungskraft selbst in Frage gestellt werden. Eine Seeschlacht kann großen Einfluss auf den Seekrieg ausüben, aber dessen Einfluss muss sich nicht zwangsläufig auf den Landkrieg übertragen. »Der Britische Sieg bei Trafalgar z. B. konnte nicht verhindern, dass Napoleon die englischen Verbündeten, Österreich und Russland, in der Schlacht bei Austerlitz besiegte.« (Speller 2016, S. 167) Ein weiteres Problem der Entscheidungsschlacht zur See ist der Gegner selbst, der, vor allem wenn dessen Seestreitkräfte schwächer sind, eine Entscheidungsschlacht zu vermeiden versucht. Aufgrund der Größe der maritimen Domäne und der Abwesenheit einer zu verteidigenden Bevölkerung bietet das Meer im Gegensatz zum Land die Möglichkeit, einer Entscheidungsschlacht auszuweichen. Darüber hinaus kann eine schwache Flotte Zuflucht in einem Hafen suchen und somit die stärkere Feindflotte binden. Diese Strategie wird als Präsenzflotte (*fleet-in-being*) bezeichnet. Eine Präsenzflotte zwingt den Gegner, ausreichende Streitkräfte bereitzuhalten für den Fall, dass die Präsenzflotte auslaufen sollte. Obwohl die Präsenzflotte nicht direkt agiert, so hat sie hierdurch doch Einfluss auf den Seekrieg, da der Gegner seine Streitkräfte nicht anderweitig einsetzen kann.

Die durch die Präsenzflotte erzwungene Bindung der eigenen Streitkräfte hatte entscheidenden Einfluss auf die Entwicklung der zweiten maritimen Strategie zur Erlangung der Seekontrolle: die Blockade. Hierbei wird zwischen der küstennahen und küstenfernen Blockade unterschieden. (Speller 2016) Bei der küstennahen Seeblockade werden die Streitkräfte so positioniert, dass es ihnen möglich ist, Schiffe abzufangen, die versuchen, in den Hafen zu gelangen oder aus diesem herauszukommen. Die küstenferne Seeblockade hat nicht zum Ziel, die Ausfahrt oder Einfahrt in den Hafen zu verhindern, sondern ihr Ziel ist es, dem Gegner bestimmte Meeresareale zu verwehren. Diese Form der Seeblockade hat den Vorteil, dass der Gegner den Hafen verlässt und es somit zu einer Entscheidungsschlacht kommen kann. Aufgrund von militärtechnologischen Entwicklungen ist heutzutage jedoch kaum noch eine Unterscheidung zwischen diesen beiden Blockadeformen anzustellen. (Speller 2016) Ist eine direkte Kontrolle der See nicht zu erreichen, kann das Verwehren der See eine praktikable Alternative in der Seekriegsführung darstellen. Eine Strategie der Seeverwehrung (*sea denial*) zielt auf die beschränktere Aufgabe, dem Gegner die Kontrolle über die See zu entziehen, ab. Eine effektive Seeverwehrung benötigt oftmals ein niedrigeres Maß an Fähigkeiten und Anstrengungen als die Strategie der Seekontrolle. Aufgrund dessen beschreibt der amerikanische Admiral Stansfield Turner die Seeverwehrung als »Guerillakrieg zu See«. (Stansfield Turner zitiert nach Speller 2016, S. 170) Einer Strategie der Seeverwehrung steht eine

Vielzahl von Optionen offen, um diese umzusetzen. Diese reichen von dem Legen von Seeminen, die den Zugang zu Häfen oder die Nutzung von Seestraßen verwehren, über überfallartige Angriffe auf Handels- oder Marineschiffe bis hin zur Strategie der Präsenzflotte. Eines der bekanntesten Beispiele der Seeverwehrung war die deutsche U-Boot Strategie während des Ersten und Zweiten Weltkrieges, die hauptsächlich darauf abzielte, dem Gegner die Nutzung der See zu verwehren.

Kriegsführung in der Luft

Das 20. Jahrhundert führte der Kriegsführung neben den Domänen des Landes und der See die Domäne der Luft zu. Der erste Einsatz eines Flugzeuges zu Kriegszwecken fand am 23. Oktober 1911 während des italienisch-türkischen Krieges in Form eines Aufklärungsfluges statt. Diesem folgte am 1. November 1911 der erste Bombenangriff. Seitdem ist der Luftkrieg ein fester Bestandteil der Kriegsführung geworden. Bei dem Luftkrieg handelt es sich um eine Form der Kriegsführung, bei der Luftstreitkräfte, auch Luftwaffe genannt, und Luftkriegsmittel anderer Teilstreitkräfte militärische Operationen ausführen. Diese Art der Kriegsführung lässt sich in zwei Teilbereiche unterteilen: »Krieg in der Luft« und »Krieg aus der Luft«. Unter dem Begriff »Krieg in der Luft« wird einerseits der Kampf zwischen Luftfahrzeugen, z. B. der durch Jagdflugzeuge ausgetragene Luftkampf (*dogfight*), und andererseits der Kampf zwischen Luftfahrzeugen und bodengestützten Flugabwehren verstanden. Bei dem »Krieg aus der Luft« handelt es sich vor allem um die Aufklärung und Bekämpfung von Bodenzielen. Der »Krieg aus der Luft« lässt sich auch als taktischer Luftkrieg bezeichnen. Hierbei wird zwischen zwei Aufgaben oder Zielen unterschieden. Zunächst ist hier die Luftnahunterstützung zu nennen, die den Einsatz von Lufteinheiten zur direkten Unterstützung von Bodenstreitkräften bezeichnet. Neben der Luftnahunterstützung ist ein weiteres Einsatzverfahren der Luftwaffen die Gefechtsfeldabriegelung. Hierbei werden taktische Ziele wie Brücken, Straßen und Versorgungskonvois im Rückraum der Kriegsfront angegriffen, um z. B. das Eintreffen von neuen, feindlichen Bodentruppen zu verhindern.

Krieg in der Luft zu führen, stellt den Menschen vor extreme Herausforderungen. Zunächst ist hier die Flughöhe zu beachten. Je höher ein Pilot steigt, desto dünner wird die zum Atmen benötigte Luftdichte. Dies hat Sauerstoffmangel zu Folge, was die Fähigkeiten des Menschen einschränkt und zu Bewusstlosigkeit und Tod führen kann. Neben dem Sauerstoffmangel stellt die extreme Kälte ein weiteres Problem da. Technologische Entwicklungen, die speziell seit dem Zweiten Weltkrieg vorangetrieben wurden, machten es möglich, immer neue Höhen im Luftkrieg zu erschließen. (Jordan 2016) So wurden seitdem Sauerstoffmasken, Spezialkleidung, druckausgleichende Cockpits und Kompressionsanzüge, durch die der Einfluss der Gravitation minimiert wird, eingeführt. Neben diesen Herausforderungen für den menschlichen Körper zeichnet sich der Luftkrieg durch vier Eigenschaften aus, die die Luftkriegsführung vom Landkrieg und Seekrieg unterscheiden. Diese sind

- der Aktionsradius,
- die Geschwindigkeit,

- die Flexibilität
- sowie die Untauglichkeit von Luftstreitkräften, Gebiete zu besetzen. (Jordan 2016; Angerer 2010)

Bezüglich des Aktionsradius ist zunächst festzustellen, dass im Gegensatz zu Land- oder Seestreitkräften der Einsatz von Luftstreitkräften nur von wenigen geografischen Hindernissen eingeschränkt wird. Die Luftwaffe kann unzugängliche Gebiete über- oder umfliegen. Hinzukommt, dass das Einsatzgebiet der Luftwaffe global ist, da der Luftraum weltumspannend ist. Neben dem Aktionsradius zeichnen sich Luftstreitkräfte durch ihre Geschwindigkeit aus. »Militärische Luftfahrzeuge sind schnell und wendig und besitzen eine große Reichweite. Dadurch können Operationen tief in feindlichem Gebiet durchgeführt werden.« (Angerer 2010, S. 92)

Ein weiterer Aspekt der Geschwindigkeit bezieht sich auf die relative Schnelligkeit, mit der Luftstreitkräfte zum Einsatz gebracht werden können. Sie können schneller in Krisengebiete entsandt werden als andere bodengestützte Fahrzeuge. Luftstreitkräfte sind zudem durch eine enorme Flexibilität gekennzeichnet. Dies bezieht sich einerseits auf den strategischen Effekt, den Luftstreitkräfte generieren können, und andererseits auf deren Gefechtswert. Der strategische Effekt reicht vom eigentlichen Gefecht über die Informationsgewinnung durch Aufklärungsflüge bis hin zum Transport von Nachschub und Truppenkontingenten. Der flexible Gefechtswert von militärischen Luftfahrzeugen ergibt sich je nach ihrer Auslegung und technischen Spezifikationen aus der großen Mengen an Waffensysteme, die diese an Bord haben und welche es diesen ermöglicht, unterschiedliche Aufgaben während einer Operation zu übernehmen. Zuletzt ist der größte Nachteil von Luftstreitkräften zu nennen. Ihnen ist es nicht möglich, Gebiete einzunehmen, weshalb Bodenstreitkräfte fast immer eine Luftkampagne unterstützen. (Jordan 2016) Hinzukommt, dass sich militärische Luftstreitkräfte trotz der Möglichkeit der Luftbetankung nicht permanent über einem Gebiet aufhalten können. Aufgrund dessen kann eine permanente Luftpräsenz über dem Schlachtfeld nur dann aufrechterhalten werden, wenn eine Konfliktpartei über ausreichende Ressourcen hierfür verfügt. Die war jedoch selbst während des Zweiten Weltkrieges, zu einer Zeit, in der die Konfliktparteien über tausende von Luftfahrzeugen verfügten, unmöglich. Der technologische Fortschritt in der Entwicklung von unbemannten Luftfahrzeugen, auch Drohnen genannt, scheint in der Zukunft jedoch die permanente Luftpräsenz möglich zu machen. (▶ Kap. 6)

1957 erschloss sich der Luftkriegsführung mit der Positionierung des sowjetischen Satelliten Sputnik 1 in der Erdumlaufbahn der Weltraum. Sputnik 1 führte zu einer Militarisierung des Weltalls und eröffnete dem Krieg eine vierte Dimension. In der Literatur über den militärischen Nutzen des Weltraums ist die Antwort auf die Frage umstritten, ob die Kriegsführung im Weltraum als eigenständiges Feld zu verstehen ist oder ob diese nur eine Erweiterung der Luftkriegsführung darstellt. (Jordan 2016) Trotzdem lässt sich feststellen, dass der Weltraumkrieg zwei Charakteristika des Luftkrieges, wenn auch im verstärkten Maße, besitzt. Diese sind der Aktionsradius und die Geschwindigkeit, die im Zusammenspiel den militärischen Nutzen des Weltraums verdeutlichen. (Jordan 2016) Da das All Zugriff auf den gesamten Erdball ermöglicht, erlaubt die militärische Nutzung des Weltraums einen globalen Aktionsradius. So lassen sich z. B. aus dem All die Land-, See- und Luftdomänen überwachen. Dieser Vorteil ergibt sich aus der Geschwindigkeit im All positionierter Weltraumplattformen, da diese je nach Orbit und Antrieb den Globus innerhalb von 24 Stunden mehrfach umrunden können und somit in der Lage sind, eine fast lückenlose, globale Aufklärung zu gewährleisten. Die militärische Nutzung des Weltraums beschränkt sich derzeit auf drei verschiedene Anwendungen:

1) Satelliten erlauben, wie oben angemerkt, die Überwachung des Gefechtsgebietes und bieten somit dem Militär einen Informationsvorteil.
2) Der zweite Nutzen bezieht sich auf militärische Gegenmaßnahmen zu dieser Aufklärung. Sogenannte *antisatellite capabilities* zielen darauf ab, gegnerische Satelliten zu stören oder zu zerstören. Das Stören oder Zerstören kann auf unterschiedliche Weisen, welche zum Teil auch außerhalb des Weltraums stattfinden, erreicht werden. So kann z. B. die Kommunikationslinie zwischen Satelliten und Bodenstationen unterbrochen oder Bodenstationen oder Satelliten zerstört werden. Die Mittel hierfür können von elektronischer Kriegsführung, die die Kommunikationswege stört oder Störungen verursacht, Angriffen auf erdgebundene Anlagen, die Verwendung von Antisatellitenwaffen, die mit Sprengkörpern ausgerüstet gegnerische Satelliten zerstören, und Hochfrequenzwaffen bis zu gezielten Energiewaffen (Lasern), dem Ändern von Umlaufbahnen, umso Satelliten mit anderen Satelliten zu rammen, oder dem Einsatz von Atomwaffen reichen. (Lupton 1998)
3) Der dritte Nutzen ergibt sich aus im Weltraum stationierter Waffensysteme (*space-to-earth weapons*), welche Angriffe auf Bodenziele aus dem All ermöglichen. Diese sind jedoch größtenteils noch in der Entwicklungsphase, und deren militärische Vorteile sind umstritten. (DeBlois 2004) Trotz dieser Militarisierung des Weltraums wurde der Krieg bisher noch nicht in das All hineingetragen.

»Die gegen Weltraumziele gerichtete Kriegsführung hat bislang ebenso wenig stattgefunden wie der Einsatz im Weltraum stationierter Waffen gegen terrestrische Ziele.« (Hansel 2010, S. 261) In den letzten Jahren hat sich die Gefahr dessen jedoch erhöht. So hat die NATO 2019 den Weltraum als separate Domäne für militärische Operationen anerkannt und Präsident Trump 2018 den Aufbau einer *Space Force* in Auftrag gegeben. Dies könnte zu einem neuen Wettrüsten im Weltraum führen.

1.4 Kriegsfolgen

Eine Betrachtung des Krieges kann die Kriegsfolgen nicht ignorieren. Dem Krieg folgen Tod, Leid und Zerstörung. Da Kriegsfolgen weitreichend sind, sollen im Folgenden drei Dimensionen untersucht werden. Hierbei wird eine Einschränkung in gesellschaftliche, politische und ökonomische Kriegsfolgen unternommen. Diese unterschiedlichen Dimensionen sind oft eng miteinander verbunden und beeinflussen sich gegenseitig.

1 Krieg und Kriegsführung

Abb. 2a: Dresden. Blick vom Rathausturm nach Süden mit der Allegorie der Güte (auch: Bonitas; Skulptur von August Schreitmüller, entstanden 1908/1910), Aufnahme von 1945.

Gesellschaftliche Kriegsfolgen

Die Auswirkungen des Krieges auf die Gesellschaft sind vielfältig. Am offensichtlichsten treten bei einer Betrachtung der gesellschaftlichen Kriegsfolgen zunächst die Opfer ins Auge. Der Krieg verletzt, verstümmelt und tötet unzählige Menschen. Die Kriegsopfer des Zweiten Weltkrieges werden auf über 60 Millionen geschätzt. Hierbei lässt sich vor allem seit dem Beginn des 20. Jahrhunderts feststellen, dass der Anteil von Zivilopfern zunimmt. Das Internationale Komitee vom Roten Kreuz schätzt den Anteil von Zivilopfern während des Ersten Weltkrieges auf 5 Prozent, während dessen Anteil gegen Ende des 20. Jahrhunderts auf 90–95 Prozent gestiegen ist. Laut Mary Kaldor ist die Wahrscheinlichkeit eines gewaltsamen Todes im Krieg heutzutage achtmal höher für die Zivilbevölkerung als für Angehörige der kriegsführenden Parteien.

1.4 Kriegsfolgen

Abb. 2b: Die Altstadt von Frankfurt nach den schweren Bombardements durch Alliierte. Luftbild von Juni 1945.

(Kaldor 2002) Neben zahlreichen Todesopfern führt der Krieg auch zu Flucht und Vertreibung. Der Krieg hat darüber hinaus weitreichende Auswirkungen auf das Gesundheitswesen. Hierbei ist zwischen physiologischen und psychologischen Folgen zu unterscheiden. Bezüglich der physiologischen Folgen lässt sich zunächst feststellen, dass Kriege oft zu einer Notfallsituation bei der humanmedizinischen Versorgung führen. Krankenhäuser werden zerstört oder sind durch den plötzlichen Anstieg an Verletzten und Verwundeten überlastet. Erschwert wird diese Situation oftmals durch den Ausbruch von Infektionskrankheiten, die aufgrund der mangelnden Gesundheitsversorgung schnell endemische Ausmaße annehmen können. Darüber hinaus führt der Krieg oft zu einem Zusammenbruch der pharmazeutischen Versorgung, was einen Mangel an Medikamenten und Impfstoffen zu Folge hat, was ebenfalls den Ausbruch von Infektionskrankheiten begünstigt. Häufig ist eine vom Krieg betroffene Bevölkerung auch der Unterernährung ausgesetzt, da Landwirtschaft und Handel zum Erliegen kommen. Auf die körperliche Gesundheit bezogen lässt sich allgemein feststellen, dass in Zeiten des Krieges die Lebenserwartung sinkt. Der Krieg hat neben den Auswirkungen auf den Körper auch folgenschwere Auswirkungen auf die Psyche. Die Schrecken des Krieges führen zu Depression und Trauma. Posttraumatischen Belastungsstörung sind die Folge. Von diesen psychologischen Begleiterscheinungen des Krieges sind sowohl Zivilbevölkerung als auch Kombattanten betroffen. Außerdem hat die moderne Kriegsführung weitreichende ökologische Folgen. Während des Vietnamkrieges z. B. versprühten die USA über 70 Millionen Liter Entlaubungsmittel, um die Nachschubrouten der nordvietnamesischen Armee, die sogenannten Ho-Chi-Minh Pfade, sichtbar zu machen. Dies zerstörte ca. 15 Prozent des vietnamesischen Ökosystems. Nach dem Ende des Krieges wurden diese Gebiete neu besiedelt und seitdem zeigt sich in diesen Gebieten eine auffällig hohe Anzahl an Fehlgeburten.

Abb. 3: Vietnamkrieg, flüchtende Mutter mit Kindern.

Politische Kriegsfolgen

Auch die politischen Kriegsfolgen sind vielfältig. Zunächst haben Kriege oft maßgeblichen Einfluss auf die Regierungsstrukturen eines Staates. In demokratischen Systemen kann ein von der Bevölkerung nicht hinreichend unterstützter Krieg zu einem Regierungswechsel führen. Kriege führen aber auch zu einem extern aufgezwungenen Wandel in der Regierungsform, wie etwa in Deutschland nach dem Ende des Zweiten Weltkrieges. Neben einem Wandel der Regierungsform kann der Krieg auch zur Herausbildung neuer Staaten führen. So entstand Jugoslawien etwa nach dem Ende des Ersten Weltkrieges und dem Zerfall Österreich-Ungarns und zerfiel dann selbst zwischen 1991 und 2006 in verschiedene Staaten (Bosnien und Herzegowina, Kroatien, Montenegro, Nordmazedonien, Serbien, Slowenien). In seinem seminalen Werk *Coercion, capital, and European states, AD 990–1992* (1992) geht der amerikanische Historiker Charles Tilly sogar so weit, zu behaupten, dass der Krieg im Kontext der europäischen Geschichte den Staat erst schafft. Nach Tilly führt der Krieg durch die Wechselwirkungen von vier Prozessen zur europäischen Staatenbildung:

1) Kriege, die in der Ausschaltung lokaler Rivalen wie etwa Prinzen, Baronen und anderen lokalen Machthabern gipfelten, führten zu einer Zentralisierung der Staatsmacht und der Einrichtung eines weitreichenden Gewaltmonopols.
2) Dieses Gewaltmonopol des Staates wurde zunehmend ausgeweitet und führte zur Bildung von Polizeikräften.
3) Kriegsführung und militärische Expansion wären nicht möglich, ohne der Bevölkerung Ressourcen zu entziehen und Kapital zu generieren. Dies führte zur Einrichtung von staatlichen Bürokratien, um Soldaten aus der eigenen Bevölkerung zu rekrutieren und Steuern zu erheben.
4) Schließlich forderten die Bevölkerungen des Staates Rechtsgarantien und repräsentative Institutionen. Diese staatlichen Zugeständnisse ermöglichten es der Bevölkerung, ihr individuelles Eigentum ohne Gewaltanwendung zu schützen, das das staatliche Gewaltmonopol gefährdet hätte.

Ökonomische Kriegsfolgen

Neben den gesellschaftlichen und politischen Folgen hat der Krieg massiven Einfluss auf die Ökonomie. Während des Krieges und nach dem Krieg ist die Wirtschaft schwerwiegenden Schäden ausgesetzt. Durch die Zerstörung von Industrieanlagen und infrastrukturellen Einrichtungen, die Verkehr, Kommunikation und Energieversorgung gewährleisten, kann der Krieg bis zum Zusammenbruch der Wirtschaft eines Staates führen. Arbeitslosigkeit und ein Anstieg der Armut sind häufige Folgen. Durch die Vernetzung der Weltwirtschaft sind meist auch andere Länder indirekt von wirtschaftlichen Kriegsfolgen betroffen. So können Kriege z. B. zu einem Anstieg der Energie- und Rohstoffpreise und sogar zum Einbrechen der Börsenkurse führen. Angrenzende Staaten spüren die Auswirkungen meist direkter. Zwischenstaatlicher Handel kann zum Erliegen kommen und das plötzliche Eintreffen von Flüchtlingen kann finanziellen und politischen Druck auf die Regierungen angrenzender Staaten ausüben. Somit lässt sich oft eine durch den Krieg hervorgerufene regionale Schwächung der Wirtschaft feststellen. Zudem vernichtet der Krieg auch persönliches Eigentum, was weitreichende gesellschaftliche Folgen bezüglich eines Armutsanstieges hat. Die Zerstörung von Industrieanlagen und Infrastruktur verschlimmert diese Situation mit schweren Folgen für den Arbeitsmarkt und die Schaffung neuer Eigentumswerte. Der Krieg hat dazu einen direkten Einfluss auf die Arbeitskraft eines Landes. Durch den gewaltsamen Tod wird ein Verlust von Arbeitnehmern verursacht. Geringere Geburtenraten, erhöhte Kindersterblichkeit und eine vor dem Krieg flüchtende Bevölkerungen führen zu drastischen demografischen Veränderungen, welche zu einer Minderung der Produktivität führen. Im Jahr 2012 schätzte das *Institute for Economics and Peace* den durch den Krieg hervorgerufenen weltweiten, wirtschaftlichen Schaden auf 9,46 Billionen US-Dollar. (2012)

2   Der Erste Weltkrieg

»Jetzt verlöschen die Lichter in ganz Europa.«
(Großbritanniens Außenminister Sir Edward Grey, 3. August 1914
zitiert nach Stier 1962, S. 898)

Der Erste Weltkrieg, außerhalb Deutschlands auch als der Große Krieg (*the Great War*, *la Grande Guerre*) bezeichnet, war ein vier Jahre dauernder Konflikt (1914–1918), dessen Ausgangspunkt in Europa lag. (Münkler 2014) Auslöser dieses Krieges war die Ermordung des österreichisch-ungarischen Thronfolgers Erzherzog Franz Ferdinand am 28. Juni 1914 in Sarajevo durch den jungen bosnischen Serben Gavrilo Princip. Mit diesem Attentat begann eine internationale Krise (Juli-Krise), welche eine Kettenreaktion in Gang setzte, die in einem Krieg zwischen den Großmächten mündete. Ein Hauptfaktor dieser Eskalation war das komplexe Geflecht europäischer Allianzen, das sich nach der Gründung des Deutschen Reiches (1871) entwickelte. Um einen Krieg zu verhindern, hatten die europäischen Großmächte des 19. Jahrhunderts ein ineinandergreifendes System zweier sich feindlich gegenübergestellter Allianzen konstruiert. Auf der einen Seite standen die zwei zentraleuropäischen Imperien, das Deutsche Reich und Österreich-Ungarn, die sich 1879 zu dem sogenannten Zweibund zusammenschlossen, dem 1881 Italien beitrat. Demgegenüber stand die 1894 geschlossene Allianz zwischen Frankreich und Russland. Dieser ungewöhnlichen Allianz zwischen der französischen Republik und dem russischen Zarenreich wurde ab 1904 durch Großbritannien erweitert. Dieser Zusammenschluss begann mit der Entente cordiale (französisch für herzliches Einverständnis), einem Abkommen zwischen Frankreich und Großbritannien, das als Ziel eine Lösung des Interessenkonfliktes in der Afrikapolitik beider Staaten hatte. Dieses Abkommen wurde 1907 durch Russlands Beitritt zur Triple Entente. Beide Allianzen basierten auf dem Übereinkommen, dass sich ihre Mitglieder im Falle eines Konfliktes unterstützen, sodass der Angriff einer Großmacht auf eine andere zu einem europaweiten Krieg führen würde. Obwohl dieses Allianzen-Geflecht zu einem gefährlichen Balanceakt führte, so war es doch erfolgreich, den Frieden in Europa für eine Generation zu gewähren. Zwischen dem Russisch-Türkischem Krieg 1878 und dem Ausbruch des Ersten Weltkrieges 1914 gab es weder einen Krieg in Europa noch einen Krieg zwischen den europäischen Großmächten über ihre kolonialen Besitzungen außerhalb Europas und das trotz teils erheblicher Zwischenfälle. Der Ausbruch des Ersten Weltkrieges zeigte jedoch, wie fragil dieses Gebilde war, denn was zunächst den Anschein eines lokalen Konfliktes zwischen Österreich-Ungarn und Serbien hatte, eskalierte schnell zu einem europäischen und später globalen Flächenbrand. Dieses von Zeitgenossen als »Urkatastrophe« titulierte Ereignis wird in der Geschichtsforschung oft als Zäsur oder Epochenumbruch beschrieben, da es als markanter Einschnitt in der Weltgeschichte verstanden wird. (Münkler 2017, S. 11) Diese Zäsur ergibt sich aus seiner bis dahin ungekannten Form der Massengewalt, durch die Millionen ihr Leben ließen, sowie aus politischen Umwälzungen, die dem Krieg folgten wie etwa der Russischen Revolution, dem Ende des deutschen Kaiserreiches, der Schaffung neuer Staaten wie Polen und der Tschechoslowakei und der Zerstückelung des osmanischen Reiches. Im Folgenden widmet sich dieses Kapitel nicht einer detaillierten Beschreibung des Kriegsverlaufes. Stattdessen sollen taktische und technologische Veränderungen in der Kriegsführung Betrachtung finden. Der Fokus hierbei liegt auf der Westfront und einer kurzen Darlegung der Kriegsführung in Deutsch-Ostafrika. Zunächst setzt dieses Kapitel den Ersten Weltkrieg in einen militärhistorischen Kontext und beschreibt militärstrategische Überlegungen vor dem Ausbruch des Krieges. (▶ Kap. 2.1) Hierauf folgt eine Auseinandersetzung mit den technologischen und taktischen Entwicklungen der regulären Kriegsführung in Westeuropa und eine Betrachtung der irregulären Kriegsführung in Deutsch-Ostafrika. (▶ Kap. 2.2) Zum Abschluss dieses Kapitels wird der Frage nachgegangen, ob der Erste Weltkrieg ein totaler Krieg war, und es werden drei Paradigmenwechsel in der Kriegsführung aufgezeigt. (▶ Kap. 2.3)

2.1 Entwicklungen der Kriegsführung vor und zu Beginn des Ersten Weltkrieges

Um die Zäsur, die der Erste Weltkrieg (1914–1918) darstellt, historisch zu fassen, ist es unabdingbar, die diesem Krieg vorrangehende Periode zu beleuchten. Der englische Historiker und Soziologe Eric Hobsbawm nannte diese Periode das »lange 19. Jahrhundert« (Hobsbawm 2017), das den Zeitraum vom Ausbruch der Französischen Revolution (1789) bis zum Beginn des Ersten Weltkrieges umspannt. Im Hinblick auf die Entwicklung des Krieges sind vor allem zwei Revolutionen, die in dieser Periode stattfanden, von großer Bedeutung: die Französische und die Industrielle – erste im Hinblick auf die ideologische Komponente, die zweite aufgrund der hierdurch ermöglichten materiellen und technologischen Errungenschaften zur Kriegsführung.

Die der Französischen Revolution folgende Entfesselung des Nationalismus hat die Natur des Krieges maßgeblich verändert. Von nun an war der Krieg nicht länger allein eine Angelegenheit der Regierungen, sondern eine Angelegenheit, die die gesamte Bevölkerung betraf. Der Krieg wurde zu einer totalen Aktivität und damit von der geografischen Einengung des Schlachtfeldes gelöst. Die Idee des totalen Krieges war damit aus der Büchse der Pandora entwichen. (▶ Kap. 2.3) Es sollte jedoch knapp 100 Jahre dauern von der Niederlage Napoleons in Waterloo (1815) bis zum Ausbruch des Erster Weltkrieges, bis der Krieg wieder in einer, wie Clausewitz es nannte, absoluten Form geführt wurde.

Während die Französische Revolution die soziale und ideengeschichtliche Basis für eine Entfesselung des Krieges bereitete, so waren es die Entwicklungen der Industriellen Revolution, die diesem entgrenzten Krieg seine materiellen Voraussetzungen zuführte. Der durch die Industrielle Revolution möglich gemachte technologische Fortschritt hatte einen direkten Einfluss auf den Wandel des Krieges. Vor allem zwei Erfindungen waren hierbei von besonderer Bedeutung: die Eisenbahn und der Telegraf. Durch diese Entwicklungen wurde es möglich, die strategische Bewegung und Verschiebung von Truppen und Nachschub sowie den Versand von Nachrichten in einer vorher undenkbar gewesenen Geschwindigkeit und über große Entfernungen zu organisieren. Auch erhöhten beide Erfindungen die strategische und taktische Flexibilität. Die Eisenbahn z. B. erlaubte es, Truppen an einer zentralen Stelle zu sammeln und sie von dort aus zielgerichtet an strategisch relevante Positionen zu bewegen. Obwohl die Eisenbahn und der Telegraf viele strategische Probleme der Moderne lösten, so kreierten sie auch neue. Die statische Natur der Eisenbahnstrecken und des Telegrafennetzwerks machte beide anfällig für Angriffe, weshalb diese mit hohem personellem Aufwand geschützt werden mussten. Des Weiteren erlaubte die moderne Kommunikationstechnik, dass Monarchen, Politiker und vom Kriegsgeschehen weit entfernte Generäle direkt mit ihren Feldarmeen kommunizieren konnten. Obwohl dies den Vorteil hatte, große Armeen effektiv zu befehligen, so stellte es Kommandeure doch vor Probleme, denn sie mussten sich mit einem vorher ungekannten Informationsüberschuss auseinandersetzen und konstant auf Informationsanfragen ihrer Vorgesetzten reagieren. Auch erlaubte diese neue Art der Kommunikation eine permanente Einmischung der Monarchen und der Regierungen in das direkte Kriegsgeschehen, die vielen Militärs missfiel. Der preußische Generalfeldmarschall Graf Helmuth von Moltke (1800–1891) quittierte diese Entwicklung 1866 mit dem folgenden Kommentar: »Kein Kommandeur ist weniger glücklich als jener, welcher mit einem Telegrafenkabel in seinem Rücken arbeiten muss.« (von Moltke zitiert nach van Creveld 1985, S. 146) Neben Eisenbahn und Telegraf erlaubte die moderne Massenproduktion und Schwerindustrie die Anfertigung von Kriegsmaterialien in einer bis dato nicht möglich gewesenen Schnelligkeit und Menge.

Kult der Offensive

In den Jahrzehnten vor dem Ausbruch des Ersten Weltkrieges entwickelte sich in Europa ein Phänomen, das mit dem Begriff »Kult der Offensive« treffend beschrieben ist. (van Evera 1984) Trotz der Vorteile der Verteidigung, die Erfindungen wie das Maschinengewehr, der Stacheldraht und die Ausdehnung des Eisenbahnnetzes ermöglichten, setzte sich in europäischen Militärzirkeln die Überzeugung durch, dass der Angreifer Vorteile im modernen Krieg besitzen würde und dass zukünftige Kriege einem »kurzem Sturm«, wie der deutsche Kanzler Theobald von Bethmann Hollweg anmerkte, gleichen würden. Diese Annahme lag in der Erfahrung zweier vorangegangener Kriege zugrunde. Der Burenkrieg (1899–1902) sowie der Russisch-Japanische Krieg (1904–1905) legten zeitgenössischen Betrachtern nahe, dass moderne Schlachten so intensiv und brutal geführt würden, dass sich eine Armee von Wehrpflichtigen bereits nach einigen Tagen im offenen Kampf geschlagen geben müsse, der zu einem entscheidenden Sieg und einem generellen Zusammenbruch der Feindstreitkräfte führe. Des Weiteren wurde bezweifelt, dass industrielle Staaten die Möglichkeit besaßen, Waffen und Munition in riesigem Umfang und über einen langen Zeitraum zu produzieren, oder dass Staaten überhaupt die Kosten für einen langwierigen Krieg tragen könnten. Unter diesem Einfluss wurde die Offensive glorifiziert und Militärs entwickelten ganz auf die Offensive fokussierte Militärdoktrinen, die unter dem Primat des Angriffs standen. Der Burenkrieg und der Russisch-Japanische Krieg hatten jedoch bereits offengelegt, dass eine rein auf die Attacke ausgelegte Kriegsführung unmöglich war. Beide Kriege zeigten auf, dass in Zeiten, in denen verschanzter Gewehrbeschuss zur Möglichkeit wurde, Infanterieattacken einem Himmelfahrtskommando glichen. Europäische Betrachter betrachteten dies jedoch nicht als Hindernis, sondern sahen das Versagen der Infanterie in diesen Gefechten hauptsächlich in einer Abwesenheit soldatischer Tugenden und einem Mangel an Courage und Moral begründet. (Meschnig 2015) Die Fokussierung auf die Offensive war jedoch von einem weiteren Faktor entscheidend mitbeeinflusst. Der »Angriff bis zum Äußersten« war der Krieg, den die Militärs führen wollten und den sie sich wie die Gemälde aus der Zeit der Napoleonischen Kriege ausmalten, der auf Entscheidungsschlachten basierte, die Ehre und Anerkennung versprachen. Ein langsamer, auf Stillstand basierender Krieg, in dem schlammgefüllte Gräben den Schlachtschauplatz dominierten und der hauptsächlich mit der Artillerie geführt wurde, lag nicht in ihrem Interesse. Diese Argumente schienen vor Kriegsausbruch die Militärdoktrinen europäischer Staaten entscheidend beeinflusst zu haben, wie die folgende Ausführung über die deutschen und die französischen Kriegspläne offenlegen. Als der Krieg 1914 ausbrach, wiesen die Kriegspläne aller europäischen Großmächte, getrieben vom Kult der Offensive, gravierende Ähnlichkeiten auf. Trotz Unterschiede im Detail teilten sie eine gemeinsame Prämisse. Alle Pläne basierten auf der schnellen Einberufung und Mobilisierung riesiger Armeen wehrpflichtiger Soldaten, die per Eisenbahn schnellstmöglich an die Front transportiert werden sollten. Großbritannien bildete die einzige Ausnahme, da es die Wehrpflicht erst später einführte und zum Kriegseintritt zuerst ihre 100 000 Mann starke *British Expeditionary Force* mobilisierte.

Der Schlieffen-Plan

Die deutschen Kriegsplanungen vor dem Ersten Weltkrieg wurden maßgeblich von Deutschlands geostrategischer Lage bestimmt. Als Mittelmacht, die für Angriffe aus dem Westen (von Frankreich) und aus dem Osten (von Russland) offen war, sah sich das Deutsche Reich einem Zweifrontenkrieg ausgesetzt. Hinzukam, dass die kombinierten deutschen und österreichisch-ungarischen Streitkräfte zahlenmäßig einem europäischen Bündnis unterlegen wären. Diese numerische

Unterlegenheit würde ihre volle Wucht entfalten, sollte Deutschland sein Heer zu gleichen Teilen aufteilen, um sich im Westen gegen Frankreich und im Osten gegen Russland zu stellen. Der Kriegsplan, den Deutschland unter diesen Vorrausetzungen entwickelte, wurde von Graf Alfred von Schlieffen (1833–1913), Generalstabschef von 1891 bis 1905, erstellt. Sein Plan sah vor, dass der einzige Weg für Deutschland angesichts eines Krieges an zwei Fronten darin bestand, die Streitkräfte zu konzentrieren, um erst einen Feind zu besiegen, sich dann umzudrehen und sich dann dem anderen Feind zu stellen. Deutschland müsste buchstäblich zwei getrennte, aufeinander folgende Kriege führen, wodurch fast die gesamte Armee für beide Kriege verfügbar wäre. Diese Vorgehensweise war nur möglich, weil Deutschland aufgrund seines überlegenen Schienennetzes und seiner kleineren Landfläche viel schneller mobilisieren konnte als Russland. Schlieffens Vorschlag war es, die resultierende Zeitlücke zwischen der Vollendung der deutschen und russischen Mobilisierung für einen plötzlichen Angriff auf Frankreich zu nutzen. Drei Überlegungen machten Frankreich zum Ziel des ersten Angriffs:

1) Frankreich konnte schneller mobilisieren als Russland, was es anfangs zum gefährlicheren Gegner machte.
2) Die russische Konzentration der Streitkräfte könnte zu weit im Osten stattfinden, als dass die deutschen Streitkräfte sie schnell erreichen könnten, was wahrscheinlich dazu führen würde, dass ein Angriff nicht erfolgreich wäre.
3) Die russischen Streitkräfte könnten sich in das Innere ihrer enormen Landmasse zurückziehen und so Deutschland den schnellen Sieg nehmen, den es brauchte.

Der zeitliche Abstand zwischen dem Abschluss der deutschen und der russischen Mobilisierung wurde auf maximal als sechs Wochen geschätzt. In dieser Zeit musste Frankreich besiegt werden, um Deutschland die Möglichkeit zu eröffnen, sich nach Osten zu wenden. Wie aber sollte Frankreich innerhalb von nur sechs Wochen geschlagen werden? Die deutsch-französische Grenze war über 150 Kilometer lang und die Hälfte davon war von den Vogesen bedeckt. Nur die Lücke um das Gebiet von Belfort ermöglichte einen schnellen Angriff auf Frankreich. Die Situation wurde dadurch erschwert, dass Frankreich seine natürliche Verteidigungsposition um eine Kette von Befestigungsanlagen erweitert hatte, die sich von Belfort über Verdun bis an die Grenzen von Luxemburg und Belgien erstreckten. Schlieffen war davon überzeugt, dass ein Frontalangriff nur begrenzten Erfolg haben könne, da der Feind seine strategische Tiefe nutzen würde, um sich zurückfallen zu lassen, um Deutschland so den schnellen Sieg zu nehmen. Aus deutscher Sicht war ein solcher Krieg gefährlich, denn mit jedem Tag, an dem sich der Sieg im Westen verzögerte, würden die russischen Truppen im Osten an Stärke gewinnen. Aus seinem Studium der Militärgeschichte, vor allem der Schlacht von Cannae (216 v. Chr.), schloss Schlieffen, dass ein schneller Sieg nur möglich sei, wenn die französischen Streitkräfte eingekesselt werden könnten. (Neiberg 2011) Ein Durchmarsch entlang der rechten französischen Flanke durch Luxemburg, Belgien und dem südlichen Teil der Niederlande sollte dies ermöglichen. Der völkerrechtswidrige Durchmarsch durch diese neutralen Länder wurde billigend in Kauf genommen, da davon ausgegangen wurde, dass Frankreich diese Neutralität zuerst verletzen würde, um die französische Verteidigungslinie bis nach Belgien hinein vorzuschieben. Schlieffens Plan sah vor, zehn Divisionen in Ostpreußen zu positionieren, um sich gegen eine russische Invasion zu verteidigen. Der gesamte Rest der deutschen Armee würde im Westen gegen Frankreich eingesetzt. Dessen größter Teil würde an der rechten Flanke stationiert, um durch Belgien und Nordfrankreich zu marschieren und die Seine im Nordwesten von Paris zu überqueren. Von dort aus sollten die Truppen Paris von Süden und Westen umgehen und der französischen Armee in den Rücken fallen, sodass diese zwischen den deutschen Streitkräften und den Ardennen eingekesselt würde. Die rechte Flanke sollte deshalb so stark wie möglich sein und Schlieffen teilte dieser 79 Divisionen zu. Auf der linken Flanke, die von Metz bis zur Schweizer Grenze reichte, sollten nur neun Divisionen und einige Reservetruppen stationiert werden. Bis zum Kriegsausbruch 1914 wurde der Plan von Schlieffens Nachfolger als Generalstabschef Helmuth von Moltke (der Jüngere) erheblich geändert. Von Moltke sah diesen als zu riskant an. Er befürchtete, dass eine schwache linke Flanke von Metz bis zur Schweizer Grenze die Gefahr eines französischen Durchbruches begünstigt, deutsche Streitkräfte einschränken und dessen Kommunikationslinien unterbinden würde. Von Moltke ordnete daher entgegen Schlieffens Rat an, die linke Flanke zu stärken. Diese Änderung minderten die Kampfkraft des rechten Flügels zugunsten des Schutzes des deutschen Territoriums. Zu von Moltkes zusätzlichen Änderungen gehörte die Entscheidung, die niederländische Neutralität zu achten, um von dort aus im Falle eines längeren Krieges Nahrungsmittel zu importieren. Zudem ließ sich durch diese Entscheidung, die Niederlande nicht zu besitzen, die Abstellung weiterer Truppen vermeiden. Des Weiteren ging der Generalstab irrtümlicherweise davon aus, durch eine Achtung der niederländischen Neutralität den Kriegseintritt Großbritanniens vermeiden zu können. Die Verletzung der Neutralität Belgiens und Luxemburgs dagegen sah von Moltke als ein notwendiges Übel an, dessen Vermeidung ein langwieriger Aufmarsch des deutschen Heeres durch das schwer passierbare Gelände der Ardennen notwendig gemacht hätte und somit das Ziel eines schnellen Sieges vereiteln würde.

Der französische Plan XVII

Der französische Kriegsplan, der vom *Conseil Supérieur de la Guerre* vor dem Ausbruch des Ersten Weltkrieges entwickelt wurde, trug den Namen Plan XVII. Es war der 17. Plan, den die französische Führung seit dem Ende des Deutsch-Französischen-Krieges (1870–1871) für den Fall eines erneuten Krieges mit Deutschland entwickelt hatte. Frühere Planungen hatten sich zunächst auf eine Vertiefung der Verteidigungslinien konzertiert. Dies lag zum Teil daran, dass der Grundriss des Schlieffen-Plans sowie von Moltkes Änderungen Frankreich bekannt waren. (Schmidt 2009; Stevenson 2010) Eine Fokussierung auf die Defensive, so die französischen Überlegungen, würde das strategische Kalkül des deutschen Planes untergraben, der auf einem schnellen Niederwerfen Frankreichs basierte, um so einen Zweifrontenkrieg zu vermeiden. Mit der Ernennung Joseph Joffres (1852–1931) zum Generalstabschef am 28. Juli 1911 änderten sich die französischen Planungen und es wurde, getrieben vom Kult der Offensive, zu einer offensiveren Militärdoktrin übergegangen. »Unter seiner Leitung gab man die für mehrere Dekaden verbindliche Maxime der Defensive auf und nahm einen Primat des uneingeschränkten Angriffs an.« (Schmidt 2009, S. 105) Statt defensiv zu handeln, lag der Fokus von Plan XVII auf der aktiven Bekämpfung eines deutschen Angriffes. Dieser Angriff bis zum Äußersten (*offensive à outrance*) sollte mit allen verfügbaren Mitteln geführt werden, um den Willen und die Moral des Gegners zu brechen. Plan XVII sah »eine Offensive aus Lothringen gegen die Gelenkstelle des deutschen Aufmarschs« vor, »um nach einer erfolgreichen Durchbruchschlacht bis zum Rhein und darüber hinaus ins Ruhrgebiet vorzustoßen«. (Münkler 2017, S. 46) Im Gegensatz zum Schlieffen-Plan enthielt der französische Plan »kein festgehaltenes übergreifendes Ziel und keine ins Einzelne gehende Aufstellung militärischer Aktionen.« (Meschning 2008, S. 69) Tuchman merkt deshalb an:

> »Es war kein Operationsplan, sondern ein Aufmarschplan mit Direktiven für verschiedene Angriffsmöglichkeiten jeder Armee, die jeweils von den Umständen abhängig waren, aber kein Ziel vorschrieben. Da der Plan im Wesentlichen eine Antwort, einen Gegenschlag auf den deutschen Angriff darstellte […] musste er, wie Joffre sagte, notwendigerweise ›a posteriori und opportunistisch‹ sein. Die Intention blieb unverändert: Angriff!« (Tuchman 2001, S. 49)

In der Forschung wurde der Plan XVII auch aufgrund des schnellen Erliegens des französischen Angriffes lange Zeit als eine strategische Fehlplanung dargestellt, die auf einer fanatischen Erhöhung der Offensive beruhe. In den letzten Jahren hat die Forschung diese Sichtweise jedoch differenziert und eine neue, ausgewogenere Interpretation des Plan XVII angestellt. Sie konnte aufzeigen, dass die Flexibilität des Plan XVII auch zu militärischen Erfolgen geführt hat (z. B. in den Ardennen) und nicht gänzlich als militärisches Hasardeurtum abgetan werden kann. (House 2014)

2 Der Erste Weltkrieg

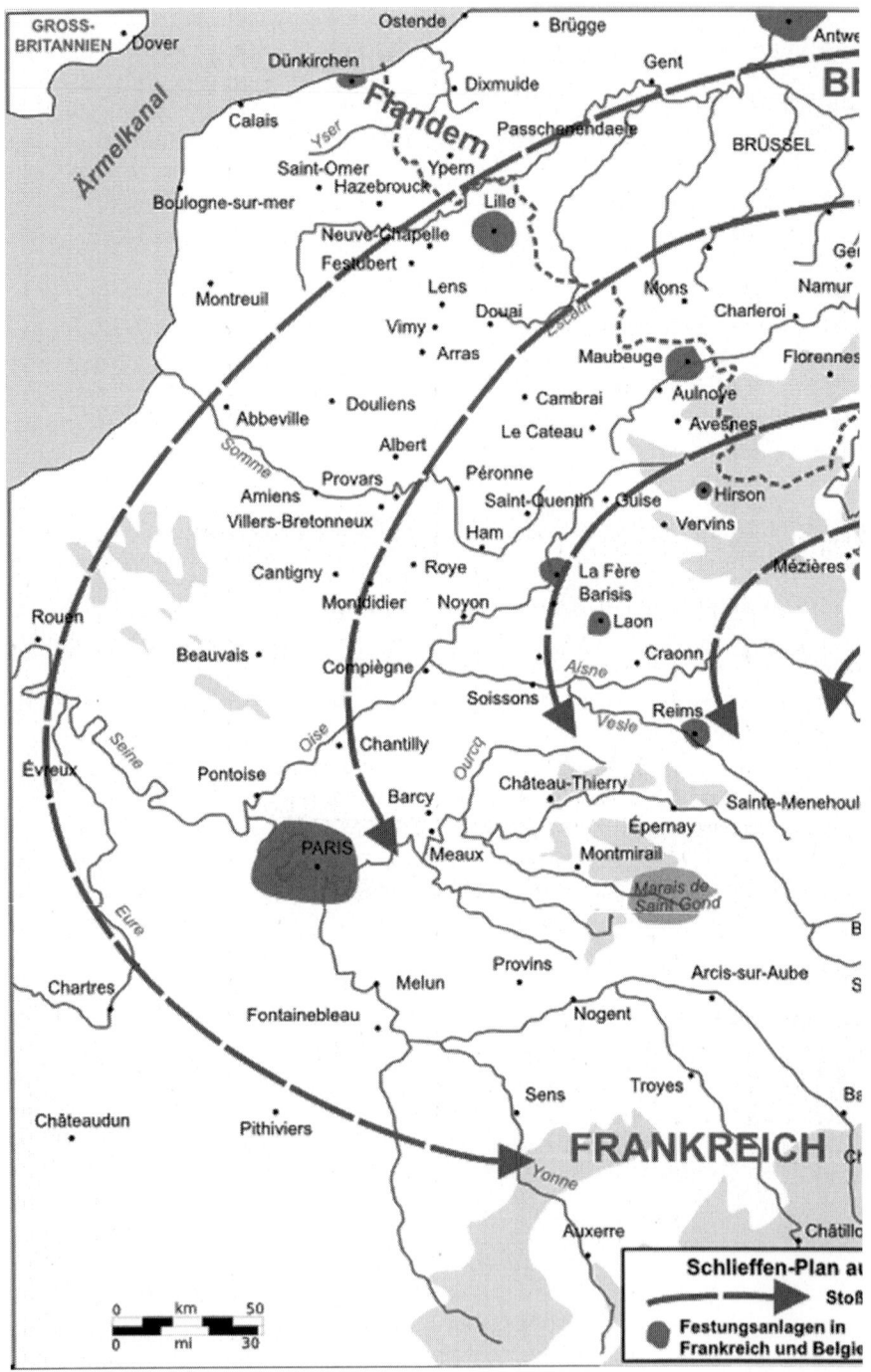

Abb. 4: Schlieffen-Plan aus dem Jahr 1905.

2.1 Entwicklungen der Kriegsführung vor und zu Beginn des Ersten Weltkrieges

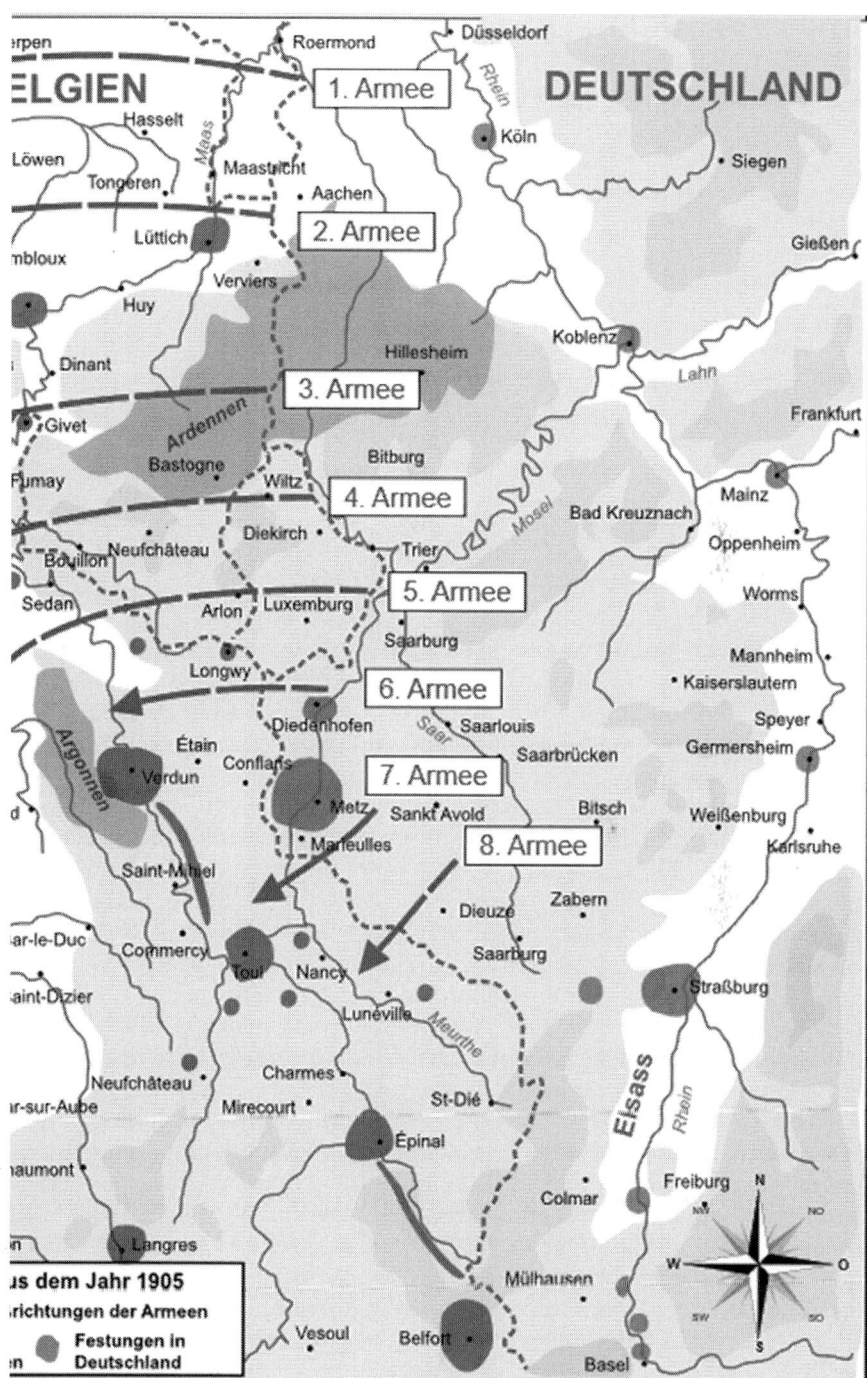

Abb. 4: Schlieffen-Plan aus dem Jahr 1905. – Fortsetzung

2.2 Kriegsführung im Ersten Weltkrieg

Als der Erste Weltkrieg am 28. Juli 1914, genau einen Monat nach dem tödlichen Attentat auf Erzherzog Franz Ferdinand, mit der Kriegserklärung Österreich-Ungarns an Serbien begann, endete eine über 40-jährige Periode des Friedens in Westeuropa. Mit fortschreitender Kriegsdauer wurden weitere Parteien in den Krieg hineingezogen. Das Osmanische Reich (Oktober 1914) und Bulgarien (Oktober 1915) schlossen sich den Mittelmächten an, während sich Japan, das Königreich Serbien und das Königreich Montenegro (August 1914), Italien (Mai 1915), Rumänien (August 1916), die Vereinigten Staaten von Amerika (April 1917) sowie Brasilien (Oktober 1917) mit der Triple Entente verbündeten. Der globale Charakter des Ersten Weltkrieges verfestigte sich durch den Umstand, dass viele der Kriegsparteien ebenfalls über Kolonien verfügten. Da eine umfassende globale Betrachtung des Ersten Weltkrieges außerhalb der Möglichkeiten dieses Kapitels liegt, fokussiert sich der folgende Teil auf den Krieg an der Westfront.

Vom Schlieffen-Plan zum Stellungskrieg

Zu Beginn des Krieges, wie oben ausgeführt, gingen die strategischen Planungen auf allen Seiten der kriegsführenden Parteien von einem Krieg aus, der auf Bewegungsschlachten basierte und nur von kurzer Dauer sei. Wie im Schlieffen-Plan angedacht, stieß der rechte Flügel der deutschen Truppen unter der Verletzung der belgischen Neutralität nach Frankreich vor, um so die französische Armee im Rücken anzugreifen. Frankreich reagierte auf den deutschen Angriff mit einem Einfall in das damals noch deutsche Elsass-Lothringen. Die französische Offensive wurde in der Schlacht bei Mülhausen (19. August) sowie in den Schlachten in den Vogesen und in Lothringen (20. bis 22. August) abgewehrt. Deutsche Kräfte rückten unterdessen durch Nordfrankreich vor und vier Wochen nach dem Einmarsch sah es so aus, als wäre der Schlieffen-Plan von Erfolg gekrönt. Der rechte Flügel hatte sich weit nach Frankreich vorgeschoben und bedrohte Paris. Anfang September 1914 hatten große Teile der Bevölkerung sowie die französische Regierung Paris verlassen. (Woodward 2015) Der schnelle Vormarsch stellte die deutschen Truppen jedoch vor eine logistische Herausforderung, die dieser nicht gewachsen waren. Auch ließen sich Kommunikationslinien zwischen Heeresleitung und Fronttruppen nicht aufrechterhalten, was zu Missverständnissen führte. (Müller 2018) Ab Mitte September kam der deutsche Angriff zum Erliegen. Die deutsche Armee zog sich hierauf auf gut zu verteidigende Geländepositionen zurück und begann, diese zu befestigen, um so gewonnenes Gelände zu halten. (Raths 2011) Solche Befestigungen begannen die gesamte Westfront zu kennzeichnen. Die Versuche deutscher und französischer Streitkräfte, den Feind mit Umfassungsmanövern in eine Kesselschlacht zu zwingen, führten regelmäßig dazu, dass die Streitkräfte improvisierte Feldbefestigungen aufbauten, wo immer die beiden Armeen aufeinandertrafen. Diese waren zunächst weit entfernt von den ausgedehnten Grabensystemen der späteren Kriegsjahre, doch konnten sie Stellungen mit einer geringen Anzahl an Truppen halten, wodurch

Kapazitäten für die Verwendung an anderer Stelle freigegeben wurden. (Foley 2014) Hierdurch stellte sich nach und nach eine Patt-Situation ein, die kennzeichnend für die gesamte Kriegsdauer wurde. Zwei miteinander verbundene Faktoren waren für diese Entwicklung hauptsächlich verantwortlich.

- Erstens verursachte die Kombination aus Befestigung und Feuerkraft ein taktisches Problem für den Angreifer. Feldbefestigungen boten den verteidigenden Truppen zwar Schutz, z. B. vor Artilleriebeschuss, sobald aber zum Angriff übergegangen wurde, mussten sich die eigenen Truppen über offenes Gelände bewegen und waren so Gewehr- und Maschinengewehrfeuer sowie Artilleriebeschuss schutzlos ausgesetzt.
- Zweitens kam zu dieser taktischen Herausforderung ein operatives Problem hinzu. Die defensive Wirksamkeit der Frontgräben sowie die erhöhte Feuerkraft bedeuteten, dass Gelände von relativ wenigen Truppen gehalten werden konnte.

Im Verlauf des Krieges wurden die beiden Probleme enger miteinander verknüpft und ab Ende 1915 wichen die einfachen Feldbefestigungen komplexen Verteidigungssystemen von beträchtlicher Tiefe. Der britische Kriegsminister Herbert Kitchener quittierte diese Entwicklung mit dem Ausspruch: »Dies ist kein Krieg mehr.« (Kitchener zitiert nach Herberg-Rothe 2003, S. 8) Trotz des schnellen Durchmarschs der deutschen Streitkräfte kam es somit nicht zu der sich von den Militärs vorgestellten Kesselschlacht. Obwohl der Angriff zunächst der Verteidigung überlegen schien, fanden sich beide Seiten zu einer Defensivschlacht gezwungen.

Der Grabenkrieg

Da keine der kriegsführenden Parteien die gegnerische Seite ausmanövrieren konnte, begannen diese, großangelegte Befestigungsgräben anzulegen. Um auf einem Schlachtfeld zu überleben, das von Maschinengewehren und Artillerie dominiert wurde, bot einzig das Eingraben den Soldaten Schutz. Beide Seiten konstruierten eine vom Ärmelkanal bis in die Alpen reichende, fast durchgängige Verteidigungslinie aus Gräben, die ein »Niemandsland« voneinander trennte. Die (Über-)Lebenswelt in den Gräben war von miserablen Bedingungen gekennzeichnet. Soldaten sahen sich Krankheiten, Scharfschützen, Artilleriebeschuss, extremer Kälte, Schlafentzug, Nässe und Versorgungsengpässen ausgesetzt. (Woodward 2015)

Entwicklungen in Bezug auf die Kriegsführung im Grabenkrieg lassen sich anhand der deutschen Erfahrungen verdeutlichen. Raths identifiziert drei kennzeichnende Entwicklungen: statische, lineare Verteidigung (1915), mobile, lineare Verteidigung (1916) und flexible Flächenverteidigung (1917–1918). (Raths 2011) Die statische Verteidigungsdoktrin hatte zur Grundlage, mittelfristig wieder in den Angriffskrieg übergehen zu können. Es entwickelte sich eine Verteidigungslinie aus drei parallel verlaufenden Gräben, »wobei der erste Graben als Alarm- und Vorpostengraben fungierte, der mittlere Graben als Kampfgraben und der dritte Graben als Reservegraben.« (Raths 2011, S. 398) Obwohl diese Stellungen gut zu verteidigen

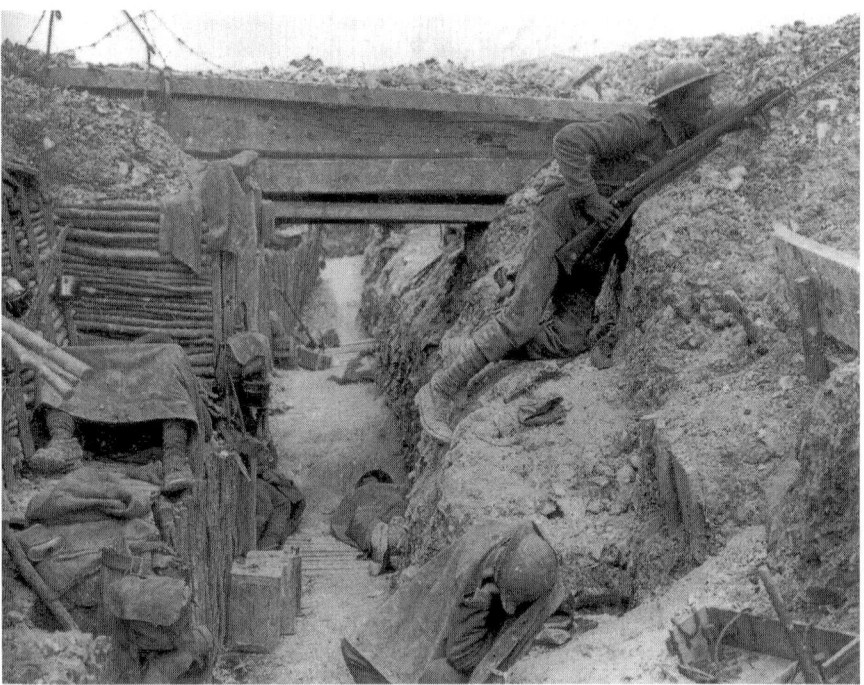

Abb. 5: Ein von britischen Soldaten des Cheshire Regiments besetzter deutscher Schützengraben in der Nähe der Albert-Bapaume-Straße bei Ovillers-la-Boisselle, Juli 1916 während der Schlacht an der Somme.

waren, war der Einbruch in diese nicht völlig unmöglich. Um dies zu verhindert, entwickelte sich deshalb eine zweite Verteidigungslinie in einem Abstand von 1–3 Kilometer hinter der ersten Linie. Dies vergrößerte die Probleme des Angreifers exponentiell.

- Erstens entfernte sich der Angreifer weit von seiner eigenen Infrastruktur, die den Angriff erst möglich machte.
- Zweitens brach die Kommunikationsverbindung durch die Entfernung zusammen, was die Führung des Angriffs sowie die Kontrolle über eigene Truppen erschwerte.
- Drittens war der Angriff körperlich erschöpfend und frische Reserven konnten nur schwerlich herangeführt werden.
- Viertens, je weiter sich die angreifenden Truppen von ihren eigenen Stellungen entfernten, umso weniger konnte die eigene Artillerie unterstützend wirken.

> »Während also beim Angreifer jeder gewonnene Meter Kommunikation, Kontrolle und Unterstützung mehr und mehr zusammenbrachen, trat beim Verteidiger genau der gegenteilige Effekt ein: Der Gegner bewegte sich quasi freiwillig in das immer dichter werdende Feuer der Verteidiger, neue Kräfte konnten […] per Bahn leicht herangeführt werden und die Kontrolle stellte im eigenen, gut ausgebautem Grabensystem kein Problem dar.« (Raths 2011, S. 399)

Um aus dieser Situation auszubrechen, entwickelte das deutsche Heer neue taktische Konzepte, während die Alliierten vornehmlich auf neue Technologien wie den Panzer setzten (▶ *Der Panzer*). Zunächst entwickelte sich eine neue Verteidigungsstrategie. Ab 1916 ging das deutsche Heer von einer statischen zu einer mobilen, linearen Verteidigung über. Auslöser hierfür war der alliierte Artilleriebeschuss, der sich bei einem Angriff der Alliierten drastisch verstärken würde. Aufgrund der Anweisung, keinen Meter preiszugeben, wurde die vordere Linie unbedingt gehalten. Dies erforderte eine hohe Anzahl von Soldaten im zweiten Graben, um Verluste im ersten schnell auszugleichen. Der zweite Graben kam somit jedoch unter vermehrten Artilleriebeschuss, was zu hohen Verlusten führte. Daraufhin wurde von dem Plan abgerückt, jeden Meter zu halten und Grabenabschnitte wurden geräumt, wenn diese unter schweren Artilleriebeschuss kamen. Sobald der Beschuss nachließ, sollten diese wiederbesetzt werden. Der Wettlauf mit dem Feind, um diese Gebiete wieder zu besetzen, konnte jedoch nur selten gewonnen werden. Zumeist folgte ein offensiver Angriff auf die nun vom Feind besetzten Gebiete, um Gelände vom geschwächten Angreifer zurückzuerobern.

> »Fest zur Verteidigung gehörten damit jetzt der Gegenstoß (sofortige Wiedereroberung von Gelände in kleinem taktischem Maßstab) und der Gegenangriff (etwas länger geplante Wiedereroberung von verlorenem Gelände in größerem taktischem Maßstab).« (Raths 2011, S. 400)

Im Vergleich zur statischen Verteidigung blieb das Ergebnis das Gleiche, die Verluste waren jedoch geringer.

Die mobile, lineare Verteidigung entwickelte sich zwischen 1917 und 1918 zur flexiblen Flächenverteidigung weiter. Der hauptsächliche Teil dieser Weiterentwicklung lag in der gezielten Auflösung der Einheiten. »Da das vernichtende Feuer des Grabenkrieges große Formationen von Soldaten augenblicklich auslöschen konnte, mussten sich die Männer im Gelände verteilen.« (Raths 2011, S. 400) Dieser Schritt wurde von der militärischen Führung nur widerwillig umgesetzt, da die vorherrschende Sichtweise davon ausging, dass sich in großen Formationen hohe Feuerkraft zusammenfassen ließe und solche Formationen darüber hinaus den einzelnen Soldaten unter Kontrolle halten und dieser so nicht den Kampf einstellen könne. Zum Ausgleich des Kontrollverlusts wurde die externe Kontrolle durch eine interne, die auf Pflichterfüllung und Patriotismus setzte, ersetzt. Mit der Aufgabe der linearen Verteidigung, die darauf setzte, sich tiefer einzugraben, »wurde nun angestrebt, das feindliche Feuer durch eigene Verteilung ›zeitlich und räumlich zu zersplittern‹ und den eigentlichen feindlichen Angriff im eigenen Gelände aufzufasern, umzuleiten und versickern zu lassen.« (Raths 2011, S. 401)

Um dies zu gewährleisten, wurde der Raum in drei sich über mehrere Kilometer erstreckende Kampfzonen unterteilt. In der ersten sollten schwache Kräfte den Angriff bremsen, indem sich die Verteidiger dem Gelände anpassen, Schutz in Granattrichtern suchen und so dem Feind erste Verluste zufügen und dessen Angriff verlangsamen.

In der zweiten Zone, der Großkampfzone, verstärkte sich der Widerstand, da diese aus einem verschachtelten System von Verteidigungsanlagen zur Infanterie- und Artillerieabwehr bestand. In einem Abstand von mindestens 3 Kilometern hinter der

Großkampfzone befand sich die rückwärtige Kampfzone, dessen Tiefen über 10 Kilometer erreichte. In diesen Zonen sollten sich die Verteidiger frei bewegen und kämpfen und auch Gelände preisgeben, wenn dies nötig wurde. »Die Stärke dieses Konzeptes lag also nicht mehr in immer massiveren Bauten, sondern in der Initiative, der Bewegung und der offensiven Moral.« (Raths 2011, S. 401) Ziel dieser Verteidigung war es, sobald der Angreifer ausreichend geschwächt war, in den Gegenangriff überzugehen und verlorenes Gelände zurückzuerobern. Die Kriegsführung war somit nicht mehr statisch, sondern zunehmend von Dynamik geprägt. »Anders als der Mythos vom stumpfen Anrennen gegen Stacheldraht und Maschinengewehre glauben machen will, versuchten alle Armeen der Westfront durchaus Wege aus dem Patt des Grabenkrieges zu finden.« (Raths 2011, S. 400)

Neben dem taktischen Wandel fand auch ein Wandel auf der strategischen Ebene der Kriegsführung statt. Mit zunehmender Kriegsdauer kamen die Oberkommandos auf beiden Seiten der Grabenlinie zu dem Schluss, dass es an der stark verteidigten Westfront unmöglich war, die Verteidigungslinie des Feindes schnell zu durchbrechen und einen ›echten‹ Mobilitätskrieg wiederherzustellen. (Foley 2006) Französischen, deutschen und britischen Feldkommandeure gingen zunehmend in ihren Planungen davon aus, dass der Krieg nur durch ein Erschöpfen der Ressourcen des Feindes gewonnen werden konnte. Während des Jahres 1915 hatte keine Seite ihre strategischen Ziele erreicht. Die Franzosen hatten es nicht geschafft, die deutschen Truppen aus dem französischen Hoheitsgebiet zu vertreiben, und die Deutschen waren dem Ziel, einen Keil zwischen die feindlichen Kräfte zu schlagen, nicht nähergekommen. Darüber hinaus hatten die taktischen Ansätze auf dem Schlachtfeld keine nennenswerten Ergebnisse erzielt und beide Seiten erkannten die Notwendigkeit, ihre Strategie für die kommenden Jahre zu überdenken. Das Ergebnis dieser Neubewertung war auf beiden Seiten der kriegsführenden Parteien die Entwicklung einer Zermürbungs- oder Ermattungsstrategie.

Das deutsche Konzept der Ermattungsstrategie wurde von Erich von Falkenhayn (1861–1922) entwickelt. Dieser hatte nach dem Misserfolg des Schlieffen-Plans von Moltke am 14. September 1914 als Feldmarschall ersetzt und die Heeresleitung übernommen. Von Falkenhayn war davon überzeugt, dass der Krieg aus eigener Kraft nicht mehr gewonnen werden konnte. Frieden zwischen der Entente und den Mittelmächten sollte durch die Erschöpfung des Gegners erreicht werden. Ziel war ein Frieden ohne Sieger und Besiegte. Von Falkenhayn war davon überzeugt, dass ein geschwächtes Frankreich einen Friedensvertrag mit dem Deutschen Reich schließen würde. Hierdurch wäre Deutschland in einer strategisch vorteilhaften Lage, um anschließend auch Großbritannien zu einem Friedensschluss zu zwingen. Von Falkenhayns Konzept der Ermattungsstrategie basierte darauf, anstatt anzugreifen, um den Feind zu zermürben, die Entente-Armeen dazu zu zwingen, starke deutsche Verteidigungsstellungen anzugreifen und diese dadurch auszubluten. Dies sollte erreicht werden, indem eine deutsche Offensive ein Ziel bedrohte, das die feindlichen Kräfte unter keinen Umständen aufgeben würden. (Stachelbeck 2017) Als Ziel für diese Offensive wurde Verdun gewählt. Von Falkenhayn ging davon aus, dass die Franzosen es sich nicht leisten konnten, diesen Ort aufzugeben, da dieser ein strategischer Knotenpunkt der Ostverteidigung Frankreichs war und somit französische Kräfte gezwungen wären, diesen bis zum Äußersten zu verteidigen. Gleichzeitig lag es in der Nähe der von Deutschland kontrollierten Eisenbahn in Metz, was bedeutete, dass die deutschen Truppen schnell mit Nachschub versorgt werden konnten. Die Schlacht begann am 21. Februar 1916, dauerte zehn Monate an und führte zu über 700 000 Verlusten auf beiden Seiten. (Philpott 2014) Verdun war somit die längste und verlustreichste Schlacht des Ersten Weltkrieges. Trotz hoher Verluste auf beiden Seiten ging von Falkenhayns Strategie, die darauf abzielte, dass ein bei Verdun geschwächtes Frankreich aus dem Krieg ausscheiden würde, was zu einem Zusammenbruch der Entente führen würde, nicht auf. Am 29. August 1916 wurde von Falkenhayn abgesetzt und durch Paul von Hindenburg und dessen Stabschef Erich Ludendorff (1865–1937) ersetzt. Beide hatten zuvor das Oberkommando über die Ostfront. Im Gegensatz zu von Falkenhayn waren Hindenburg und Ludendorff keine Befürworter eines Ausgleichsfrieden, sondern sahen einen militärisch erzwungenen Sieg als das beste Mittel für eine Beendigung des Krieges an. Statt einer Ermattungsstrategie setzte die Oberste Heeresleitung nun wieder auf eine Vernichtungsstrategie, die die Kräfte der Entente in Entscheidungsschlachten besiegen sollte. (Woodward 2015) Nach mehreren fehlgeschlagenen Offensivanstrengungen setzte das deutsche Heer am 1. Januar 1918 zu einer Großoffensive an. Bis zum 26. März 1918 hatte das deutsche Heer die Front um 20 Meilen nach vorne geschoben, die fünfte britische Armee zur Auflösung und die französischen Kräfte zum Rückzug vor Paris gezwungen. Diese Offensive hatte die deutsche Verteidigungslinie von 242 auf 317 Meilen erweitert, zu dessen Verteidigung die deutsche Truppenstärke allerdings nicht ausreichend war. (Woodward 2015) Nachschub wurde knapp, die deutschen Truppen waren der Erschöpfung nahe und mit dem Eintreffen britischer und französischer Verstärkungen kam die Offensive zum Erliegen. Am 4. Mai 1918 stellte Ludendorff die Offensivanstrengungen ein. Im August 1918 begannen die Alliierten mit einer Gegenoffensive und am 11. November wurden die Kampfhandlungen mit einem Waffenstillstand beendet.

Der Gaskrieg

Der erste Einsatz chemischer Kampfstoffe während des Ersten Weltkrieges erfolgte am späten Nachmittag des 22. April 1915. (Moore 1987) Mitglieder einer Spezialeinheit der deutschen Armee öffneten die Ventile von mehr als 6 000 Stahlzylindern, die entlang ihrer Verteidigungslinie im belgischen Ypern in Gräben lagen. Innerhalb von wenigen Minuten waberten 160 Tonnen Chlorgas hinüber in die gegenüberliegenden französischen Schützengräben. Die langsame vorrückende Gaswolke tötete innerhalb kürzester Zeit mehr als 1 000 französische und algerische Soldaten und verwundete etwa 4 000 weitere. (Fitzgerald 2008) Abgesehen von Geheimdienstberichten über die seltsamen Zylinder vor dem Angriff waren die französischen Truppen völlig unvorbereitet auf diese neue Form der Kriegsführung. Die überraschende Verwendung von Chlorgas ermöglichte den Deutschen, die französische Linie entlang einer 6 Kilometer langen Front zu durchbrechen, was zu einem panischen und chaotischen Rückzug auf französischer Seite führte. (Fitzgerald 2008) Überrascht durch den offenkundigen Erfolg des Angriffs und in der Abwesenheit eines Planes nach dem Gasangriff konnten die Deutschen die Lage nicht ausnutzen.

Bereits nach wenigen Tage standen sich beide Armeen wieder in denselben Schützengräben gegenüber. Der Angriff markierte dennoch einen Wendepunkt in der Militärgeschichte, da er als der erste erfolgreiche Einsatz tödlicher chemischer Waffen auf dem Schlachtfeld gilt. (Fitzgerald 2008)

Mit Verlauf des Krieges intensivierten britische, französische und deutsche Militärplaner und Wissenschaftler die Forschung auf dem Gebiet des Gaskrieges und es entwickelte sich eine Art technisches Schachspiel. (Fitzgerald 2008) Neuen offensiven Bedrohungen wurde durch eine Reihe von defensiven Gegenmaßnahmen wie der Entwicklung von Gasmasken gekontert. Zum Frühjahr 1917 waren die Abwehrmaßnahmen der alliierten Armeen zur Eindämmung der deutschen Gasbedrohung zumindest im Hinblick auf die Begrenzung der Todesfälle zunehmend erfolgreich. Überraschenderweise gelang dieser defensive Erfolg zu dem Zeitpunkt, als der offensive Einsatz von Gaswaffen immer ausgeklügelter wurde. Seit 1915 ermöglichte die Integration der Forschung auf den Gebieten der Chemie, der Meteorologie und der Waffenentwicklung, dass die taktische Planung des zielgeführten Einsatzes von Gas zuverlässiger wurde. Dem Zerstörungspotential bestimmter Chemikalien waren jedoch Grenzen gesetzt. Beide Seiten erkannten, dass ein Gasangriff, bei dem entweder Chlor oder Phosgen eine große Anzahl von Todesopfern unter optimalen Bedingungen verursachen konnten, bei vorbereiteten und ausgerüsteten Truppen zu relativ geringen Todesfällen führte. (Fitzgerald 2008) In einem blutigen Zermürbungskrieg hatte die Fähigkeit, den Gegner zu verletzen statt zu töten, jedoch taktischen und strategischen Wert. Der verletzungsbedingte Abzug einer großen Anzahl von kampfbereiten Truppen aus dem Frontgebiet, selbst für kurze Zeit, beeinträchtigte die Fähigkeit des Feindes, erfolgreiche Operationen durchzuführen. Wegen der durch Chlorgas und Phosgen verursachten Atemwegsschädigung benötigten Soldaten eine lange Rekonvaleszenz, bevor sie wieder an der Front eingesetzt werden konnten. (Joy 1997) Darüber hinaus sah die deutsche Heeresleitung Gas als ein effektives Mittel an, das feindliche Kräfte aus dem Schützengräben zwang, um sie dann mit konventionellen Waffen zu töten oder kampfunfähig zu machen. (Moore 1987) Obwohl Chemiewaffen verhältnismäßig wenige Soldaten im Ersten Weltkrieg töteten, hatte der »Gasschreck« starke psychologische Auswirkungen auf Soldaten und Zivilisten. Dies führte zu einer weitreichenden Ächtung der chemischen Kriegsführung. Zwischen dem Waffenstillstand von 1918 und dem Jahr 1933 fanden mehrere internationale Konferenzen statt, um den Einsatz chemischer Waffen zu begrenzen oder abzuschaffen. Hierzu gehörten die Washingtoner Konferenz (1921–1922), die Genfer Konferenz (1923–1925) und die Welt-Abrüstungskonferenz (1933). (Russel 2001) Obwohl nach dem Genfer Protokoll von 1925 Fortschritte beim Verbot der Verwendung giftiger Gase gemacht wurden, wurden die Programme und Forschungen während der gesamten Zwischenkriegszeit und während weiter Teilen des Jahrhunderts trotz der öffentlichen Ablehnung dieser Waffen fortgesetzt.

Der Panzer

Um aus der Pattsituation der Grabenkämpfe an der Westfront auszubrechen, entwickelten vor allem die Alliierten gepanzerte Fahrzeuge. Obwohl das Konzept der gepanzerten Fahrzeuge dem Ersten Weltkrieg vorausging, so wurde es hier doch durch die Einführung des Panzers entscheiden fortentwickelt. Die ersten Panzer-Prototypen wurden von den Briten nach einem Vorschlag von Oberstleutnant Ernest Swinton (1868–1951) entwickelt. Hierauf folgte die zwischen August und September 1915 von Sir William Tritton (1875–1946) und Leutnant Walter Gordon Wilson (1874–1957) entworfene Lincoln-Maschine Nr. 1 (*Little Willie*). Noch während des Baus begannen Tritton und Wilson mit der Arbeit an dessen Weiterentwicklung. Die neue Maschine, die im Januar 1916 fertiggestellt wurde, war der Mark I, auch als *Big Willie* oder *Mother* bezeichnet. Diese ersten Panzer waren im Allgemeinen langsam und schwer zu manövrieren und hatten große Probleme im schroffen Gelände. Obwohl sie Schutz vor Stacheldraht, Kleinwaffen und Granatsplitter boten, waren ihre primitiven Panzerungen dennoch für schweres Maschinengewehrfeuer und direkte Treffer von Artilleriegeschossen anfällig. (Pöhlmann 2015) Zum ersten Mal brachte Großbritannien am 15. September 1916 Panzer an der Somme auf das Schlachtfeld. Von den 49 eingesetzten Mark I-Panzern überquerten nur 31 aufgrund mechanischer Probleme die deutschen Linien. Neben den mechanischen Problemen krankte der frühe Panzerkrieg auch an unerfahrenen Besatzungen und dem Fehlen einer Doktrin hinsichtlich ihrer Integration in die Kriegsführung. Dennoch war das britische Oberkommando vom Potential dieser neuen Waffe überzeugt und weitete die Produktion aus. Nur ein Jahr nach der Schlacht an der Somme setzten die Briten in der Schlacht von Cambrai (20.–30. November 1917) bei ihrem Angriff über 400 Mark IV-Panzer ein. Die Mark IV hatte eine achtköpfige Besatzung, ein Gewicht von 28 Tonnen und einen Sechszylinder-Motor, mit dem eine Höchstgeschwindigkeit von 6 Stundenkilometer erreicht werden konnte. In Kombination mit einem Angriff der Infanterie und Artillerie gelang es, mit Hilfe der Panzer 8 Kilometer tief in das feindliche Gebiet vorzudringen und dabei nur einen Bruchteil der bis dato typischen Verluste zu erleiden. Obwohl Deutschland bereits im September 1916 eine eigene Panzerabteilung bildete, war der einzige im Krieg eingesetzte deutsche Panzer der Sturmpanzerwagen A7V, der erst Anfang 1918 auf dem Schlachtfeld eingesetzt wurde. (Pöhlmann 2015) Der A7V hatte eine Höchstgeschwindigkeit von 8 Stundenkilometer und eine Reichweite von nur 24 Kilometer aufgrund seiner Größe. Neben der geringen Reichweite war der A7V anfällig für Überhitzung und erforderte eine Besatzung von 18 Mann. Die erste Panzerschlacht in der Geschichte fand am 24. April 1918 in Villers-Bretonneux, Frankreich, zwischen drei britischen Mark IV und zwei deutschen A7V statt. Während des Krieges produzierte Deutschland nur zwanzig dieser A7V-Panzer, während die Alliierten über 6 000 Panzer verschiedener Modelle anfertigten. Obwohl die Alliierten einen signifikanten zahlenmäßigen Vorteil in Bezug auf die gepanzerten Fahrzeuge besaßen, war die neue Waffe nicht der entscheidende Faktor für den Kriegsausgang. Panzer konnten in einigen Fällen taktische Gewinne erzielten, ihre bis zum Kriegsende begrenzten Fähigkeiten und der Mangel an einer militärischen Doktrin verhinderten, dass der Panzer der Schlüssel zum Sieg der Alliierten auf dem Schlachtfeld des Ersten Weltkrieges wurde.

Der Luftkrieg

Eine weitere technologische Neuerung des Ersten Weltkrieges war der Einsatz von Flugzeugen in der Kriegsführung. Der Luftkrieg war aber keineswegs eine Erfindung des Ersten Weltkriegs. Bereits während der napoleonischen Kriege und des französisch-preußischen Konflikts (1870–1871) wurden Heißluftballons zur Beobachtung und Propagandaverteilung eingesetzt und während des italienisch-türkischen Krieges (1911–1912) führten Flugzeuge Bombenangriffe durch. Die Luftkriegsführung während des Ersten Weltkrieges stellte jedoch einen Bruch mit diesen vergangenen Beispielen dar. Es war der erste Konflikt, an dem Flugzeuge in großem Umfang beteiligt waren und eine bedeutende Rolle spielten. Zu Beginn des Krieges wurde der militärische Nutzen von Luftfahrzeugen auf allen Seiten mit einer gewissen Skepsis betrachtet. Im ersten Jahr des Konflikts war die militärische Rolle von Luftfahrzeugen vor allem auf Beobachtungsmissionen beschränkt. Rascher technologischer Fortschritt verbesserte jedoch die Leistungsfähigkeit von Flugzeugen. Eine entscheidende Entwicklung geht auf den niederländischen Flugzeughersteller Anthony Fokker (1890–1939) zurück, der für die Deutschen arbeitete. 1915 perfektionierte er eine französische Erfindung, die es ermöglichte, durch den eigenen Propellerkreis zu feuern. (Morrow 2010) Die revolutionäre Konsequenz dieser Entwicklung war die Anfertigung der ersten Jagdflugzeuge. Dieser Flugzeugtyp verschaffte den Deutschen ab 1915 den Vorteil der Luftüberlegenheit, die bis ca. Mitte 1916 andauerte. Der Luftkrieg war zunächst größtenteils auf Einzelflugangriffe beschränkt. Ab 1916 entstanden feste Fliegerstaffeln und die Kriegsparteien gingen vom Einzelflug zum Luftkampf in Gruppenformationen über. Ab Mitte 1916 erlangten die alliierten Streitkräfte durch die Schaffung französischer Kampfstaffeln und den Ausbau des britischen Royal Flying Corps mehr und mehr die Luftdominanz. Diese fiel in der ersten Hälfte des Jahres 1917 wieder an die Deutschen zurück, nachdem diese mit der Einführung der Albatros D-III über ein schnelles, leistungsstarkes und robustes Flugzeug verfügten, das den alliierten Flugzeugen in Bezug auf Schnelligkeit, Wenden und Querneigen überlegen war. Im April 1917 verloren die Briten eine Vielzahl an Flugzeugen. Die Verluste lagen viermal höher als jene der Luftwaffe, weshalb der April 1917 als »blutiger April« bezeichnet wurde. Erfolgreiche Reorganisationen der Luftstreitkräfte in Frankreich und Großbritannien brachten die Luftkontrolle bis zum Waffenstillstand jedoch endgültig zurück. Drei Hauptentwicklungen in der Luftkriegsführung lassen sich über den Zeitraum des Ersten Weltkrieges feststellen.

- Als erste Entwicklung lässt sich die Rolle des Flugzeuges von einem Aufklärungsmittel zu einem Angriffsmittel beschreiben, das Ballons, Zeppeline, Aufklärungs- und Bombenflugzeuge bekämpfen und den Kampf gegen andere Jagdflugzeuge aufnehmen konnte. (Morrow 2010)
- Die zweite Entwicklung bezieht sich auf die Luftunterstützung des Bodenkrieges, indem Flugzeuge durch direkten Beschuss die Besatzungen von Schützengräben in Deckung zwangen und Artilleriestellungen angriffen. Entscheidend für die Unterstützung des Bodenkrieges waren auch Entwicklungen auf dem Gebiet der Luftbildfotografie. (Busquets 2018) Fotos, die aus einer Höhe von 16 000 Fuß

aufgenommen wurden, konnten eine Fläche von zwei mal drei Meilen erfassen und ließen so selbst die kleinsten Verschiebungen von Maschinengewehrpositionen, Artilleriepositionen, Versorgungslinien und Truppen genau lokalisieren.
- Die dritte Entwicklung betrifft den strategischen Bombenkrieg, der mit den Bombenangriffen deutscher Zeppeline auf Ziele in Frankreich und Großbritannien ein neues Kapitel in der modernen Kriegsführung einleitete. (Morrow 2010) Mit Angriffen auf das feindliche Hinterland sollte die Kampfmoral gebrochen und die Kriegswirtschaft gestört werden, was den Bereich der Kriegsführung extrem ausweitete und zu einem Verschwimmen der Trennung zwischen Front und Heimat führte und die Zivilbevölkerung zunehmend in das Kriegsgeschehen mit einbezog.

Abschließend ist jedoch festzuhalten, dass die Luftkriegsführung in der Bedeutung für die Kriegshandlungen bis 1918 insgesamt relativ gering blieb. (Morrow 2010) Dies änderte sich mit dem Beginn des Zweiten Weltkrieges, in dem sich das zerstörerische Potential der Luftstreitkräfte und dessen verheerende Wirkung auf die Zivilbevölkerung entfalteten.

Irreguläre Kriegsführung in Deutsch-Ostafrika

Obwohl das europäische Gleichgewicht der Kräfte den Frieden in Europa für mehr als 40 Jahre gewährte, exportierte Europa sein Gewaltpotential in die Kolonien. Angetrieben vom Imperialismus befanden sich die europäischen Kolonialmächte effektiv in einem ununterbrochenen Kriegszustand mit der indigenen Bevölkerung ihrer Kolonien. Beispielhaft hierfür waren der Burenkrieg in Südafrika (1880–1881; 1899–1902) und der Maji-Maji Aufstand in Deutsch-Ostafrika (1905–1907). Trotz der geschichtlichen Fokussierung auf die Kriegsschauplätze in Europa muss festgehalten werden, dass der Erste Weltkrieg auch in den europäischen Kolonien geführt wurde. Die nachfolgende Betrachtung des Krieges in Ostafrika rückt diese »vergessene Front« in den Mittelpunkt und zeigt die Unterschiede zwischen der Kriegsführung in Europa und jener in den Kolonien auf.

Der Krieg in der Kolonie Deutsch-Ostafrika war das Gegenteil des europäischen Grabenkrieges. Hier ging es vor allem um Mobilität, schnell ausgeführte Angriffe und lange Wanderungen zu Fuß. Maßgeblichen Einfluss auf die unterschiedliche Kriegsführung hatte die Fläche, auf der der Krieg geführt wurde. Zwischen 1916 und 1918 umfasste die Ostafrika-Kampagne mit 750 000 Quadratkilometer eine Fläche, die dreimal so groß war wie die des kaiserlichen Deutschlands. Das Gebiet verfügte zudem nur über unzureichende Kommunikationslinien. Aufgrund der Größe des Gebietes sowie der mangelnden Kommunikation war es schwierig, den Feind auszumachen und anzugreifen. (Strachan 2004) Keine der Kolonien verfügte über stehende Heere, da die europäischen Kolonialmächte nur kleine Schutztruppen zur Erhaltung ihrer inneren Ordnung in Afrika stationiert hatten. Aufgrund dessen war die Zahl der Kombattanten im Vergleich zum europäischen Schauplatz gering. Auf dieser riesigen Fläche standen sich die ca. 15 000 Mann starke deutsche Schutztruppe unter der Führung von Paul Emil von Lettow-Vorbeck (1870–1964) und eine ca.

250 000 Mann starke Truppe des britischen Empires, Belgiens und Portugals gegenüber. (Pesek 2010) Neben der numerischen Unterlegenheit sahen sich die deutschen Kräfte außerdem einem Nachschubproblem ausgesetzt, da die Alliierten über die Seekontrolle verfügten. Lettow-Vorbecks Strategie basierte darauf, das Geschehen in den Kolonien als Teil des europäischen Krieges zu betrachten. Ziel dieser Strategie war es, so viele britische Truppen wie möglich in Ostafrika zu binden, damit diese nicht kriegsunterstützend in Europa eingesetzt werden konnten. (Pesek 2010) In den Überlegungen der Militärstrategen in Berlin spielte die Kolonie jedoch nur eine untergeordnete Rolle. (Pesek 2010) Lettow-Vorbeck konzentrierte seine Truppen an der Nordgrenze und führte kleinere Gefechte mit britischen Grenzpatrouillen. Im August 1914 griffen britische Kriegsschiffe Dar es Salaam an. London fürchtete, dass deutsch-ostafrikanische Häfen von der kaiserlichen Marine genutzt werden könnten, um britische Fracht- und Versorgungsschiffe anzugreifen. Der Gouverneur Deutsch-Ostafrikas, Heinrich Schnee (1871–1949), versuchte zunächst, die Kolonie aus dem Krieg herauszuhalten, und handelte einen Waffenstillstand aus, der die Häfen zu »offenen Städten« erklärte. Die führte zu Auseinandersetzungen mit Lettow-Vorbeck, der den Waffenstillstand als Verrat ansah und sich Schnees Anweisung, die Angriffe einzustellen, verweigerte. (Pesek 2010) Zunächst verhinderten deutsche Truppen eine britische Landung in Tanga im November. Hierauf weiteten sich Lettow-Vorbecks Angriffe aus. Vor allem die Uganda-Bahn, die eine wichtige, britische Versorgungsader darstellte, wurde zum Ziel von Angriffen. Die Kämpfe glichen jedoch meist kleineren Scharmützeln. Während die britische Seite auf ihre numerische Überlegenheit setzte und davon ausging, die Schutztruppe in einer Entscheidungsschlacht zu schlagen, um so die Kontrolle über Deutsch-Ostafrika zu erlangen, basierte Lettow-Vorbecks Taktik auf einzelnen, von kleinen Kommandoeinheiten ausgeführten Angriffen und einem schnellen Rückzug. Da seine Truppen auf einem ihnen bekannten Gelände operierten, hatten diese einen taktischen Vorteil. Dieser wurde dadurch erhöht, dass britische Truppen weit entfernt von ihren eigenen Kolonien operieren mussten und somit Nachschub sie nur schwer erreichen konnte. Der Schutztruppe gelang es hierdurch, das Gebiet Deutsch-Ostafrikas im Wesentlichen zu halten, da die britische Seite nach der Niederlage bei Tanga es vorerst abgelehnte, größere Verbände zusammenzuziehen. Im Frühjahr 1916 begannen Großbritannien, Belgien und Portugal jedoch eine kombinierte Offensive. Hierauf zogen sich die deutschen Truppen in den Süden Deutsch-Ostafrikas zurück. Aufgrund des geringen Niederschlages zwischen 1913 und 1915 in dieser Region war eine Hungersnot ausgebrochen. (Strachan 2004) Dies stellte die Schutztruppe vor logistische Herausforderungen. Erschwert wurde die Situation dadurch, dass der südliche Teil Deutsch-Ostafrikas der Hauptschauplatz des Maji-Maji Aufstand war. Britische Truppen versuchten, die Schutztruppe in diesem Gebiet einzukreisen, doch Lettow-Vorbeck entkam mit einem Großteil der Schutztruppe nach Portugiesisch-Ostafrika. Dies war die letzte Phase des Krieges, in der die Schutztruppe hauptsächlich versuchte, den alliierten Kräften zu entkommen und diese in Ostafrika zu binden. Bis zum Ende des Krieges sollte Lettow-Vorbeck dies gelingen. Nachdem er über den Waffenstillstand in Europa informiert wurde, kapitulierte die Schutztruppe am 25. November 1918. Die afrikanische Bevölkerung zahlte für den Krieg der Europäer einen hohen Preis.

»Mehr als 350 000 von den Kriegsparteien rekrutierte Träger und noch einmal so viele afrikanische Zivilisten kamen durch Strapazen, Hungersnöte und Krankheiten, aber zum Teil auch durch direkte Gewaltanwendung ums Leben. Das überstieg die Zahl der getöteten Kombattanten beinahe um das Zwanzigfache. Damit war der Anteil der zivilen Kriegsopfer in Ostafrika deutlich höher als auf jedem anderen Schauplatz des Ersten Weltkrieges.« (Müller 2018, S. 207)

2.3 Der Erste Weltkrieg: ein totaler Krieg?

Abb. 6: Zentraler Kriegsgräberfriedhof der Schlacht um Verdun bei Douaumont.

Ob der Erste Weltkrieg einem totalen Krieg entspricht, ist in der Geschichtsschreibung umstritten. (Förster 2002) Dies liegt vor allem an der Begrifflichkeit des »totalen Krieges«, der nicht eindeutig bestimmt ist. Der Begriff »totaler Krieg« entstand während des Ersten Weltkrieges und entwickelte sich in den folgenden Jahren zu einem verbreiteten Schlagwort.

»Das in dieser Hinsicht wohl bekannteste Werk ist das 1935 erschienene Buch *Der totale Krieg* von Erich Ludendorff, worin der ehemalige Feldherr einen die ganze Gesellschaft erfassenden Krieg beschrieb und die Notwendigkeit der Einstellung sämtlicher Lebensbereiche auf einen solchen Krieg propagierte.« (Meier 2012, S. 267)

Den Ausführungen Stig Försters folgend setzt sich ein totaler Krieg aus unterschiedlichen, miteinander verbundenen Komponenten zusammen: totale Kriegsziele, totale Kriegsmethoden, totale Mobilisierung und totale Kontrolle. (Förster 1999) Diese vier Kernelement fasst Meier wie folgt zusammen:

1) *Totale Mobilisierung*:
Alle gesellschaftlichen und materiellen Ressourcen eines Staates werden für die Kriegsführung mobilisiert und beansprucht. Staat, Wirtschaft und Gesellschaft richten sich integral auf die Kriegsanstrengungen aus.
2) *Totale Kriegsziele*:
Als Kriegsziel wird die bedingungslose Kapitulation und Unterwerfung des Gegners bis hin zu dessen physischer Vernichtung formuliert.
3) *Totale Kriegsmethoden*:
Mit den totalen Kriegszielen gehen die Entgrenzung der Kriegsmittel und die Missachtung des Völkerrechts und der Kriegsregeln einher. Alle waffentechnologischen Potentiale werden eingesetzt und auch die gegnerische Zivilbevölkerung wird ins Visier genommen.
4) *Totale Kontrolle*:
Der Staat unterwirft alle gesellschaftlichen und wirtschaftlichen Bereiche seiner vollständigen Kontrolle, um diese für die totalen Kriegsanstrengungen nutzbar machen zu können. (Meier 2012, S. 268)

Zivilisten sind in dieser Form des Krieges sowohl aktiv Handelnde als auch Opfer. (Förster 1999) Dennoch darf der totale Krieg »nicht als eine Beschreibung der historischen Realität verstanden werden.« (Förster 2002, S. 26) Kein Krieg ist jemals in seiner Vollständigkeit total gewesen und der Erste Weltkrieg bildet in diesem Sinne keine Ausnahme. Der totale Krieg ist »ein abstraktes Konzept, das aber gleichwohl realhistorischen Tendenzen entwachsen ist.« (Förster 2002, S. 26) In Bezug auf den Ersten Weltkrieg lassen sich verschiedene Tendenzen der Totalisierung des Krieges feststellen. Zunächst ebnete die Industrielle Revolution den Weg für den industrialisierten Massenkrieg und die hiermit einhergehende Erhöhung der waffentechnologischen Potentiale. Hinzukam eine Totalisierung der Kriegsziele, da der Krieg ein Krieg der Völker war, der »vom ersten Tag an zum Kampf um ›Sein‹ oder ›Nicht-Sein‹ überhöht wurde.« (Neitzel 2014, S. 29) Dies ließ keine diplomatischen Kompromisse zu und führte zur Überzeugung, bis zur totalen Niederwerfung des Gegners zu kämpfen. Aus diesem Grund wurden auch die Kriegsmethoden radikaler. Hatte man noch im 19. Jahrhundert versucht, den Krieg mit der Schaffung des Völkerrechts einzuhegen, so entgrenzte sich dieser während des Ersten Weltkrieges zunehmend. Die Verwischung der strikten Trennung zwischen Kombattanten und Zivilisten während des Ersten Weltkrieges veranschaulicht dies. Auch erhielt die Exekutive in allen europäischen Staaten »quasi diktatorische Vollmacht […] [u]nd je länger der Krieg dauerte, desto stärker wurden die autoritären Tendenzen in der Politik […]. Mobilisierung und Kontrolle der Gesellschaft erreichten im Ersten Weltkrieg somit eine neue Qualität.« (Neitzel 2014, S. 29) Obwohl der totale Krieg nur theoretisch denkbar ist, so zeigte der Erste Weltkrieg doch zahlreiche Facetten auf, die diesem Konstrukt entsprechen.

Drei Paradigmenwechsel in der Kriegsführung

Auch wenn die Antwort auf die Frage, ob der Erste Weltkrieg dem Diktum eines totalen Krieges entspricht, umstritten ist, so lassen sich dennoch drei große Paradigmenwechsel in Bezug auf die Kriegsführung feststellen. Als Paradigmenwechsel wird ein Wechsel bezeichnet, der vorherige Grundannahmen verändert und neue Denkweisen hervorbringt. Er kann als eine Revolution, eine Transformation oder eine vollständige Metamorphose verstanden werden. Die Einführung von Schießpulver um das 15. Jahrhundert war ein solcher Paradigmenwechsel, der die Kriegsführung grundsätzlich veränderte. In der Zeit von 1914 bis 1918 kam es jedoch fast gleichzeitig zu drei unterschiedlichen, aber miteinander verflochtenen Paradigmenwechseln in der Kriegsführung. Die neuen Realitäten wiesen nicht automatisch den Weg zu neuen Taktiken, Techniken und Verfahren, sondern wurden langsam und unter schmerzhaften Verlusten erlernt.

- Der erste dieser Paradigmenwechsel war der Übergang von menschlicher und tierischer Muskelkraft zu Maschinenkraft als Hauptantriebskraft im Krieg. Das Pferd hatte das Schlachtfeld seit Tausenden von Jahren dominiert und der Kavallerie Schnelligkeit und Mobilität sowie Zugkraft für Transport und Logistik verliehen. Obwohl Pferde während des Ersten Weltkrieges eine wichtige Rolle spielten, wurden deren kriegsentscheidende und kriegsunterstützende Wirkung nahezu aufgehoben. Der Übergang begann mit der Erfindung der Dampfmaschine und der Eisenbahnen im 19. Jahrhundert, die jedoch mit der Entwicklung des Verbrennungsmotors zum Ende des Jahrhunderts und dessen Einsatz in der Militärtechnologie mit der Einführung des Panzers und der Entwicklung von Kampfflugzeugen eine neue Dimension in der Kriegsführung erreichte. (Travers 1987)
- Das Flugzeug leitete den zweiten großen Paradigmenwechsel ein, d. h. den Übergang von zweidimensionaler zu dreidimensionaler Kriegsführung. Bis zu diesem Zeitpunkt waren Schlachten auf zweidimensionalen Ebenen, ob zu Lande oder auf dem Meer, ausgetragen worden. Mit der Einführung des Flugzeuges reichte es nicht mehr aus, diesen zweidimensionalen, horizontalen Raum zu beherrschen. Kriegsführende Parteien mussten sich dieser Veränderung anpassen und von nun an auch den Luftraum über ihnen kontrollieren, um nicht anfällig für tödliche Angriffe aus der Luft zu sein. Das Problem der Luftkontrolle dehnte sich auch auf die Seeschlacht aus, aber dort erweiterte die Einführung des U-Bootes den Kampfraum unter und über der Oberfläche. Die Kombination von U-Booten und Marineflugzeugen veränderten die Kriegsführung maßgeblich und erweiterten den Raum des Krieges. (Bailey 2001)
- Der dritte Paradigmenwechsel betraf die Einführung der operativen Tiefe. Vor dem Ersten Weltkrieg wurden Schlachten meistens auf einer direkten Kontaktlinie zwischen zwei Parteien ausgetragen und entschieden. Die Einführung von Flugzeugen und Langstreckenartillerie erlaubten nun Angriffe, die weit über die Sichtlinie der Soldaten hinausgingen, wodurch es möglich wurde, den Feind im Rückraum anzugreifen. Armeen mussten sich diesem anpassen und die Kriegsführung erforderte nun ein Zusammenspiel von Angriffen auf die Front und

Angriffen auf den feindlichen Rückraum unter der gleichzeitigen Berücksichtigung, die eigene Front und den eigenen Rückraum zu verteidigen. (Bailey 2001)

Diese drei Veränderungen erforderten ein nie zuvor da gewesenes Maß an Koordinierung und Synchronisation. Moderne Kommunikationstechnologien spielten eine wichtige Rolle, um all dies zu ermöglichen. Schnellere Kommunikation und Mobilität erhöhten jedoch gleichzeitig den Druck auf Koordinierung und Synchronisation der Kriegsführung, da diese die Reaktionszeiten sowie die für die Entscheidungszyklen zur Verfügung stehende Zeit reduzierten. Das folgende Kapitel zeigt, wie diese Veränderungen das Zerstörungspotential des Krieges im Zweiten Weltkrieg noch erhöhten.

3 Der Zweite Weltkrieg

»Der Zweite Weltkrieg war ein Krieg der Extreme.«

(Richard Overy 2005, S. 135)

Der Zweite Weltkrieg (1939–1945) stellt den größten militärischen Konflikt in der Geschichte der Menschheit da. Zwischen 1939 und 1945 wurden 105 Millionen Männer und ein geringer Anteil an Frauen für den Militärdienst mobilisiert. Damit liegt die militärische Mobilisierung fast zweimal so hoch wie zur Zeit des Ersten Weltkrieges, in dem zwischen 1914 und 1918 knapp 65 Millionen Männer mobilisiert wurden. Der Zweite Weltkrieg war darüber hinaus nicht nur der größte militärische Konflikt, sondern auch der Konflikt mit den meisten Todesopfern. Insgesamt kamen über 50 Millionen Menschen zu Tode: »bei regulären Kampfhandlungen zu Lande, zu Wasser und in der Luft, durch Kriegsverbrechen, als Opfer eines Genozids, durch Vertreibung.« (Echterkamp 2015) Hierbei überstiegen die zivilen Todesopfer (ca. 36,5 Millionen) die des Militärs (ca. 17 Millionen) mit großem Abstand. (Gray 2007) Millionen weitere Menschen verloren ihre Heimat durch Flucht, Vertreibung oder durch die rassenideologische Bevölkerungs- und Umsiedlungspolitik. Es war »ein Krieg der Extreme«, wie der britische Militärhistoriker Richard Overy anmerkt. (Overy 2005) Der Erste und der Zweite Weltkrieg sind eng miteinander verbunden. Schon 1919 sagte der französische Marschall Ferdinand Foch voraus, dass die Nachkriegsordnung und der in Versailles geschlossene Friedensvertrag lediglich ein »Waffenstillstand für zwanzig Jahre« seien. (Foch zitiert nach Schmidt 2008, S. 10) Auf die Ursachen für den Ausbruch des Krieges kann hier nicht eingegangen werden. (siehe hierzu Graml 1990; Taylor 2001) Auch kann ein globaler Konflikt wie der Zweite Weltkrieg in einem Kapitel nicht vollständig betrachtet werden, weshalb sich dieses Kapitel vornehmlich auf die Kriegsführung sowie den Verlauf des Krieges in Europa und auf dem Atlantik konzentriert. Zunächst sollen hierbei technologische und taktische Entwicklungen der Kriegsführung vor und zu Beginn des Zweiten Weltkrieges beleuchtet werden. (▸ Kap. 3.1) Hierauf folgt eine Beschreibung des Kriegsverlaufes in Europa sowie Betrachtungen des See- und Luftkriegs. (▸ Kap. 3.2–3.4) Im Anschluss hieran wird die irreguläre Kriegsführung mit Hauptaugenmerk auf den deutschen Antipartisanenkampf in den besetzten Gebieten der Sowjetunion sowie in Frankreich betrachtet. (▸ Kap. 3.5)

3.1 Entwicklungen der Kriegsführung vor und zu Beginn des Zweiten Weltkrieges

Zwei Entwicklungen in der Kriegsführung hatten maßgeblichen Einfluss auf den Zweiten Weltkrieg. (Tuck 2016) Einerseits erlaubten neue technologische Entwicklungen, vor allem angetrieben durch die voranschreitende Motorisierung, eine höhere Flexibilität in der Kriegsführung. Panzer, motorisierte Fahrzeuge, Kampfflugzeuge und Langstreckenbomber erlaubten es, aus dem Zwang des Stellungskrieges des Ersten Weltkrieges auszubrechen und den Fokus auf schnelle Bewegungen zu legen. Andererseits ergab sich aus dieser erhöhten Bewegung die Notwendigkeit, multiple Angriffe sowie das Zusammenspiel verschiedener Teilstreitkräfte zu koordinieren. Dies führte zu Entwicklungen der operativen Ebene der Kriegsführung, die die Koordinierung zwischen der strategischen und taktischen Ebene vertiefte. Das Zusammenspiel aus technischen Neuerungen und Überlegungen zur operativen Ebene der Kriegsführung ermöglichten die deutsche Blitzkriegsführung.

Die Motorisierung des Krieges

Die Artillerie war die zentrale Waffe der Kriegsführung im Ersten Weltkrieg. (Gray 2007) Erst gegen Ende des Ersten Weltkrieges wurden Panzer in großer Zahl eingesetzt. Ziel dieser neuen Waffe war es, den Todesstreifen zwischen den Schützengräben zu überwinden und die Verteidigungslinien des Feindes zu durchbrechen. Aber auch hier spielte die Artillerie eine zentrale Rolle, denn ohne die Deckung der Artillerieunterstützung konnten Infanterie und Panzer entweder gar nicht oder nur unter Inkaufnahme hoher Verluste vorrücken. Mit Ausnahme des britischen Generals John Frederick Charles Fuller (1878–1966) und dessen *Plan 1919*, der vorsah, die feindlichen Kommando- und Kontrollzentren mit Panzern anzugreifen, gingen militärische Pläne über den Einsatz dieser neuen Waffe zum Ende des Krieges nicht über die limitierte Rolle der Überwindung des Schützengrabens hinaus. (Murray 1998) Im Gegensatz zum Ersten Weltkrieg waren die Hauptkriegsmaschinen des Zweiten Weltkrieges beweglich, da zwischen 1918 und 1940 eine Motorisierung der Kriegsführung stattfand. Diese Motorisierung wird oft als eine Revolution der militärischen Angelegenheiten (*Revolution in Military Affairs*) bezeichnet. Eine solche Revolution meint eine radikale Veränderung des Charakters des Krieges. Das Konzept der *Revolution in Military Affairs* ist jedoch umstritten. Einige Historiker betonen deshalb eher die Evolution als die Revolution. (Black 2003) Ungeachtet dieser Debatte lässt sich feststellen, dass die Motorisierung einen zentralen Bestandteil der deutschen Kriegsplanungen darstellte. Hatten Frankreich und Großbritannien bereits während des Ersten Weltkrieges mit dieser Motorisierung begonnen, so kamen deutsche Militärs erst nach der Niederlage zu der Einsicht, diese Entwicklung unterschätzt zu haben. Obwohl der deutschen Reichswehr laut den Bestimmungen des Versailler Vertrages der Nutzen von schweren Waffen verboten war, begann diese in den 1920er-Jahren unter der Zusammenarbeit mit der Sowjetunion, eine Panzerwaffe aufzubauen. Vor allem die Offiziere Heinz Guderian (1888–1954) und Walther

Nehring (1892–1983) hatten maßgeblichen Einfluss auf ihren Aufbau. Die Motorisierung von Verbänden erlaubte es, die Idee des Bewegungskrieges, die schon vor dem Ersten Weltkrieg für die deutsche Militärstrategie kennzeichnend war, weiterzuentwickeln, da die Geschwindigkeit von Truppen hierdurch signifikant erhöht wurde. Dies führte zur Entwicklung des sogenannten Blitzkrieges. (▶ *Der Blitzkrieg*)

Den revolutionärsten Charakter besaß jedoch das Flugzeug, das aber von den jeweiligen nationalen Militärstrategien unterschiedlich eingesetzt wurde. Während Deutschland, Frankreich und die Sowjetunion Flugzeuge hauptsächlich als »fliegende Artillerie« zur Unterstützung der Bodentruppen begriffen, begann sich in Großbritannien und den USA eine von Bodentruppen unabhängige Strategie der Luftkriegsführung zu entwickeln: der »strategische Bombenkrieg«. (▶ Kap. 3.4) Dessen Logik zum Nutzen der Luftwaffe basierte auf der 1921 erschienen Pionierstudie *Luftherrschaft* (*Il Dominio dell'Aria*) des italienischen Generals Giulio Douhet (1869–1930). (Overy 2013) Da Flugzeuge über Bodenstreitkräfte hinwegfliegen können, würden Bodenstreitkräfte an Bedeutung verlieren und nur noch eine untergeordnete Rolle in der Kriegsführung spielen. Doch weil der Luftraum zu großflächig für eine effektive Kontrolle ist, wird nach Douhet die Verteidigung fast unmöglich. Er argumentierte deshalb, dass die Essenz der Luftwaffe auf der Offensive liegt, weshalb die einzig wirksame Verteidigung hiergegen auf eigenen starken Kapazitäten zur Gegenoffensive basiert. Nur so könnte die Luftwaffe die Luftherrschaft erlangen, die für den Sieg im Zeitalter der Luftfahrt von existentieller Bedeutung sei. Im Zentrum seiner Überlegungen standen die moralischen Auswirkungen von Bombenangriffen. Luftangriffe können den Willen der Bevölkerung brechen, indem kriegswichtige Ziele in der Heimatfront des Gegners zerstört würden. Diese Ziele würden sich von Situation zu Situation unterscheiden, aber Douhet identifizierte fünf grundlegenden Zieltypen: Industrie, Verkehrsinfrastruktur, Kommunikation, die Regierung und »der Wille der Bevölkerung«. (Douhet 1983)

Die operative Ebene der Kriegsführung

Die Fokussierung auf die Moral als entscheidenden Faktor in der Kriegsführung war bis hinein in die letzten Jahre des Ersten Weltkrieges das dominierende Prinzip, auf dem militärische Entscheidungen fußten. Der Erste Weltkrieg hatte jedoch aufgezeigt, dass im Zeitalter des Maschinengewehrs und des konzentrierten Artilleriefeuers ein Mentalitätswechsel erfolgen musste. Ein zentrales Element dieses Umdenkens war die Entwicklung der operativen Ebene der Kriegsführung. Das traditionelle militärische Denken, das die Kriegsführung während des Ersten Weltkrieges maßgeblich beeinflusste, war auf zwei Ebenen der Kriegsführung versteift: die strategische und die taktische. (Lonsdale 2016) Die Strategie umfasste all jene Aktivitäten, die darauf abzielten, die eigenen Truppen mit einem Höchstmaß an strategischem Vorteil an die Front zu bringen. War dies geschehen, legte die Taktik aus, wie sich die Truppen auf dem Schlachtfeld zu verhalten hatten. Ab 1918 entwickelte sich jedoch zunehmend eine Fokussierung auf eine mittlere Ebene zwischen Strategie und Taktik. Dies ist die operative Ebene der Kriegsführung. Materielle und kognitive Veränderungen führten zur Einführung dieser Ebene in das Kriegsdenken.

(Lonsdale 2016) In materieller Hinsicht bedeutete das wachsende Ausmaß der modernen Kriegsführung, dass ein strategischer Erfolg nicht durch eine Entscheidungsschlacht erzielt werden konnte, sondern nur durch die zeitliche und räumliche Koordination multipler taktischer Aktionen. Im Zusammenspiel mit dieser materiellen Veränderung wandelte sich auch das systematische Denken über den Krieg. Obwohl das Denken über die operative Ebene bereits in der Mitte des 19. Jahrhunderts einsetzte, begann eine systematische Auseinandersetzung hiermit erst nach dem Ersten Weltkrieg. Statt wie der Schlieffen-Plan auf eine Entscheidungsschlacht abzuzielen, erkannten militärische Denker nun, dass das Ausmaß des modernen Krieges eine Fokussierung auf eine einzelne, kriegsentscheidende Schlacht unmöglich machte und somit eine neue Strategie erforderte. Mit der Erkenntnis, dass man den Feind nicht in einer einzelnen Entscheidungsschlacht besiegen konnte, begann die Entwicklung eines konzeptionellen Rahmens, der koordinierte, aufeinanderfolgende Angriffe ermöglichte, um so lokale taktische Erfolge zu erzielen, die zusammengenommen eine größere, strategische Wirkung erzielten. (Lonsdale 2016) Bei Operationen wird zwischen Offensiv- und Defensivoperationen unterschieden. Das Hauptaugenmerk liegt jedoch auf Offensivoperationen. Solche sind darauf ausgerichtet, die feindlichen Kräfte zu schwächen oder diese in eine ungünstige Lage zu bringen, indem Gelände oder strategische Punkte erobert werden, um so die Verteidigungsfähigkeit des Gegners zu beschneiden. Defensivoperationen haben das Ziel, durch den Einsatz eigener Kräfte gegnerische Offensivoperationen zu behindern oder zu vereiteln, um so durch die Einleitung eigener Offensivoperationen selbst wieder die Initiative ergreifen zu können. Das Zusammenspiel kombinierter und unabhängiger Operationen ist Kern der operativen Ebene. Hieraus entwickelte sich auch das »Gefecht der verbundenen Waffen«, das sich während des Ersten Weltkrieges herauszubilden begann. Das »Gefecht der verbundenen Waffen« ist ein operatives-taktisches Konzept, bei dem die unterschiedlichen Teilstreitkräfte im Zusammenspiel agieren und so den Gefechtswert maximieren. Ermöglicht wird dies durch Aufgabenteilung, Verbindungsoffiziere und Kommunikationsmittel. Vor allem technologische Entwicklungen im Bereich der Kommunikation spielten hierbei in den Zwischenkriegsjahren eine entscheidende Rolle. Die Entwicklung der operativen Ebene ebnete den Weg zur deutschen Blitzkriegsführung. (Lonsdale 2016)

Der Blitzkrieg

Die Entwicklung der deutschen Blitzkriegsführung wird oft als direkte Folge der statischen Kriegsführung während des Ersten Weltkrieges gesehen. Eine solche Erklärung greift jedoch zu kurz. Nach wie vor ist in der Militärhistorik umstritten, was den Kern des Blitzkrieges ausmacht. Der Militärhistoriker Karl-Heinz Frieser gibt dieser Debatte Ausdruck: »In der nüchternen militärischen Sprache gibt es kaum ein anderes Wort, das von so schlaglichtartiger Prägnanz und gleichzeitig so irrlichternd missdeutbar ist wie Blitzkrieg.« (Frieser 2005, S. 6)

War der Blitzkrieg eine taktische Lehre, die sich als Reaktion auf den technologischen Fortschritt (motorisierte Kriegsführung und die Funkkommunikation) herauskristallisiert hat? War es eine konzipierte strategische Doktrin? Oder war es eine Philosophie, die aus Deutschlands geostrategischen Lage hervorgegangen ist, die aufgrund der Vermeidung eines gleichzeitigen Zweifrontenkrieges eine schnelle Niederlage des Gegners erforderte? Diese Fragen können hier nicht beantwortet werden, zumal der Forschungsstand hierzu noch immer umstritten ist. (Harris 1995; Jersak 2000; Frieser 2005) Es ist jedoch anzumerken, dass der Begriff Blitzkrieg irreführend ist, denn Krieg beinhaltet immer eine strategische Komponente. Da der Blitzkrieg nur ein operatives, taktisches Element in der Erzielung eines strategischen Zieles ist, weist Frieser deshalb auf die Notwendigkeit eines anderen Wortes hin. Begriffe wie Blitzoperationen oder Blitzfeldzüge definieren das Phänomen genauer und vermeiden somit das strategische Element, das dem Begriff Krieg inhärent ist. (Frieser 2005) Im Allgemeinen sind Blitzfeldzüge eine Methode der Kriegsführung, bei der eine angreifende Streitmacht, gestützt auf gepanzerte und motorisierte Infanterieformationen aus der Luft, die Verteidigungslinie des Gegners durchbricht und dann durch ihre Geschwindigkeit die Verteidiger einkreist. Durch unerwartete schnelle Angriffe soll dem Gegner die Gelegenheit genommen werden, eine stabile Verteidigung zu organisieren und somit einen Stellungskrieg, wie er für den Ersten Weltkrieg charakteristisch war, vermieden werden. Durch den gleichzeitigen Einsatz von motorisierten Bodentruppen und Flugzeugen zur Luftunterstützung sind Blitzoperationen darauf ausgerichtet, den Verteidiger aus dem Gleichgewicht zu bringen und diesem durch sich ständig verändernde Frontlinien die Möglichkeit zur Reaktion zu erschweren, um ihn dann einzukesseln und in einer entscheidenden Vernichtungsschlacht zu besiegen. Drei Elemente sind charakteristisch für Blitzoperationen.

- Erstens ist für dieses Konzept eine operative Eigenständigkeit der eingesetzten Truppenteile kennzeichnend. Teil dieser operativen Eigenständigkeit ist die Auftragstaktik. In der Auftragstaktik werden ein klar definiertes Ziel, die zu diesem Ziel erforderlichen Kräfte und einen Zeitrahmen vorgegeben, innerhalb dessen das Ziel erreicht werden muss. Kommandeure setzen diesen Befehl dann selbstständig um und sind befugt, relativ weitreichende taktische Entscheidungen zu treffen. Dies ermöglicht ein schnelles und flexibles Handeln und befreit die höhere Führung von taktischen Details.
- Zweitens umfasst eine Blitzoperation stets das koordinierte und gleichzeitige Zusammenwirken mehrerer Teilstreitkräfte (Gefecht der verbundenen Waffen), bei dem z. B. Panzerverbände durch Kampfflugzeuge unterstützt werden. Der Ju 87 Sturzkampfbomber (Stuka) übernahm hierbei die Rolle einer »fliegenden Artillerie«. (Sheffield 1988)
- Ein letztes Hauptcharakteristikum von Blitzoperationen ist das Nutzen von Geschwindigkeit und Beweglichkeit, die durch einen hohen Motorisierungsgrad der Truppen erreicht werden. Gestützt auf motorisierte, bewegliche Kampfmittel, wie Panzer, Flugzeuge und Luftlandetruppen, erlauben Blitzoperationen ein schnelles Vorrücken der eigenen Truppen sowie die Umfassung des Gegners. Dies ermöglichte es, ein Hauptproblem des Ersten Weltkrieges zu lösen und taktische Erfolge in strategische Vorteile umzumünzen. (Sheffield 1988)

Gestützt auf dieses »Blitzkriegkonzept« erreichten deutsche Truppen zunächst einschneidende Erfolge, wie die Eroberung Polens und Frankreichs. Blitzoperationen hatten jedoch auch weitreichende Nachteile, die mit zunehmender Kriegsdauer die Effektivität dieser Taktik untergruben. Die logistische Versorgung der deutschen Truppen wurde zu einem Hauptproblem, das sich schon während des Feldzuges gegen Polen herauszukristallisieren begann. Obwohl die deutschen Verbände nie weiter als 150–200 Kilometer innerhalb Polens vorrückten, stellte sich die logistische Versorgung der Fronttruppen als problematisch dar. Der Einfall in die Sowjetunion vergrößerte dieses Problem, da hier Versorgungslinien auf über 900 Kilometer aufrechterhalten werden mussten. (Lonsdale 2016) Neben der Versorgung bereitete auch die Geschwindigkeit ernsthafte Probleme. Trotz der vorangeschrittenen Motorisierung der deutschen Armee setzte diese im Zweiten Weltkrieg mehr als doppelte so viele Pferde ein wie im Ersten Weltkrieg, da nicht genügend motorisierte Fahrzeuge für den Transport von Kriegsmaterialien und Truppen zur Verfügung standen. (Lonsdale 2016) Dies verlangsamte die Kriegsführung, da große Truppenteile nicht motorisiert waren und somit die motorisierten Verbände nach erfolgreichen Vorstößen auf das Nachrücken dieser nichtmotorisierten Einheiten warten mussten, um Gelände zu halten. Hinzukam, dass sich mit Kriegsverlauf die Zahl der motorisierten Kampfmittel durch Feindzerstörung oder technisches Versagen verringerte und die deutsche Kriegsproduktion diese Verluste nicht ausgleichen konnte.

3.2 Der Kriegsverlauf in Europa

Im Folgenden sollen vier Phasen des Zweiten Weltkrieges in Europa Betrachtung finden. Die ersten zwei Phasen fokussieren sich auf die deutschen Erfolge in Polen und Frankreich. Hierauf folgt eine Analyse des deutschen Einmarsches in die Sowjetunion und den geführten Vernichtungskrieg bis zur Niederlage in Stalingrad. Den Abschluss bildet eine Beschreibung der alliierten Invasion in der Normandie bis zur bedingungslosen Kapitulation der deutschen Wehrmacht am 8. Mai 1945.

Fall Weiß: Der Überfall auf Polen

Der deutsche Angriff auf Polen ohne vorherige Kriegerklärung am 1. September 1939 löste den Zweiten Weltkrieg aus. Die Pläne hierfür (Codename »Fall Weiß«) waren vom Obersten Heereskommando bereits am 15. Juni 1939 abgeschlossen worden. In Folge des deutschen Angriffs erklärten Frankreich und Großbritannien am 3. September Deutschland den Krieg. Dieser Kriegserklärung folgte ab dem 5. September eine begrenzte und eher symbolische, französische Offensive gegen das Saargebiet. Nach dieser kurzen Offensive blieb es ruhig an der Westfront. Der Begriff »Sitzkrieg« wurde eingeführt, um diese Phase des Zweiten Weltkrieges im Westen Europas treffend zu beschreiben. (Schmidt 2008) Der deutsche Angriff auf Polen bestand aus zwei Heeresgruppen, die von Norden und Süden auf polnisches Territorium vorrückten. Durch Bündnispolitik, durch den deutsch-sowjetischen

Nichtangriffspakt vom 24. August 1939 sowie durch die Annexion des Sudetenlandes im Oktober 1939 hatte sich Deutschland vor dem Angriff in eine strategisch günstige Lage gebracht. Hierdurch war Polen eingekreist. Zudem war das polnische Gelände für Blitzoperationen vorteilhaft. Das Land hatte flache Ebenen und die lange Grenze zwischen Polen und Deutschland im Westen und Norden erstreckte sich über 2 000 Kilometer. Diese wurden nach dem Münchner Abkommen von 1938 und der Integration des Sudetenlandes in das Deutsche Reich auf der Südseite um weitere 300 Kilometer verlängert. (Lightbody 2004) Der »Fall Weiß« sah vor, diese lange Grenze voll auszuschöpfen, um die polnischen Streitkräfte zu umfassen. Zunächst begann eine Luftoffensive. Innerhalb der ersten zwei Tage zerschlug die deutsche Luftwaffe die Bodenorganisation der polnischen Luftstreitkräfte. Obwohl die deutsche Luftwaffe es nicht erreicht hatte, die polnische Luftwaffe vollständig zu zerstören, errang sie in den ersten Tagen des Feldzugs die Lufthoheit.

Die deutsche Bodenoffensive erfolgte in zwei Heeresgruppen (Nord und Süd). Heeresgruppe Nord (ca. 630 000 Mann) unter der Führung von Fedor von Bock (1880–1945) rückte von Ostpreußen aus Richtung Süden nach Polen vor. Ziel war es, die polnischen Streitkräfte innerhalb des polnischen Korridors zu vernichten, um hierdurch eine Verbindung zwischen Ostpreußen und dem Hauptgebiet des Deutschen Reiches herzustellen. (Beevor 2014) Die unter der Führung Gerd von Rundstedts (1875–1953) stehende Heeresgruppe Süd (ca. 886 000 Mann) rückte von der deutsch-schlesischen Grenze sowie von der mährischen und slowakischen Grenze aus vor. Die Angriffe beider Heeresgruppen zielten darauf ab, in Warschau zusammenzulaufen. (Lightbody 2004) Aufgrund der Einkreisung von Norden und Süden wurden die polnischen Verbände in einer Verteidigungslinie nahe der deutschen Grenze positioniert, um so Industriegebiete und Bevölkerungszentren im Westen zu schützen. Dies raubten ihnen jedoch die strategische Tiefe. Die polnische Strategie orientierte sich teilweise an den Erfahrungen des Ersten Weltkrieges und wollte den deutschen Angriff in einer Ermattungsschlacht versickern lassen und auf einen Gegenangriff französischer und britischer Streitkräfte im Westen Deutschlands zu warten. (Walsh 2000) Auf Blitzoperationen waren sie nicht vorbereitet. Die vorwärts ausgerichtete, statische und ausgedehnte Verteidigungslinie spielte dem auf Geschwindigkeit und Flexibilität basierenden Blitzfeldzug in die Karten. Deutsche motorisierte Verbände umgingen stark verteidigte Positionen, stießen an Schwachpunkten durch und umfassten so die polnischen Truppen aus dem Rückraum, um so die polnischen Verteidiger in kleinen Kesselschlachten zu schlagen. Auch war die polnische Armee den deutschen Streitkräften sowohl numerisch als auch in Bezug auf moderne Kampfmittel (Flugzeuge, Panzer, gepanzerte Fahrzeuge) unterlegen. In einer weniger als zwei Wochen dauernden Kampagne war der Feldzug gegen Polen entschieden. Warschau war umstellt, Brest-Litowsk eingenommen und am 17. September besetzte die Sowjetunion gemäß des geheimen Zusatzprotokolls des deutsch-sowjetischen Nichtangriffspakts Ostpolen. Am 27. September kapitulierte Warschau und am 6. Oktober endeten die letzten Kriegshandlungen. Am 8. Oktober teilten die Sowjetunion und das Deutsche Reich im Abkommen von Brest-Litowsk das polnische Gebiet auf. (Lightbody 2004)

> »Die Wehrmacht hatte mit verhältnismäßig geringen Verlusten von gut 10 000 Gefallenen, 30 000 Verwundeten und 3 400 Vermisstem einen glänzenden Sieg errungen. Die neuen Prinzipien des Bewegungskrieges hatten sich bewährt. Rund 700 000 Polen waren in deutsche, 200 000 in sowjetische Gefangenschaft geraten.« (Schmidt 2008, S. 36)

Noch bevor der »Fall Weiß« vollständig abgeschlossen war, wurden in Deutschland die Pläne vorangetrieben, Frankreich noch 1939 anzugreifen. Am 27. September erteilte Hitler dem Oberkommando des Heeres die Weisung, einen Angriffsplan auszuarbeiten. Die Planungen hierfür waren am 29. Oktober abgeschlossen. Aufgrund von schlechten Wetterbedingungen und höher als erwarteten Verlusten im Polenfeldzug wurde der Angriff mehrfach bis zum 10. Mai 1940 verschoben.

Fall Gelb: Der Westfeldzug gegen Frankreich

Am 9. April 1940 besetzte die deutsche Wehrmacht Dänemark. Hierauf folgte ein Angriff auf Norwegen (»Unternehmen Weserübung«). Sein Ziel war die Besetzung der norwegischen Häfen. Hierdurch sollte die strategische Situation für einen Krieg gegen Großbritannien verbessert werden, um eine britische Seeblockade zu verhindern. Des Weiteren sollten so die Ostseezugänge unter Kontrolle gebracht und die Eisenerz-Versorgung der deutschen Rüstungsindustrie gesichert werden. Trotz hoher Verluste – vor allem die Kriegsmarine war in ihrer Kampfkraft gegen die Royal Navy erheblich beeinträchtigt worden – konnte Norwegen bis zum 10. Juni 1940 eingenommen werden. (Schmidt 2008) Einen Monat zuvor begann am 10. Mai 1940 der Westfeldzug gegen Frankreich (Codename »Fall Gelb«). Wie zuvor bei der Invasion Polens traf die deutsche Armee auf einen Gegner, der seine Verteidigung auf Basis der Erfahrungen des Ersten Weltkrieges organisiert hatte. Britische und französische Kriegspläne gingen davon aus, dass ein deutscher Angriff wie 1914 über Belgien erfolgen würde. Deshalb fokussierten sie ihre Hauptstreitmacht auf dieses Gebiet. Hinzukam, dass Frankreich in den 1930er-Jahren eine befestigte Verteidigungslinie, die Maginot-Linie, errichtet hatte, die eine deutsche Invasion über die deutsch-französische Grenze verhindern sollte und der deutschen Armee so nur einen Angriff über Belgien als Möglichkeit bot. Neben Belgien bildeten nur die dicht bewaldeten Ardennen einen Schwachpunkt in der französischen Verteidigung. Bei diesen gingen die strategischen Planungen der Westmächte jedoch davon aus, dass große Verbände nicht durch diese vorrücken können. Deshalb wurde in diesem Bereich nur eine relativ kleine Streitmacht zu dessen Verteidigung bereitgehalten. (Lightbody 2004)

Die deutschen Pläne gaben zunächst der Verteidigungsstrategie der Westmächte recht. Wie 1914 sollte ein Angriff über Belgien erfolgen. Der von Winter 1939 auf Mai 1940 verschobene Angriff änderte jedoch die Angriffsplanungen. Generalleutnant Erich von Manstein (1887–1973) schlug einen anderen Plan vor und bezeichnete den vom Oberkommando des Heeres vorgeschlagenen Operationsplan als ungeeignet, um eine endgültige Entscheidung auf dem Festland zu erzwingen. Manstein ging davon aus, dass die Westmächte mit einem Angriff über Belgien rechnen würden, da es sich um eine Neuauflage des bereits im Ersten Weltkrieg gescheiterten Schlieffen-Plans handelte. Statt eines Hauptangriffes über Belgien (den rechten Flügel) schlug von Manstein vor, den Schwerpunkt dahin zu verlagern, wo es Franzosen und Briten am wenigsten erwarten würden – den unwegsamen Ardennen. (Schmidt 2008) Um die Westmächte hiervon abzulenken, sollte Heeresgruppe B über die Benelux-Staaten vordringen, währenddessen rückte Heeresgruppe A über die Ardennen vor und mit einem Überraschungsangriff sollte die Maas bei Sedan überquert werden. »Dann sollten Panzerverbände im Rücken des Gegners bis zur Somme-Mündung vordringen und im Zusammenspiel mit Heeresgruppe B den gesamten Nordflügel des Gegners in einem gigantischen Kessel an der Kanalküste einschließen.« (Schmidt 2008, S. 52–53) Winston Churchill nannte dies später den Sichelschnitt.

Obwohl die Wehrmacht den Alliierten sowohl in Bezug auf die Anzahl der Truppen als auch in Bezug auf die Qualität der Ausrüstung gegenüber im Nachteil war, ebnete der Operationsplan den Weg zum schnellen Erfolg der Wehrmacht. Die »Festung Holland« wurde in nur fünf Tagen eingenommen und bis zum 16. Mai wurde das belgische Verteidigungssystem erobert. (Schmidt 2008) Nur zehn Tage nach Kriegsbeginn am 20. Mai 1940 erreichte die Wehrmacht die Kanalküste und die alliierten Truppen zogen sich in den Raum Dünkirchen zurück. Die gestartete »Operation Dynamo« evakuierte 338 000 britische und französische Truppen. Warum die in Dünkirchen eingekesselten Truppen nicht von der Wehrmacht angegriffen wurden, ist bisher umstritten. (Jackson 2004, S. 97)

Nach dem Sieg über den größten Teil der britisch-französischen Streitkräfte begann die Eroberung des restlichen Frankreichs (»Fall Rot«). Am 17. Juni 1940 wurde ein Waffenstillstand ausgehandelt und fünf Tage später unterzeichnet. Die Unterzeichnung fand in der Nähe von Compiègne statt, dem Ort, am dem Deutschland nach dem Ersten Weltkrieg ebenfalls einen Waffenstillstandsvertrag unterzeichnen musste. Hiernach wurde Frankreich in eine besetzte Zone im Norden und Westen sowie in eine unbesetzte Zone im Süden unter der Führung des »Vichy Regimes« unterteilt. (Schmidt 2008)

Nach Frankreichs Niederlage hoffte Hitler, zunächst mit Großbritannien einen Separatfrieden zu schließen und das Königreich als Verbündeten gegen die Sowjetunion zu gewinnen. Dies zerschlug sich jedoch an Churchills verbittertem Widerstand, der seit dem Angriff am 10. Mai die Regierungsgeschäfte in London übernommen hatte. Hitlers »Weisung Nr. 16« vom 16. Juli 1940 sah deshalb einen Angriff auf England vor, um Großbritannien als Basis für eine Fortführung des Krieges gegen Deutschland auszuschalten. (Schmidt 2008) Diese Operation unter dem Decknamen »Seelöwe« wurde jedoch nie umgesetzt und nach hohen Verlusten der Luftwaffe im Frühjahr 1941 aufgegeben. (▶ *Luftschlacht um England*) Die deutschen Kriegspläne fokussierten sich nun auf die Sowjetunion.

»Unternehmen Barbarossa« und der Vernichtungskrieg gegen die Sowjetunion

Hitler hatte dem Oberkommando der Wehrmacht am 31. Juli 1940 den Angriffsentschluss auf die Sowjetunion mitgeteilt und die operative Kriegsvorbereitung

Abb. 7: Zentrum von Stalingrad nach der Befreiung von der deutschen Besatzung. Der deutsch-sowjetische Krieg 1941–1945.

befohlen. Am 18. Dezember 1940 wurde »Weisung Nr. 21« erlassen, die vorsah, den Angriff auf die Sowjetunion bis zum Mai 1941 vorzubereiten. Der gewählte Name war »Unternehmen Barbarossa«. »Barbarossa« »war eine Anspielung auf den Charakter des Kriegs – einen Kreuzzug gegen den Bolschewismus.« (Schmidt 2008, S. 89) »Unternehmen Barbarossa« war militärisch darauf ausgerichtet, »die Masse des russischen Heeres noch im westlichen Russland durch Umfassungsoperationen zu vernichten und die Linie Wolga-Archangelsk zu erreichen. Damit wären fast 90 Prozent der russischen Industrie in deutscher Hand gewesen; von hier aus konnten die Flugzeuge der Roten Armee das Reichsgebiet nicht mehr erreichen« (Schmidt 2008 S. 90) und die Luftwaffe das russische Industriegebiet im Ural ausschalten. Für das »Unternehmen Barbarossa« lassen sich vier politisch-wirtschaftliche Zielkomplexen des NS-Regimes feststellen:

1) die Ausrottung der »jüdisch-bolschewistischen« Führungsschicht sowie der Juden in Ostmitteleuropa,
2) die Gewinnung von Kolonial- und Lebensraum für das »Dritte Reich«,
3) die Dezimierung und Unterwerfung der slawischen Bevölkerung unter deutsche Herrschaft in neu zu errichtenden sogenannten »Reichskommissariaten« und
4) die Errichtung eines autarken, blockadefesten »Großraums« Kontinentaleuropas unter Hitlers Herrschaft, wobei die eroberten sowjetischen Gebiete die ökonomischen Ergänzungsräume bilden und Deutschlands kontinentale Vorherrschaft gewährleisten sollten, um schließlich das Fernziel einer »Weltmachtstellung« erreichen zu können. (Ueberschär 1995, S. 165)

Der Russlandfeldzug kann in drei grobe Phasen unterteilt werden:

- eine erste, in der die deutsche Wehrmacht die Initiative hatte und bis kurz vor Moskau vorstieß;
- eine zweite, in der die Initiative zwischen der deutschen und sowjetischen Seite wechselte;
- und eine dritte, in der die Initiative vollkommen an die Rote Armee überging.

Die erste Phase begann am frühen Morgen des 22. Juni 1941 mit dem deutschen Angriff auf die Sowjetunion. Aufgeteilt in drei Heeresgruppen (Nord, Mitte und Süd) rückten über drei Millionen Soldaten in einer Reihe von verheerenden Zangenbewegungen gegen die unvorbereiteten sowjetischen Armeen vor. Obwohl Stalin vor einem bevorstehenden Angriff gewarnt wurde, schenkte er diesen Informationen keinen Glauben. Er ging von einer gezielten Desinformation Großbritanniens aus, um die Sowjetunion in den Krieg hineinzuziehen. Darüber hinaus glaubte Stalin, dass Hitler den deutsch-sowjetischen Nichtangriffspakt achten würde, da die deutschen Interessen mit dem Landgewinn in Polen befriedigt worden seien. (Lightbody 2004) Es wurden jedoch strategische Vorbereitungen getroffen. Russische Kräfte wurden in eine vorgeschobene Defensivposition gebracht und Truppen wurde aus dem inneren Russland sowie dem fernen Osten herangeführt. Die Anzahl der Divisionen hatte sich, verglichen mit dem Herbst 1939, von 77 auf 143 fast verdoppelt. (Schmidt 2008) Wie die polnischen (1939), die französischen und die englischen (1940) Streitkräfte waren die russischen Streitkräfte auf einer linearen Verteidigungsposition ausgelegt. Dies barg, wie sich 1939 und 1940 gezeigt hatte, die Gefahr der Umschließung und bot die perfekte Angriffsfläche für die deutschen Blitzoperationen. (Walsh 2000) Geblendet von den Erfolgen in Polen und Frankreich, gingen die deutschen Planungen von einem schnellen Sieg aus. Wie in den Feldzügen zuvor setzte die deutsche Armee auf schnelle Angriffe, die die sowjetischen Verteidigungslinien durchstießen, um dann russische Kräfte in Kesselschlachten zu schlagen. Dies war zunächst von Erfolg gekrönt, da der deutsche Angriff die Sowjetunion trotz strategischer Vorberatungen überraschte. Als am 22. Juni eine deutsche Streitmacht von mehr als drei Millionen Mann, 3 648 Panzern und 2 500 Flugzeugen, aufgeteilt in drei Heeresgruppen (Nord, Mitte und Süd), in die Sowjetunion vorrückte, waren die sowjetischen Kräfte hierauf unvorbereitet. (Walsh 1990) Trotz der Mahnungen seines Generalstabschefs Georgi Schukov (1896–1974) wurde die sowjetische Armee erst um 00:30 Uhr am 22. Juni in Alarmbereitschaft versetzt. Zunächst zerstörte die deutsche Luftwaffe über 1 200 sowjetische Flugzeuge, die meisten noch am Boden. (Beevor 1999) Innerhalb von nur vier Monaten rückte die deutsche Offensive bis an den Rand von Leningrad und Moskau sowie in das wirtschaftliche wichtige Donezk-Becken in der Südukraine vor. Die zwei Panzergruppen der Heeresgruppe Mitte hatten bei Minsk und Białystok einschneidende Erfolge erreicht. Über 300 000 sowjetische Soldaten gerieten in Kriegsgefangenschaft. Dieser Erfolg basierte auf der Geschwindigkeit der deutschen Angreifer sowie auf der grenznahen Aufstellung der Roten Armee, dessen geringer Mobilität und des von Stalin erlassenen Verbotes, sich ohne den Befehl des Generalstabes zurückzuziehen und neu zu positionieren. (Walsh 2000) Hiernach stieß die Wehrmacht weiter nach Smolensk vor, wo sie die Rote Armee bis zum 10. September in einer Kesselschlacht schlagen konnte. Entgegen der vorherigen Erfahrungen mit Kesselschlachten kämpften die sowjetischen Kräfte selbst eingekesselt weiter und brachen oft unter dem Schutz der Nacht aus diesen aus. Trotz einer Empfehlung des Obersten Heereskommandos am 18. August 1941 Moskau direkt anzugreifen, befahl Hitler am 21. August nach der erfolgreichen Kesselschlacht bei Uman (15. Juli–8. August) die vollständige Besetzung der Ukraine. Diese endete zum größten Teil mit der Schlacht um Kiew, bei der über 665 000 Rotarmisten in deutsche Gefangenschaft gerieten. Bis hierhin war der sowjetische Feldzug von Niederlagen geprägt. Die Armeen der Südwestfront waren geschlagen und die sowjetische Front war auf einer Breite von über 400 Kilometer zerrissen. Trotz dieser deutschen Erfolge hatte die Wehrmacht ab Mitte Juli ihre anfängliche Dynamik verloren. Die Kampfkraft der Streitkräfte reichte nicht aus, um Offensiven in drei Richtungen gleichzeitig durchzuführen. Hinzukam, dass die Verluste (bis Ende August waren es über 400 000) und der Verschleiß an Fahrzeugen weitaus höher waren als prognostiziert. Motoren wurden durch Staubwolken verstopft und fielen ständig aus und Ersatz war knapp. (Beevor 1999) Schlechte Straßen und unwegsames Gelände behinderten zudem das schnelle Vorrücken, wie es die Blitzoperationen vorsahen. Auch machten die Geländegewinne den Deutschen zu schaffen. Einerseits erschwerte das Vorrücken die Nachschubversorgung der Fronttruppen und andererseits hatte Stalin am 3. Juli zum Partisanenkrieg ausgerufen, mit dessen Bekämpfung Teile der deutschen Truppen nun im Hinterland gebunden waren. (Schmidt 2008; ▸ *Partisanenkrieg an der Ostfront*) Dessen ungeachtet setzte die deutsche Wehrmacht im Oktober zum Angriff auf Moskau an (Codename »Unternehmen Taifun«). Dieser geriet jedoch aufgrund des starken Regenfalls ins Stocken. Mitte November begann ein zweiter Vorstoß. Er konnte aber durch eine sowjetische Gegenoffensive vor Moskau abgewehrt werden. Dies leitete die zweite Phase im deutsch-sowjetischen Krieg ein.

Durch die russische Gegenoffensive stieß die Rote Armee bis zum 7. Januar 1942 auf einer 1 000 Kilometer breiten Front bis zu 250 Kilometer Richtung Westen vor und zwang die Wehrmacht, in die Verteidigung überzugehen. Die deutsche Heeresgruppe Mitte konnte jedoch nicht geschlagen werden. Die Verluste waren auf beiden Seiten gewaltig. Die Rote Armee hatte über 656 000 Verluste, die Wehrmacht schätzungsweise 500 000 Verluste zu beklagen. Obwohl die Heeresgruppe Mitte nicht vernichtet wurde, bedeutete die russische Gegenoffensive den Fehlschlag des »Unternehmen Barbarossa«. Das Siegesrezept der Blitzoperationen (die Überraschung und Umzingelung des Gegners) war dahin und es war nicht gelungen, das Wirtschaftspotential der Sowjetunion entscheidend zu schwächen, da ein Großteil der Industrie vor den Deutschen bewahrt und in den Osten verlagert werden konnte. (Schmidt 2008) Obwohl »Unternehmen Barbarossa« fehlgeschlagen war und die Truppenstärke um ein Drittel reduziert worden war, setzte Hitler im Frühjahr 1942 auf eine neuerliche Offensive. Geplant war es, der Sowjetunion die kriegswirtschaftlichen Kräfte durch einen Angriff auf die Ölgebiete im Kaukasus zu nehmen. Dieser hatte zunächst beachtlichen Erfolg. Die Halbinsel Kertsch sowie Sewastopol auf der Krim wurden eingenommen und in einer Kesselschlacht südlich von Charkow konnte die Wehrmacht 240 000 Rotarmisten in Gefangenschaft nehmen. Russische Kräfte zogen sich daraufhin hinter die Wolga zurück. Am

23. Juli 1942 erließ Hitler »Weisung Nr. 5«, die zwei Offensiven vorsah. Heeresgruppe B sollte Stalingrad besetzen und bis ans Kaspische Meer vorstoßen. Heeresgruppe A sollte die ausgewichenen sowjetischen Kräfte vernichten und in die Ölgebiete bei Grosny vorstoßen.

> »Das bedeutete, dass die Kräfte, die zu Beginn der Offensive eine Front von 800 Kilometern Länge gehalten hatten, nun die Linie Woronesch – Stalingrad – Astrachan – Baku – Batum in einer Ausdehnung von 4 100 Kilometer Länge gegen einen Gegner nehmen sollten, der bislang nicht entscheiden geschlagen worden war.« (Schmidt 2008 S. 153)

Trotz anfänglicher Erfolge konnten weder Heeresgruppe A die Ölgebiete um Grosny noch Heeresgruppe B Stalingrad einnehmen. Vor allem Stalingrad wurde zum Sinnbild der deutschen Niederlage. Mit dem Einsetzen der Frostperiode begann die Rote Armee am 19. November ihre Gegenoffensive und schloss am 6. November die 6. Armee unter Führung von General Friedrich Paulus (1890–1957) in Stalingrad ein. Zwischen dem 31. Januar und dem 2. Februar 1943 kapitulierte die 6. Armee. (Schmidt 2008) Trotz der Niederlage war das deutsche Offensivpotential noch nicht gebrochen. Der Angriff auf Stalingrad hatte beträchtliche Teile der Roten Armee gebunden. Im März/April 1943 ordnete Hitler die letzte Offensive an der Ostfront an (Codename »Unternehmen Zitadelle«), die im Juli begann. Diese lief sich jedoch schon am 13. Juli 1943 fest und die Initiative ging endgültig an die Rote Armee über.

Die letzte Phase begann nach dem Fehlschlag von »Unternehmen Zitadelle«. Zu diesem Zeitpunkt hatte sich die strategische Lage zuungunsten Deutschlands entwickelt. Ab Anfang 1943 stand die Wehrmacht einem Gegner gegenüber, der sowohl über größere Menschenreserven als auch über größere Mengen an Material verfügte. Zwar betrug 1943 die deutsche Panzerproduktion 14 100 Panzer, doch die sowjetische lag mit 24 400 fast doppelt so hoch. (Schmidt 2008) Hinzukam, dass die deutsche Kampfkraft auf fast ein Drittel gesunken war. Am Weihnachtsabend 1943 begann die sowjetische Offensive. Rund zwei Millionen Wehrmachtssoldaten und Verbündete standen über 6,4 Millionen Rotarmisten gegenüber. Die Rote Armee durchbrach an allen Fronten die Stellungen der Wehrmacht und überschritt am 4. Januar 1944 die Grenze zu Polen. Ende Juli wurden Brest-Litowsk und Lemberg eingenommen, bei Leningrad wurde die Front aufgerissen, die die Heeresgruppe Nord hielt, im August/September wurden Rumänien und Bulgarien angegriffen und am 11. Oktober überschritten sowjetische Kräfte erstmals bei Ostpreußen die deutsche Reichsgrenze. (Schmidt 2008) Am 16. April 1945 begann die letzte große Schlacht des Zweiten Weltkrieges in Europa mit der sowjetischen Großoffensive gegen Berlin. Die Rote Armee hatte hierfür rund 2,5 Millionen Soldaten, über 6 000 Panzer und 7 500 Flugzeugen in Stellung gebracht. Am 2. Mai endete die Schlacht und am 8. Mai 1945 kapitulierte das Deutsche Reich bedingungslos. Auf dem Gebiet zwischen Berlin und Moskau kämpften und starben mehr Menschen als an allen anderen Fronten des Zweiten Weltkrieges zusammen.

»Operation Overlord«: Invasion in der Normandie

Die Planungen für eine Invasion in der Normandie hatten bereits im Mai 1943 auf der amerikanisch-britischen Trident-Konferenz in Washington begonnen. »Operation Overlord«, so der Deckname der Invasion, sah eine groß angelegte Landoffensive entlang der französischen Nordküste vor, die eine Invasion und Besetzung Deutschlands ermöglichen sollte. Ein Küstenstreifen in der Normandie war hierfür gewählt worden, da dieser nur schwach befestigt war. Hitler hatte zwar am 25. August 1942 den Bau eines Befestigungsgürtels (»Atlantikwall«) aus Hindernissen und Minenfeldern an den Küsten des Atlantiks und des Ärmelkanals befohlen, starke Befestigungen konzentrierten sich jedoch auf die Häfen nahen Gebiete, da nur von hier aus mit einer feindlichen Großlandung gerechnet wurde. Der Hauptangriff war am Pas de Calais erwartet worden, wo die Verteidigung am stärksten ausgebaut war. Dies wurde durch eine in Südostengland aufgebaute »Geisterarmee«, bestehend aus Panzerattrappen, bestärkt. Nach einer mehrwöchigen Luftoffensive begann am 6. Juni 1944 (»D-Day«) die Invasion. Unter einem dichten Feuerschirm aus Bomben und Schiffsgranaten und geschützt von über 1 200 Kriegsschiffen rollte die erste Angriffswelle mit 30 100 Landungsfahrzeugen auf die Normandie zu. (Schmidt 2008) Den Alliierten gelang es, bis zum 12. Juni Brückenköpfe auf einer Länge von etwa 100 Kilometer und einer Tiefe von rund 30 Kilometer landeinwärts miteinander zu verbinden. Dies erlaubte es, innerhalb weniger Tage ca. 326 000 Soldaten, 54 000 Fahrzeuge und mehr als 100 000 Tonnen Kriegsmaterial anzulanden. (Schmidt 2008) Von hier aus stießen die alliierten Verbände am 14. Juni Richtung Westen vor und gingen ab Ende Juli zum Bewegungskrieg über. Möglich wurde dies durch »Operation Cobra« (25. Juli–4. August) gemacht, bei der, gestützt durch massive Luftangriffe, amerikanische Kräfte die deutsche Front durchbrachen. (Hart 2000) Dadurch konnten die Alliierten raumgreifende Operationen durchführen und verhinderte, dass es wie im Ersten Weltkrieg zu einem Stellungskrieg in Frankreich kam. Am 25. August wurde Paris befreit. Neben der falschen Annahme, dass eine alliierte Offensive über Calais erfolgen würde, hatte die deutsche Verteidigung einen weiteren strategischen Fehler gemacht. Entgegen den Empfehlungen des Generals Juliusz Rómmel (1881–1967) hatten Hitler und Generalfeldmarschall Gerd von Rundstedt (Oberbefehlshaber West) nicht alle verfügbaren Panzerdivisionen und Reserven in Küstennähe aufgestellt, um so die alliierten Truppen in ihrer taktisch am verletzbarsten Lage beim Anlanden anzugreifen. Statt eines Aufsplitterns der Verbände fokussierte sich die Verteidigung auf eine zentral angelegte Verteidigungsstrategie, um den Angriff mit mobilen Kräften zurückzuwerfen. Erschwerend kam zudem hinzu, dass kurz nach dem Angriff auf die Normandie am 22. Juni 1944, dem dritten Jahrestag der deutschen Invasion der Sowjetunion, auch die Sowjetunion mit einer Offensive gegen die deutschen Verbände im Osten begann (»Operation Bagration«). (Lightbody 2004) Ende September erreichte die alliierte Offensive zum ersten Mal deutschen Boden. Die Offensive kam jedoch langsam zum Stillstand. Da die Alliierten nur wenige Häfen kontrollierten, erfolgte die Versorgung größtenteils noch über die Brückenköpfe in der Normandie. Diese kurze Pause erlaubte es der deutschen Defensive, sich neu zu organisieren.

Um wieder die Initiative zu übernehmen, bereiteten die Alliierten unter der Führung der Briten »Operation Market Garden« vor. Der Plan umfasste zwei Phasen. Die Luftlandeoperation »Operation Market Garden« sollte zur Besetzung der Rheinbrücke bei Arnheim führen und so in der zweiten Phase ein Überschreiten des Rheins ermöglichen. (Hart 2000) Die deutsche Verteidigung konnte dies jedoch verhindern

3.2 Der Kriegsverlauf in Europa

Abb. 8: Die Ardennenoffensive der deutschen Wehrmacht begann am 16. Dezember 1944 gegen die alliierten Truppen in Westeuropa. Nach anfänglichen Erfolgen mussten sich die deutschen Truppen bis Ende Januar 1945 auf ihre Ausgangsstellungen zurückziehen. Ein deutsches Regiment war in einem Wald in Luxemburg eingeschlossen. Hinter Bäumen feuerten die Grenadiere auf den Gegner und versuchten durchzubrechen; aufgenommen am 22.12.1944.

und so den nördlichen Vormarsch der Alliierten verlangsamen. Unter dem Eindruck dieses Erfolges ordnete Hitler eine Gegenoffensive an. Am 16. Dezember begann eine deutsche Offensive über die Ardennen (»Unternehmen Herbstnebel«), die amerikanische Verbände zunächst überraschte. Ziel von »Unternehmen Herbstnebel« war es, vor der alliierten Luftwaffe durch die winterliche Wetterlage geschützt, in die von den Amerikanern schwach geschützten Ardennen vorzudringen und dann Richtung Antwerpen an den Ärmelkanal durchzustoßen. (Schmidt 2008) Der Angriff blieb aber an der Maas stecken und ab dem 24. Dezember griff die alliierte Luftwaffe in die Schlacht ein, nachdem sich die Wetterlage verbessert hatte. Die alliierte Luftunterstützung sowie die schlechte Nachschubversorgung der deutschen Verbände, die aufgrund von Treibstoffmangel ab dem 27. Dezember nicht weiter vorrücken konnten, leiteten die Niederlage ein. Die Wehrmacht verlor hierdurch einen Großteil ihrer verbliebenen motorisierten Verbände und ebnete somit den Alliierten den Weg zum Rhein sowie zum Sieg über Deutschland. Während die Alliierten langsam in deutsches Gebiet vorrückten, begannen sowjetische Kräfte immer weiter Richtung Berlin vorzustoßen und griffen die deutsche Hauptstadt am 16. April 1945 an.

3.3 Der Zweite Weltkrieg zu See: Die Atlantikschlacht

Die Atlantikschlacht war die längste und eine der entschiedensten Kampagnen des Zweiten Weltkrieges, denn ohne die Kontrolle über das Meer hätte die Invasion in der Normandie nicht stattfinden können. Die Marinestreitkräfte der Alliierten hatten somit einen entscheidenden Einfluss auf die Niederlage des Dritten Reiches. Winston Churchill merkte rückblickend an:

> »Die Schlacht im Atlantik war den ganzen Krieg hindurch der ausschlaggebende Faktor. Nicht einen Augenblick lang konnten wir vergessen, dass alles, was auf dem Land, auf dem Meer und in der Luft geschah, letztlich vom Ausgang dieser Schlacht abhing.« (Churchill zitiert nach Bean 2000, S. 192)

Militärisch war die deutsche Kriegsmarine der britischen Royal Navy und der französische Marine Nationale unterlegen. Statt einer direkten Konfrontation setzte die Kriegsmarine auf zwei unterschiedliche Strategien. Die erste setzte darauf, die Unterlegenheit der deutschen Kriegsmarine durch ein Binden der alliierten Kräfte auszugleichen, indem es auf die Strategie der *fleet-in-being* setzte. Das Schlachtschiff Tirpitz verdeutlicht diese Aufgabe. Obwohl es nach der »Operation Weserübung« fast durchgängig vor der norwegischen Küste vor Anker lag, zwang es die Royal Navy dazu, Teile ihrer Kriegsschiffe zum Schutz von Konvois abzustellen, um diese vor der Gefahr eines Angriffs der Tirpitz zu schützen. Schiffe der Royal Navy waren somit gebunden und konnten an anderen Stellen nicht eingesetzt werden. Hieraus wird ersichtlich, weshalb England großen Aufwand betrieb, um die Tirpitz zu versenken, was erst im November 1944 gelang. (Till 1988) Die zweite beruhte auf dem Angriff von Handels- und Cargo-Schiffen, um so Frankreichs und vor allem Englands wichtige Versorgung durch Rohstoffe und Kriegsmaterialien zu unterbinden. Diese Rolle fiel vor allem der U-Bootwaffe zu, die im Atlantik Jagd auf Konvois und Kriegsschiffe machen sollte.

Schon 1939 ging Admiral Karl Dönitz (1891–1980) jedoch davon aus, dass mindestens 300 U-Boote notwendig seien, um eine erfolgreiche Seeblockade von Großbritannien zu erreichen. Diese Zahl lag weit über den deutschen Produktionskapazitäten und so verfügte Dönitz 1940 über weniger als 60 U-Boote, von denen nur rund ein Drittel gleichzeitig operationsbereit waren. (Milner 1990) Hinzukam, dass im Gegensatz zur deutschen Landkriegsführung nur eine unzureichende Kooperation zwischen Marine und Luftwaffe stattfand. Dennoch konnte die deutsche Kriegsmarine, vor allem dank der U-Bootflotte, zahlreiche Erfolge vorweisen. Innerhalb der ersten vier Monate nach Kriegsbeginn wurden 215 Handelsschiffe und zwei Kriegsschiffe der Royal Navy versenkt. Diese Erfolge setzten sich im Januar und Februar 1940 fort, indem weitere 85 Schiffe versenkt wurden, während nur drei U-Boote verloren gingen. (Nimitz et al. 1960) Die U-Boot-Kampagne wurde trotz dieser Resultate nicht aufrechterhalten. Dies lag hauptsächlich an der deutschen Invasion in Norwegen am 3. März, die zur Verlegung eines Teiles der U-Bootflotte zur Unterstützung der Invasion führte. In Folge dessen gingen die Verluste der britischen Handelsschifffahrt zurück.

Der Zeitraum vom Juni 1940 bis zum Mai 1941 führte zu einer weiteren Periode der erfolgreichen U-Bootkriegsführung. Dies lag einerseits an dem Sieg über

Frankreich, durch den es möglich wurde, französische Atlantikhäfen als Basis zu nutzen, sodass sich die Distanz zu den britischen Nachschublinien über den Atlantik verkürzte. Ein weiterer Faktor war taktischer Natur. Als Reaktion auf den erhöhten Begleitschutz von Konvois entwickelte die U-Bootwaffe die sogenannte Wolfsrudeltaktik. Diese Taktik sah vor, dass U-Boote nicht länger auf sich allein gestellt operierten, sondern in größeren Verbänden Jagd auf Konvois machten. Der Erfolg dieser Taktik drückt sich in Zahlen aus. 1941 versenkte die deutsche U-Bootwaffe 1 299 Schiffe; im darauffolgenden Jahr 1 662 mit einer Gesamttonnage von fast acht Millionen. Diese Erfolge waren jedoch nur von kurzer Dauer. Maßgeblich hierfür verantwortlich war die britische Spionageabwehr, der es gegen Ende 1941 gelungen war, in den Funkschlüssel der deutschen U-Bootwaffe einzudringen. Dies wurde durch den Verlust von U-110 am 9. Mai 1941 ermöglicht. »Aus dem manövrierunfähigen Boot bargen die Briten eine Enigma-Maschine samt Walzen und Anleitungen, Funkkladde, Kurzsignalheft, Satz- und Kerngruppenbüchern.« (Schmidt 2008, S. 78) Gestützt auf diese so gewonnen Informationen (Codename »Ultra«) lenkten die Briten ihre Konvois um, um deutsche U-Boote zu umgehen. (Bean 2000) Dieser Spionageerfolg leitete ab 1942 die Wende in der Atlantikschlacht ein. Zwar erhöhten sich die Versenkungsziffern der deutschen U-Bootwaffe nochmals nach dem Kriegseintritt der USA, da die amerikanische Abwehr unzureichend war, eine Niederlage in der Atlantikschlacht war jedoch nicht mehr abzuwenden. Drei Gründe waren hierfür ausschlaggebend:

- Erstens erlaubten die durch »Ultra« gewonnen Informationen es den Alliierten, ein umfangreiches Feindlagebild der deutschen Seekriegsstreitkräfte zu erstellen. Ab Mitte 1942 wurden hierauf gestützt Jagdgruppen gebildet, die das deutsche Versorgungssystem auf dem Atlantik zerstörten und gezielt Jagd auf U-Boote machten.
- Zweitens erlaubten technologische Entwicklungen eine gezieltere und effektivere Zerstörung von U-Booten. Die Einführung von neuen Radar- und Sonarsystemen erleichterten das Aufspüren von U-Booten sowohl auf als auch unter Wasser. Hinzukam der Einsatz von Luftstreitkräften, die sich im Anti-U-Bootkrieg als besonders effektiv darstellten. Von den insgesamt 237 versenkten U-Booten im Jahr 1943 wurden 149 von Flugzeugen getroffen. (Overy 1992)
- Drittens überstiegen ab Mitte 1942 »die von angloamerikanischen Werften vom Stapel laufenden Schiffe die Versenkungsziffern stetig, sodass der Wettlauf zwischen Vernichtung und Ersatz der Handelstonnage ab Ende 1942 zuungunsten Deutschlands entschieden wurde.« (Schmidt 2008, S. 79)

3 Der Zweite Weltkrieg

Abb. 9: Versenkung des englischen Frachtschiffs *Maplewood* durch einen Torpedo von U-Boot U-35 am 7. April 1917.

3.4 Der Luftkrieg

Der Krieg zu Land und auf der See wurde durch Flugzeuge verändert. Auf dem Boden verhinderte die Entwicklung der taktischen Luftunterstützung, dass der Zweite Weltkrieg wie der Erste Weltkrieg in einem Stellungskrieg endete. Flugzeuge revolutionierten auch den Seekrieg. Offensiv ermöglichten sie den Angriff auf Schiffe und U-Boote und defensiv schützten diese Konvois und Flottenbewegungen. Hauptsächlich hatten Kampfflugzeuge eine unterstützende Funktion. Eine Ausnahme war der strategische Bombenkrieg, der sinnbildlich für die Totalisierung des Krieges steht. Der Einsatz von Langstreckenbombern erlaubte es, Angriffe tief im Feindesland durchzuführen, und war hauptsächlich darauf ausgerichtet, wirtschaftliche und zivile Ziele zu treffen, um die feindliche Kriegswirtschaft zu beschädigen und die Moral des Gegners zu schwächen. Die Bombardierungsstrategie zielte absichtlich nicht auf die Streitkräfte, sondern auf die Kriegsbereitschaft und Leistungsfähigkeit der Gesellschaft. (Overy 1992) Diese Form der Luftkriegsführung fand hauptsächlich im Westen statt und bildete einen zentralen Kernpunkt der britischen sowie später der amerikanischen Kriegsstrategie. Dass diese Form der Luftkriegsführung an der Ostfront wenig präsent war, lag teils an den sehr langen Entfernungen, aber vor allem an der Tatsache, dass sowohl die deutsche als auch die sowjetische Armee den Fokus auf die Vernichtung der feindlichen Hauptstreitmacht im Feld legten. (Overy 1992) Im Folgenden sollen hier zwei Perioden der Luftkriegsführung während des Zweiten Weltkrieges beleuchtet werden: die Luftschlacht um England und der strategische Bombenkrieg gegen Deutschland.

Luftschlacht um England

Das Erringen der Luftüberlegenheit war eine Voraussetzung für die geplante deutsche Invasion Großbritanniens (»Operation Seelöwe«). Die Hauptaufgabe der Luftwaffe bestand darin, die Royal Air Force (RAF) »durch Angriffe auf fliegende Einheiten, militärische Bodenziele und die Luftrüstungsindustrie auszuschalten.« (Schmidt 2008, S. 74) Die Kampfflugzeuge auf beiden Seiten waren vergleichbar. Deutschland hatte mehr Flugzeuge, aber diese verbrauchten einen großen Teil ihres Treibstoffs auf dem Überflug nach Großbritannien und konnten somit nur über einen kurzen Zeitraum auf dem britischen Festland eingesetzt werden.

Die deutsche Strategie des Luftkrieges gegen England lässt sich in drei Phasen unterteilen. Die erste Phase begann am 2. Juli 1940 mit begrenzten Luftschlägen gegen die Schifffahrt im Ärmelkanal. Ihr Ziel war es, Kontrolle über den Ärmelkanal zu erlangen und die RAF näher an den kontrollierten Bereich der Luftwaffe zu führen, um so eine Schlacht über dem englischen Festland zu umgehen. Trotz anfänglicher Erfolge konnte die Luftwaffe die RAF nicht ausschalten. Hierauf begann am 13. August die zweite Phase, die von der Luftwaffe unter dem Namen »Adlerangriff« geführt wurde, mit Angriffen auf Ziele der Luftrüstungsindustrie im Südwesten Englands und Angriffen auf Flugplätze der RAF. (Lightbody 2004) Die Luftwaffe setzte hierbei auf eine neue Taktik. Statt die RAF näher an die eigenen Gebiete zu locken, griff die Luftwaffe nun in zwei Wellen an. Die erste zwang RAF-Flugzeuge in die Luft, um deutsche Jäger abzuwehren. Hierauf folgte eine zweite Welle, die vornehmlich aus Bombern bestand, um die englischen Flugzeuge anzugreifen, während sich diese nach dem ersten Kampf am Boden befanden, um betankt zu werden. Obwohl die Luftwaffe in dieser zweiten Phase wieder große Erfolge erzielte und der RAF hohe Verluste zufügte, konnte die Lufthoheit über England nicht erlangt werden. In der letzten Phase konzentrierte die Luftwaffe ihre Angriffe auf London. Drei Überlegungen spielte hierbei eine Rolle:

- Erstens ging Göring davon aus, dass die RAF all ihre Reserven mobilisieren würde, um London zu verteidigen, was der Luftwaffe die Möglichkeit bieten würde, diese vollständig zu zerstören.
- Zweitens wurde davon ausgegangen, dass ein Angriff auf London die Kriegsmoral schwächen würde, wenn sich zeigte, dass die RAF nicht dazu in der Lage sei, London zu verteidigen.
- Drittens hatte die RAF in der Nacht zum 26. August einen Angriff auf Berlin geflogen. Hitler wollte hierfür Vergeltung und am 7. September griff die Luftwaffe die Londoner Docks an. (Lightbody 2004)

Die Luftwaffe verlor jedoch mehr Flugzeuge als die britischen Jagdstaffeln. Am 15. September erreichten die deutschen Angriffe, in England »The Blitz« genannt, ihren Höhepunkt mit zwei Tagesangriffen auf wirtschaftliche und militärische Objekte in London und dessen Umgebung. Die deutsche Luftwaffe wurde von der RAF zurückgeworfen und verlor 56 Maschinen. Ein weiterer Großangriff am nächsten Tag wurde wegen der schlechten Wetterlage abgebrochen und läutete damit das Ende des Luftkrieges gegen England ein. (Schmid 2008) »Die Luftschlacht endete als militärisches Patt, war aber eine politische und strategische Niederlage ersten Ranges für Hitler, dem es zum ersten Mal nicht gelungen war, einem Land seinen Willen aufzuzwingen.« (Lüdecke 2007, S. 69) Die Luftwaffe verlor 1 887 Flugzeuge, die Briten 1 547. Die Gründe für den Misserfolg der Luftwaffe im Erreichen ihres Zieles der Luftherrschaft über den Ärmelkanal und Südwestengland sind vielschichtig.

- Erstens wichen englische Jagdflugzeuge immer wieder konsequent Luftkämpfen aus und stellten sich nur dann zum Kampf, wenn es darum ging, deutsche Bomber anzugreifen. Hinzukam, dass die RAF den geostrategischen Vorteil hatte, dass die Kämpfe über England stattfanden, sodass Piloten und Maschinen teilweise gerettet werden konnten und zerstörte Maschinen wichtige Ersatzteile für die Reparatur lieferten und so nicht erneut gefertigt werden mussten. (Schmidt 2008)
- Zweitens stellte sich schon schnell zu Beginn des Luftkrieges heraus, dass die Luftwaffe für einen solchen nur ungenügend gerüstet war, denn die Luftwaffe verfügte nicht über »schnelle, stark bewaffnete Fernbomber und geeigneten Begleitjägern mit großem Aktionsradius.« (Schmidt 2008, S. 74) Das Fehlen dieser Begleitjäger konnte nur durch einen hohen materiellen und logistischen Aufwand durch ein System der Ablösung teilweise aufgefangen werden.
- Drittens zeigte sich, dass der Verteidiger Vorteile besaß, wenn sich dieser auf einen Angriff vorbereiten konnte. »Die *Homechain* von 52 Radarstationen von den Shetland-Inseln bis nach Cornwall und Wales, die alle küstennahen deutschen Startplätze in Belgien und Nordfrankreich erfasste, sowie ein engmaschiger Flugmeldedienst […] ermöglichten es, die deutschen Verbände […] rechtzeitig zu erkennen.« (Schmidt 2008 S. 74–75) Die deutsche Fehleinschätzung bezüglich der Effektivität der britischen Radaranlagen war somit ein weiterer Grund für die Niederlage in der Luftschlacht um England.

Mit dem Ende der Luftschlacht gab Hitler seine Invasionspläne für Großbritannien auf. Am 18. Dezember 1940 gab Hitler seine formelle Weisung für das »Unternehmen Barbarossa« heraus, »auch vor Beendigung des Krieges gegen England Sowjetrussland in einem schnellen Feldzug niederzuwerfen« und somit London durch die Niederlage Moskaus zur Aufgabe zu zwingen. Aufgrund dessen gingen ab dem Mai 1941 die deutschen Luftangriffe auf Großbritannien deutlich zurück, da die Luftwaffe für den bevorstehenden Angriff auf die Sowjetunion gebraucht wurden.

Strategischer Bombenkrieg gegen Deutschland

Der strategische Bombenkrieg ist eine Form des Luftkrieges, bei dem Luftstreitkräfte, unabhängig von den Bodenstreitkräften, Operationen durchführen. (Overy 1992) Vorrausetzung hierfür ist das Erreichen der Lufthoheit. Die Idee des strategischen Bombenkrieges entstand während den Zwischenkriegsjahren. Sein Ziel ist es, die Kriegswirtschaft des Feindes entscheidend zu schwächen und den Willen der gegnerischen Bevölkerung zu brechen. Diese Form des Luftkrieges muss somit als eine Art Abnutzungskrieg verstanden werden. (Overy 1992) Der strategische Bombenkrieg verlagerte die Front direkt hinein in die Ballungs- und Wirtschaftszentren der Konfliktparteien.

Die Bombardierung deutscher Städte begann direkt nach der Invasion Polens 1939. Diese Luftangriffe waren jedoch zunächst nur vereinzelt. Zu groß war die Angst auf britischer Seite, selbst zum Ziel von Bombenangriffen zu werden. Hinzukam, dass die RAF in der ersten Phase des Krieges nur über begrenzte Bomberkapazitäten verfügte und somit keine großflächigen Angriffe gegen Deutschland fliegen konnte. Mit Churchills Antritt 1940 wurde die Luftkriegsführung intensiviert und nach der gewonnenen Luftschlacht um England ausgedehnt. (Kurowski 1977) Diese beschränkten sich jedoch zunächst auf rein militärische Ziele, wie Kasernen, Flugplätze und Häfen. In ihrer Effizienz waren diese Angriffe zunächst eingeschränkt. Die Gründe hierfür sind vielschichtig und reichen von schlechter Navigation über Zielungenauigkeit und bis zu den zu diesem Zeitpunkt langsamen und somit von deutschen Jagdflugzeugen und der Flakabwehr leicht abzuschießenden Bombern. Die Verlustquote britischer Bomber war deshalb zunächst sehr hoch. Aufgrund dieser Verluste begann sich auf britischer Seite ein Kurswechsel in der strategischen Luftkriegsführung zu vollziehen.

Auch wenn die Briten Luftangriffe auf Deutschland seit 1939 geführt hatten, geht die Geschichte der großangelegten strategischen Bombardierung im europäischen Operationstheater des Zweiten Weltkrieges auf eine Reihe von Treffen zurück, die im Winter 1941 stattfanden: die *American-British Conversations Number One* (ABC-1). Vertreter aus den Vereinigten Staaten und Großbritannien trafen sich, um bei der Ausarbeitung einer übergreifenden Strategie zur Überwindung der Achsenmächte zusammenzuarbeiten, sollte Amerika in den Krieg hineingezogen werden. Die entwickelte Strategie sah eine kombinierte strategische Luftoffensive gegen Deutschland vor, die den Weg für eine eventuelle Invasion der besetzten Gebiete bereiten sollte. Amerikanische Kriegsplaner formalisierten diese Strategie in einer offiziellen Richtlinie unter dem Namen *Rainbow 5*. Ziel war es, die materielle Kriegsfähigkeit Deutschlands zu zerstören und die deutsche Kriegsmoral zu schwächen. Hiermit wurde die Bombardierung der deutschen Zivilbevölkerung zu einem Teil der alliierten Luftkriegsführung. Dies führte zu einer Umkehrung der bisherigen Strategie, wie Süß anmerkt: »Dass der Luftkrieg gegen die Zivilbevölkerung geführt werden würde, war bei Kriegsausbruch 1939 nicht entschieden. Die Staatsmänner von Berlin bis Washington hatten sich sogar dafür ausgesprochen, von Angriffen gegen das zivile Hinterland abzusehen.« (Süß 2011, S. 10)

Vor allem ab 1942 mit der Ernennung Arthur Harris (1892–1984) zum Oberbefehlshaber der britischen Bomberstreitkräfte wurde dieses Primat zunehmend aufgegeben. Harris sah den strategischen Nutzen der Luftwaffe ganz im Sinne Douhets, also als eine Waffe, mit der der Kampfeswille der gegnerischen Zivilbevölkerung geschwächt werden könne. »Das vorrangige Ziel der Luftangriffe war nun die Moral der feindlichen Zivilbevölkerung und vor allem die Moral der Industriearbeiter.« (Neitzel 2004, S. 13) Wohngebiete wurden nun zu einem Ziel. Zum Hintergrund dieser neuen Direktive muss angeführt werden, dass diese aufgrund der bislang erfolglosen Luftkriegsführung der britischen Bomber gefällt wurde.

> »Schlüsselziele konnte man nicht wirkungsvoll angreifen – einstellen wollte man die Luftangriffe aber auch nicht, schließlich waren die Bomber die einzige offensive Waffe Englands, um den Krieg in das Land des Feindes zu tragen. [...] Als einzige Möglichkeit verblieb das Flächenbombardement, denn Städte konnte man wohl treffen, und so würde der Einsatz der Bomber nicht wirkungslos verpuffen.« (Neitzel 2004, S. 13)

Obwohl sich im Verlauf des Krieges die Präzision der Bombenangriffe erhöhte, wurde vom Primat des Flächenbombardements bis zum Kriegsende nicht abgerückt. Die Doktrin der US Air Force unterschied sich grundlegend von der Doktrin der RAF. Während die RAF zumeist nächtliche Angriffe flog, flogen die Amerikaner den Großteil ihrer Angriffe tagsüber, um so die Präzision zu erhöhen. Auch zielten amerikanische Angriffe mehrheitlich auf die deutsche Kriegswirtschaft ab. (Neitzel 2004) Ab dem Frühjahr 1944 konnte Deutschland den Alliierten in der Materialschlacht über den Wolken immer weniger entgegensetzen und alliierte Bomber mussten kaum noch Gegenwehr befürchten. (Süß 2011) Die alliierten Luftangriffe wirkten sich direkt und indirekt aus: Sie zwangen die deutsche Industrie, ihre Produktion an Bombern zu drosseln und stattdessen Jäger herzustellen, die für die Verteidigung des Reichsgebietes benötigt wurden. Damit geriet die Wehrmacht im Westen in die Defensive und verlor im Osten ein Kampfmittel, mit dem sie den sowjetischen Truppen schwere Schläge zugefügt und deren Verteidigung nachhaltig geschwächt hatte. (Süß 2011) Der Erfolg kam aber langsamer als es sich die Planer in London und Washington vorgestellt hatten. Nach dem D-Day blieb die deutsche Flugzeugproduktion bis Kriegsende auf einem hohen Niveau von etwa 2 500 pro Monat, die jedoch die Überlegenheit der alliierten Produktion nicht ausgleichen konnte. Die Flugzeugproduktionslücke wird durch die Anzahl der Flugzeuge, die 1943 hergestellt wurden, verdeutlicht: Während die Alliierten 151 000 Flugzeuge produzierten, kamen die Achsenmächte nur auf 43 000. (Overy 1992) Durch den strategischen Bombenkrieg wurden über 600 000 Zivilisten getötet. Der massenhafte Tod der Zivilbevölkerung war zwar kein »Ziel sui generis, aber er war auch keine unerwünschte Begleiterscheinung, kein Kollateralschaden, sondern wichtiger Bestandteil der Kriegsführung.« (Süß 2011, S. 12) Die Wirkung dieser massiven Bombardements bleibt jedoch bis heute umstritten. So bezeichnete der US-Stratege Bernard Brodie (1910–1978) sie als einen unzweifelhaften Misserfolg. (Brodie 1959) Die Moral der deutschen Bevölkerung konnte nicht gebrochen werden und es stellte sich zum Teil das Gegenteil ein. Auch wurde die deutsche Kriegswirtschaft nicht entscheidend geschwächt, um das Deutsche Reich zur Kapitulation zu zwingen. Trotzdem lässt sich festhalten, dass der strategische Bombenkrieg zur deutschen Niederlage beitrug, da dieser deutsche Kapazitäten, materiell wie personell, band und diese somit nicht an anderer Stelle eingesetzt werden konnten.

3.5 Irreguläre Kriegsführung im Zweiten Weltkrieg

Bei der Betrachtung des Zweiten Weltkrieges liegt der Fokus zumeist auf den regulären Kampfoperationen. Neben dem Luftkrieg, großangelegten Marineoperationen und Panzerschlachten, war der Zweite Weltkrieg jedoch auch durch ein irreguläres/asymmetrisches Element gekennzeichnet. In ganz Europa entstanden Aufstandsbewegungen, die sich gegen die deutschen Besatzungstruppen richteten. Die Form des Aufstands sowie die deutschen Initiativen zur Aufstandsbekämpfung variierten stark in den unterschiedlichen Ländern und Regionen. (Lieb 2008) Diese Unterschiede sollen anhand der Partisanenkriege in der Sowjetunion und Frankreich verdeutlicht werden.

Partisanenkrieg an der Ostfront

Schon kurz nach dem deutschen Angriff auf die Sowjetunion sah sich die Wehrmacht mit einem »Partisanenproblem« konfrontiert. Diese ersten sowjetischen »Partisanen« setzten sich vornehmlich aus drei Gruppen zusammen:

1) Soldaten der Roten Armee, die von der Wehrmacht umgangen und von der sowjetischen Hauptstreitmacht abgeschnitten waren;
2) kleinen Kommandogruppen russischer Fallschirmspringer, die hinter den deutschen Linien Sabotageaktionen durchführten;
3) Mitgliedern der Kommunistischen Partei sowie Beamten des Volkskommissariats für Innere Angelegenheiten (NKWD), die damit beauftragt worden waren, eine gewisse politische Kontrolle über die besetzten Gebiete aufrechtzuerhalten oder die von der Roten Armee begonnene Politik der »verbrannten Erde« fortzusetzen. (Howell 1956)

Ein großangelegter Volksaufstand blieb jedoch aus. Um die von den Partisanen ausgehende Gefahr einzudämmen, wurden Sicherungsdivisionen errichtet, die die Aufgabe hatten, die Nachschubwege zu sichern und die Partisanen zu bekämpfen. Während der gesamten Besatzungszeit war es nie das Ziel der Wehrmacht, die besetzten Gebiete zu befrieden. Der Fokus lag stattdessen darauf, Kommunikationslinien und Versorgung der Fronttruppen zu sichern. (Lieb 2008) Um dieses Ziel zu erreichen, setzten die deutschen Truppen hauptsächlich auf Gewalt und Terror, um die Zivilbevölkerung von einer Unterstützung der Partisanen abzuschrecken. Die Prinzipien hinter dieser Strategie wurden schon vor dem Einmarsch in die Sowjetunion in dem Kriegsberichtserlass vom 13. Mai 1941 ausgelegt. Hierbei wurde es Militärtribunalen untersagt, Verbrechen von deutschen Truppen zu verhandeln, wodurch die Zivilbevölkerungen in besetzten Gebieten jeglichen Rechtsschutz verloren. Des Weiteren wurde dargelegt, dass Partisanen entweder in direkter militärischer Konfrontation oder nach Gefangennahme auszuschalten seien und Bataillonskommandeuren wurde darüber hinaus die Vollmacht erteilt, Vergeltungsmaßnamen gegen die Zivilbevölkerung durchzuführen. (Lieb 2008) Der Kriegsberichtserlass ist auch als rechtlicher

Ausdruck des Weltanschauungskrieges an der Ostfront zu lesen. (Lieb 2007) Die jüdische Bevölkerung war hiervon besonders betroffen, denn in der »Operation Barbarossa« vermischten sich Holocaust und Antipartisanenkampf. (Heuser 2013) Ein in militärischen Zirkeln weitverbreitete Slogan gab diesem Ausdruck: »Wo der Jude ist, da ist der Partisan«. (Lieb 2008, S. 76)

Obwohl der rücksichtslos geführte Vernichtungskrieg gegen die Zivilbevölkerung nie gänzlich ausgesetzt wurde, änderte sich die Strategie des deutschen Antipartisanenkampfes ab Winter 1941, da sich abzeichnete, dass die Sowjetunion nicht in einem schnellen Blitzfeldzug zu besiegen war. Statt auf Terror setzte die deutsche Strategie nun auf eine langfristig angelegte Okkupationsstrategie, die zum Teil darauf abzielte, die Unterstützung der Bevölkerung in den besetzten Gebieten zu erlangen. (Lieb 2008) Hierfür wurde auf ökonomische Maßnahmen, um die Lebensbedingungen der Zivilbevölkerung in den besetzten Gebieten zu verbessern, Propaganda sowie die Errichtung lokal rekrutierter Truppen (Selbstschutz) gesetzt.

Bis zum Ende 1942 schwächte sich diese Strategie nach und nach ab. Dies lag zum Teil an der immer noch harschen Politik der Besatzer, die auf Partisanenangriffe mit Repressalien gegen die Zivilbevölkerung reagierten, und an dem Anfang 1942 begonnen systematischen Aufbau der sowjetischen Partisanenbewegung. Hierauf wurde mit zwei unterschiedlichen Formen der Partisanenbekämpfung geantwortet: einer aktiven sowie einer passiven. (Lieb 2008) Die passive legte den Fokus auf den Schutz von Bahnlinien und Straßen in den besetzten Gebieten. Dessen Erfolg war jedoch begrenzt, da aufgrund des Mangels an hierfür erforderlichen Kräften nicht alle Teile beschützt werden konnten. Zur Unterstützung dieses passiven Elements der Partisanenbekämpfung wurde ein aktives Element eingeführt. Hierfür wurden kleine und flexibel einsetzbare Jagdkommandos gesetzt, die wie die Partisanen agierten und diese in Hinterhalte lockten. Obwohl diese Jagdkommandos erfolgreicher waren als die passive Partisanenbekämpfung, erreichten auch diese nur lokale Erfolge und konnten das Anwachsen der Partisanenbewegung nicht eindämmen. Um 1942/1943 wurden groß angelegte »Einkesselungsoperationen« durchgeführt, bei denen reguläre, von der Front zurückbeorderte Armeeeinheiten gegen die Partisanen eingesetzt wurden. (Lieb 2008) Solche Operationen beinhalteten oft die Zerstörung lokaler Siedlungen, die als potentiell unterstützend für die Partisanen angesehen wurden, was sowohl zur physischen Zerstörung der Infrastruktur als auch zu Massakern an der Zivilbevölkerung führte. Dies schwächte den Widerstand jedoch nicht ab, sondern verstärkte ihn nur. Als Folge der militärischen Niederlagen der Wehrmacht intensivierte sich der Widerstand ab spätestens Mitte 1943. Anfang 1944 wurde eine neue Strategie eingeführt. Diese setzte auf eine Strategie der »verbrannten Erde« sowie auf die Schaffung von Wehrdörfern. Erstere zielte darauf ab, die Versorgung der Partisanen sowie der vorrückenden Roten Armee zu unterbinden, indem dem »Feind [...] eine Wüste zu hinterlassen« sei. (Kilian 2013, S. 185) Zweitere setzte auf die Errichtung von autonomen Wehrdörfern. Dies waren ausgewählte Dörfer, in denen die Partisanengefahr relativ niedrig war und in denen Teile der Bevölkerung die deutschen Besatzer unterstützten. Ziel dieser Strategie war es, den Verlust von besetzten Gebieten einzugrenzen, anschließend die Lage zu stabilisieren, um dann den Einfluss dieser Dörfer auf das von den Partisanen kontrollierte Gebiet auszudehnen. Der Vormarsch der Roten Armee und die Befreiung der übrigen sowjetischen Gebiete von der deutschen Besatzung verhinderten jedoch eine weitreichende Umsetzung dieser Strategie. In der über etwas mehr als drei Jahre dauernden Besatzung lag die Opferzahl der deutschen Partisanenbekämpfung im Osten bei 200 000–250 000. Zu diesen kamen »zusätzlich 500 000–550 000 Juden, deren Verschleppung und Ermordung mit Verweis auf die Partisanengefahr erfolgte«. (Heuser 2013, S. 202)

Aufstandsbekämpfung im Westen

In Frankreich sowie im Rest des besetzten Westeuropas verwendeten die Deutschen eine andere, mildere Politik als im Osten. Dies lag zum Teil daran, dass das Ausmaß des Widerstands hier geringer ausfiel, dass Teile Frankreichs unter der Administration der autonomen Vichy-Regierung lagen und »der unterschiedlichen Haltung, die der Nationalsozialismus gegen Juden und Slawen einerseits, gegen die westlichen Nationen andererseits hatte«. (Heuser 2013, S. 202) In den ersten Jahren der Besatzung war der französische Widerstand zunächst relativ unerheblich. Der französische Widerstand unterteilte sich in zwei Bereiche: einen äußeren sowie einen inneren. (Lieb 2008) Der äußere unter der Leitung von Charles de Gaulle (1890–1970) bestand aus regulären Streitkräften, die an der Seite der Alliierten in Nordfrankreich und später Italien kämpften. Der innere, der im Allgemeinen als *Résistance* bezeichnet wird, bestand aus irregulären Kräften. Diese unterteilten sich in zwei Hauptgruppen unter der Führung der Kommunisten sowie der Gaullisten. Während die Kommunisten vornehmlich auf gezielte, terroristische Angriffe setzten, bevorzugten die Gaullisten eine konventionelle Kriegsführung. Im Februar 1944 schlossen sich beide Teile zur *Résistance* zusammen. (Lieb 2008)

Ab 1943 intensivierten die deutschen Besatzer die Aufstandsbekämpfung, da der französische Widerstand zunahm. Ein Hautgrund hierfür war der vom Vichy-Regime eingeführte Pflichtarbeitsdienst (*Service du Travail Obligatoire*), der französische Facharbeiter zum Einsatz in der deutschen Kriegswirtschaft zwang. (Lieb 2007) Als Reaktion darauf setzten die Deutschen ab Herbst 1943 Militäreinheiten gegen die Widerstandsgruppen ein und bauten darüber hinaus ein effektives Spionagenetzwerk auf, wodurch es Kollaborateuren gelang, eine Vielzahl von Zellen des französischen Widerstands zu infiltrieren. (Lieb 2008) Die erste große deutsche Militäroperation gegen den französischen Widerstand fand Anfang 1944 in der Bergregion der französischen Alpen und des französischen Juras statt. Während sich im Juragebirge die Truppen der *Résistance* nach dem deutschen Angriff sofort auflösten und erst nach dem Abschluss der deutschen Militäroperationen wieder aus ihren Verstecken herauskamen, stellte sich die *Résistance* in den Alpen den deutschen Truppen in einem konventionellen Gefecht und wurde vernichtend geschlagen. (Lieb 2008) Trotz dieser Niederlage ignorierte die *Résistance* die Lehren hieraus, eine direkte Konfrontation zu vermeiden, und forderte die deutschen Streitkräfte nach der Landung der Alliierten in der Normandie offen heraus. Hierauf reagierten die Deutschen mit Brutalität und Terror, um die französische Bevölkerung unter Kontrolle zu halten. Die größte Gräueltat ereignete sich in Oradour-sur-Glane. Hier ermordeten deutsche Truppen 642 Frauen, Männer und Kinder und brannten das

Dorf nieder. (Lieb 2008) Solche Terrortaktiken erwiesen sich kurzfristig als erfolgreich, da unter ihrem Eindruck der Widerstand nachließ. Zwischen Ende Juli und Anfang August starteten deutsche Streitkräfte ihre größten Operationen gegen den französischen Widerstand. Ähnlich den in der Ostfront eingesetzten »Einkesselungsoperationen« umzingelten und zerstörten 10 000 deutsche Truppen eine 4 000 Mann starke Partisanentruppe in den Gebirgsregionen nahe Grenoble und begingen Gräueltaten an der Zivilbevölkerung. Diese Gräueltaten waren strategisch motiviert. Den Feind zu besiegen reichte nicht aus, da die Deutschen nicht über genügend Streitkräfte verfügten, um gewonnene Areale zu halten. Stattdessen zielten die Gräueltaten darauf ab, dem Widerstand die Unterstützung der Bevölkerung durch Terror zu entziehen. (Lieb 2008) Im Allgemeinen zeigt sich jedoch, dass die Aufstandsbekämpfung in Frankreich milder ausfiel, da die ideologische Komponente des Rassenkrieges hier nicht so stark zum Tragen kam. Obwohl Repressalien in Reaktion auf Partisanenangriffe in West- und Südeuropa beschränkter und weniger systematisch ausfielen, zeigt sich, dass »Einheiten, die im Osteinsatz gewesen waren, sich im späteren Einsatz im Westen grausamer benahmen als solche, die nicht im Osten gekämpft hatten.« (Heuser 2013, S. 202) Auch wenn die Opferzahlen der deutschen Aufstandsbekämpfung in Frankreich geringer ausfielen als an der Ostfront, so wurden allein in den drei Monaten vor der Invasion der Alliierten »13 000–16 000 Franzosen von den Deutschen im Kontext der Partisanenbekämpfung getötet«. (Heuser 2013, S. 202)

4 Der Kalte Krieg

»Wir befinden uns in einem kalten Krieg, der immer wärmer wird.«
(Bernard Baruch, 1948, S. 25740)

Nach dem Ende des Zweiten Weltkrieges prägt der Kalte Krieg maßgeblich die weltpolitische Lage in der zweiten Hälfte des 20. Jahrhunderts. Nach der deutschen Niederlage und der Zerstörung weiter Teile Europas stiegen die USA und die Sowjetunion zu Supermächten auf, die um globale Hegemonie rangen. Von einem militärischen Standpunkt aus stand der Kalte Krieg im Zeichen der nuklearen Abschreckung (*nuclear deterrence*). Atomwaffen hatten dem Krieg eine neue, zerstörerische Dimension hinzugefügt, die das Potential hatten, einen Großteil der Menschheit zu vernichten. Ob der Kalte Krieg unvermeidbar war, welche Dynamiken dessen Entstehung forcierten und was zu dessen Ende führte, ist in der Wissenschaft umstritten. Einer der führenden Strategietheoretiker und ehemaliger Berater der Reagan Administration, Colin S. Gray, gibt dieser Debatte Ausdruck: »Fast alles über den Kalten Krieg ist ungewiss [...]. Es gibt keinen festen Konsens darüber, warum der Kalte Krieg begann, wer dafür am meisten verantwortlich war oder warum er in den späten 1980ern [...] endete.« (Gray 2007, S. 184)

Nichtsdestotrotz ist unbestreitbar, dass das Paradigma des Kalten Krieges über einen Zeitraum von ca. 45 Jahren, vom Ende des Zweiten Weltkrieges bis zum Jahr 1989, prägenden Einfluss auf die internationalen Beziehungen hatte. Der Fokus dieses Kapitels liegt jedoch nicht auf der historischen Entwicklung dieses Konfliktes (siehe hierzu z. B. Crockatt 1995; Greiner, Müller/Walter 2008; Stöver 2017), sondern auf konventionellen und unkonventionellen Konzepten zur Kriegsführung. Zunächst sollen der Begriff des Kalten Krieges erläutert und Interpretationen zu dessen Entstehung diskutiert werden. (▶ Kap. 4.1) Hierauf folgt eine Darlegung der Nuklearstrategie. Diese beginnt mit einer Beschreibung der Theorie der nuklearen Abschreckung, bevor die unterschiedlichen Nuklearstrategien der USA und der Sowjetunion erläutert werden. (▶ Kap. 4.2) Den Abschluss dieses Kapitels bilden Ausführungen zur irregulären Kriegsführung während des Kalten Krieges, die Theorien des Aufstandskampfes (*insurgency*) sowie der Aufstandsbekämpfung (*counter-insurgency*) beleuchten. (▶ Kap. 4.3)

4.1 Was war der »Kalte Krieg«?

Als Urheber des Begriffs »Kalter Krieg« gilt Herbert B. Swope, der ein Mitarbeiter von Bernard Baruch, einem Berater der US-Präsidenten Franklin D. Roosevelt und Harry S. Truman, war. Der Begriff des Kalten Krieges wurde durch den amerikanischen Publizisten Walter Lippmann und dessen Essay *The Cold War: A Study in U.S. Foreign Policy* einer breiten Öffentlichkeit bekannt. (Stöver 2017) Die Definition des Terminus »Kalter Krieg« ist umstritten. (Isaac/Bell 2012) »Man kann sich wohl am ehesten darauf einigen, dass er in erster Linie eine Auseinandersetzung zwischen zwei unvereinbar erscheinenden Weltanschauungen mit jeweils konkurrierenden Gesellschaftsentwürfen war.« (Stöver 2017, S. 7)

In diesem Systemkonflikt standen sich das westliche Modell der liberalkapitalistischen parlamentarischen Demokratie einerseits und das kommunistische Modell der staatssozialistischen »Volksdemokratie« andererseits feindlich gegenüber. Beide verkörperten universelle Ideologien, die die Überlegenheit ihrer Weltanschauung gegenüber allen anderen annahmen. In diesem bipolaren Konflikt übernahmen die USA und die Sowjetunion die Führungsrolle als Vertreter dieser beiden unterschiedlichen politischen Modelle ein. Ein Großteil der Staaten schloss sich einem dieser beiden »Blöcke« an. Die Ausnahme bildeten sogenannte Blockfreie Staaten, die ihre politische und wirtschaftliche Unabhängigkeit bewahren wollten, ohne sich an die USA oder die Sowjetunion zu binden. Zu den Vertretern der Blockfreien Staaten zählten u. a. die Volksrepublik Ägypten, China, Indien und Jugoslawien.

Neben der ideologischen Auseinandersetzung waren aber auch traditionelle, geopolitische Sicherheitsinteressen der beiden Supermächte eine treibende Kraft in dem Konflikt. Aus der Perspektive der USA hatten technologische Innovationen und politische Transformationen nach dem Ende des Zweiten Weltkrieges die Sicherheitslage der Vereinigten Staaten verändert. Für den Großteil ihrer Geschichte war die physische Sicherheit der Vereinigten Staaten nicht in Gefahr gewesen. Die Entwicklung von Langstreckenbombern und ballistischen Raketen stellte die Unverwundbarkeit der USA jedoch in Frage. Fortan prägte die Sowjetunion die amerikanische Sicherheitspolitik. Hierbei stand vor allem die Furcht vor einer sowjetischen Ausdehnung im Mittelpunkt. Diese galt es zu begrenzen, um die nationale Sicherheit der USA zu gewährleisten. In diesem Zusammenhang konnten lokale Entwicklungen direkten Einfluss auf amerikanische Sicherheitsinteressen haben. 1948 beschrieb Präsident Harry S. Truman diesen Ausblick auf die amerikanische Sicherheitspolitik wie folgt: »Wir haben gelernt, dass der Verlust der Freiheit in einem Teil der Welt den Verlust unserer eigenen Freiheit bedeutet. – Der Verlust der Unabhängigkeit anderer Nationen trägt direkt zur Unsicherheit der USA und allen anderen freien Nationen bei.« (Truman 1963, S. 7)

Dieser Ansprache vorangegangen war die Truman-Doktrin von 1947, dessen Ziel die Eindämmung (*containment*) und Abschreckung (*deterrence*) des »kommunistischen Imperialismus« war. Unter Präsident Dwight D. Eisenhower wurde die Strategie der Eindämmung und Abschreckung mit der »Dominotheorie« legitimiert.

> »Das Abrücken auch des kleinsten Landes in das kommunistische Lager interpretierte man in Washington als Sicherheitsgefahr, da befürchtet wurde, dass weitere Länder wie Dominosteine folgen konnten. Diese unter der Eisenhower-Administration entwickelte ›Dominotheorie‹ legitimierte bis 1989 weltweite Interventionen der USA.« (Müller/Sohnius 2006, S. 4–5)

Neben der Eindämmung und Abschreckung des Kommunismus hatte die Ressourcensicherheit großen Einfluss auf die amerikanische Strategie. Öl kam hierbei eine Sonderrolle zu. Während des Zweiten Weltkrieges waren die USA in Bezug auf das Öl autark. Um eine Stagnation der wirtschaftlichen Entwicklung vorzubeugen, benötigten die USA jedoch Zugriff auf weitere Ölquellen. Dem Nahen und Mittleren Osten mit seinen großen Ölreserven kam deshalb eine Schlüsselrolle in der amerikanischen Sicherheitspolitik zu. (Warner 2013) Die Verbindung zwischen nationaler Sicherheit und multiplen voneinander abhängigen Faktoren (politisch, wirtschaftlich, psychologisch und militärisch) führte zu einem ausgedehnten Sicherheitskonzept, in dem der gesamte Globus mit den nationalen Interessen der USA gleichgesetzt wurde. Sowjetische Sicherheitsbedenken speisten sich vor allem aus der Geschichte. Von den Napoleonischen Kriegen (1804–1815) über das letzte Jahr des Ersten Weltkrieges bis zu Hitlers Invasion im Juni 1941 hatte sich die Verwundbarkeit Russlands gegenüber ausländischen Invasoren gezeigt. Dies färbte die Wahrnehmung von Stalin und anderen führenden sowjetischen Funktionären, weshalb diese entschlossen waren, Osteuropa in eine Schutzzone gegen künftige Invasionen europäischer Armeen zu verwandeln. Sie sahen zudem in der Schaffung einer sicheren Pufferzone in Osteuropa die Möglichkeit, wirtschaftliche Vorteile in Form von Reparationen und Rohstoffgewinnung aus dieser Region zu ziehen. Der Kalte Krieg war somit ein Konflikt, der sowohl von traditionellen Sicherheitsbedenken – beide Seiten fühlten, dass die andere Seite eine direkte Gefahr für das eigene Überleben und die eigenen Interessen darstellt – als auch von ideologischem Antagonismus angetrieben wurde.

Erklärungsansätze für den Beginn des Kalten Krieges

Generell finden sich drei unterschiedliche Erklärungsansätze für den Ausbruch des Kalten Krieges: die traditionelle (orthodoxe), die revisionistische sowie die postrevisionistische Interpretation. Nach der traditionellen Vorstellung, die den frühesten Erklärungsansatz darstellt, ist die marxistisch-leninistische Ideologie für die Entstehung und Forcierung des Kalten Krieges hauptverantwortlich. (Stöver 2017) Durch deren Anspruch auf eine globale, kommunistische Revolution war die Sowjetunion von vornherein auf einen konfrontativen Kurs gegen den Westen festgelegt. Eine der Hauptquellen für diese Interpretation ist das an die Truman Administration gesendete »lange Telegramm« von George Kennan, das aus Kennans Sicht die Prinzipien der sowjetischen Ideologie und deren außenpolitische Ziele darlegte. Gemäß Kennans Ausführungen habe die Sowjetunion einen imperialen Anspruch, der auch eine »Destabilisierung« und »Zerstörung« der amerikanischen Gesellschaft einkalkuliere, um die sowjetische Machtposition zu festigen. Die USA hätten somit keine andere Wahl, als sich der sowjetischen Machtausdehnung entgegenzustellen.

4 Der Kalte Krieg

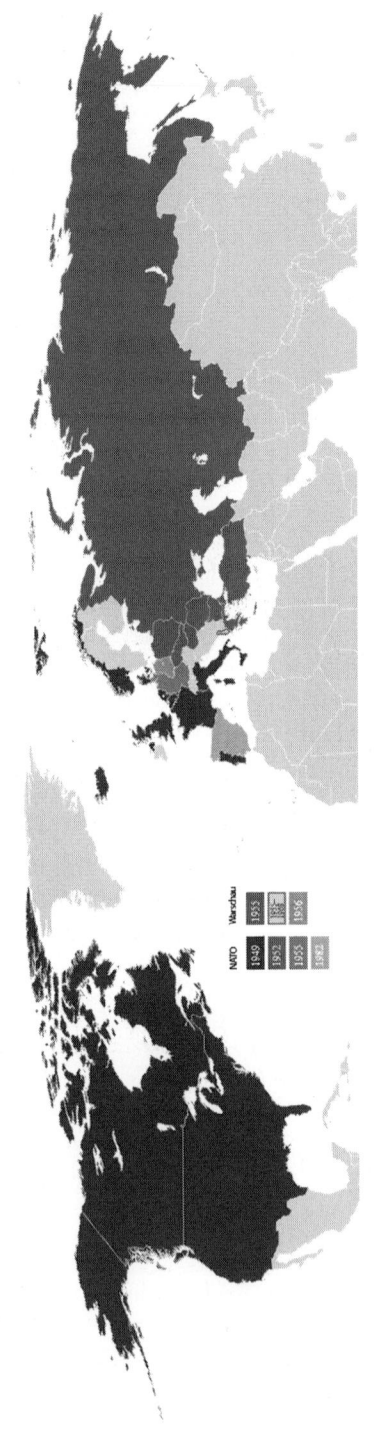

Abb. 10: Grenzen von NATO und Warschauer Pakt von 1949 (Gründung der NATO) bis 1990 (Ende der DDR mit dem Ausscheiden aus dem Warschauer Pakt).

Im Gegensatz zur traditionellen Erklärung betont der revisionistische Ansatz die Rolle der USA in der Entstehung und Fortführung des Kalten Krieges. (Stöver 2017) Als Auslöser für diesen Ansatz kann der sich durch den Vietnamkrieg verändernde, politische Diskurs angeführt werden. Dieser Interpretation zufolge war die Sowjetunion nach dem Zweiten Weltkrieg extrem geschwächt und dem Westen nahezu hilflos unterlegen. Unter diesem Gesichtspunkt muss Stalins Außenpolitik nicht als imperialistisch, sondern als Sicherung des bestehenden Staates verstanden werden. »Die Ursache des Konfliktes müsse man daher vielmehr in der politisch-wirtschaftlichen Struktur der Vereinigten Staaten sehen, die auf permanente Erschließung neuer Absatz- und Rohstoffmärkte ausgerichtet sei.« (Stöver 2017, S. 10)

Seit den 1970er-Jahren und vor allem nach der Öffnung der sowjetischen Archive nach 1991 hat sich in der Forschung mehr und mehr der postrevisionistische Erklärungsansatz durchgesetzt. (Stöver 2017) Dieser Interpretation folgend war der Kalte Krieg das Produkt von Fehlinterpretationen auf beiden Seiten, die für die Entstehung und bedrohliche Auseinandersetzung hauptverantwortlich waren.

4.2 Nuklearstrategien im Kalten Krieg

Am 6. August 1945 fand mit dem Atombombenabwurf auf Hiroshima der erste militärische Einsatz einer nuklearen Waffe statt. Diesem folgte drei Tage später ein zweiter Abwurf auf Nagasaki, der zur bedingungslosen Kapitulation Japans führte und den Zweiten Weltkrieg formal beendete. Der Einsatz von Atombomben stellte eine Zeitenwende da, die Clausewitz' Diktum des Krieges, begriffen als Fortführung der Politik mit anderen Mitteln, in Frage stellte. Da ein nuklearer Krieg das Potential hat beide Seiten, die ihn führen, zu vernichten, wie kann ein solcher weiterhin als rationales Mittel der Politik begriffen werden? Traditionelle Vorstellungen der Kriegsführung schienen damit ihre Gültigkeit verloren zu haben. (McInnes 1988) Einer der nuklear-strategischen Vordenker, der Amerikaner Bernard Brodie, beschrieb diese Situation wie folgt: »Bis jetzt war es der Hauptzweck unseres Militärs, Kriege zu gewinnen. Von nun an ist es ihr Hauptzweck, sie abzuwenden. Es kann fast keinen anderen nützlichen Zweck haben.« (Brodie 1946, S. 76) Einen nuklearen Krieg zu verhindern und den Gegner davon abzuschrecken, wurde somit, auch wenn sich die amerikanische und die sowjetische Nuklearstrategie unterschiedlich entwickelten, zum leitenden Axiom der Politik beider Supermächte. (von Bredow 2014)

Theorie der nuklearen Abschreckung

Abschreckung basiert auf der Drohung, dass die Kosten für eine militärische Aggression dessen Nutzen negieren. In Bezug auf die nukleare Abschreckung bedeutet dies, dass ein Akt der militärischen Aggression einen nuklearen Vergeltungsschlag nach sich zieht. Die Angst vor dieser nuklearen Vergeltung, so die Theorie, stoppt den

Gegner davor einen Akt der militärischen Aggression durchzuführen. (McInnes 1988) Abschreckung kann auf zwei Wegen erreicht werden:

- Erstens kann man dem potentiellen Aggressor glaubhaft machen, dass es diesem unmöglich ist, seine Ziele zu erreichen (z. B. ein bestimmtes Gebiet zu besetzen). Dies wird im englischen Sprachgebrauch als *deterrence by denial* bezeichnet.
- Zweitens kann man den potentiellen Aggressor davon überzeugen, dass er, selbst wenn er sieghaft seien sollte und seine Ziele erreicht, hierfür einen zu hohen Preis zahlen muss, wodurch die Aggression nicht länger eine Option darstellt. Dies wird im Englischen mit dem Begriff *deterrence by punishment* bezeichnet.

Beide schließen sich nicht gegenseitig aus, sondern sind oftmals komplementär. (Walton 2016) Die Theorie der nuklearen Abschreckung basiert somit darauf, vom Gegner als überzeugend wahrgenommen zu werden. Um überzeugend zu wirken, muss die Abschreckung glaubwürdig und nachgewiesen sein. Die Glaubwürdigkeit bezieht sich hierbei auf den politischen Willen, der Androhung der Vergeltung auch Taten folgen zu lassen. Diese speist sich zumeist aus vorherigem Handeln der Akteure. Ein Staat, der seinen Androhungen oft nicht Folge geleistet hat, hat weniger Glaubwürdigkeit als ein Staat, der die Reputation hat, seine Androhungen umzusetzen, wenn ein anderer dessen Forderungen nicht erfüllt. (Walton 2016) Neben der Glaubwürdigkeit muss ein Staat auch die Fähigkeiten besitzen, seine Androhungen umzusetzen. Hinsichtlich der nuklearen Abschreckung bedeutet dies: Besitzt ein Staat nukleare Waffen oder besitzt er diese nicht? In Bezug auf den Kalten Krieg ist diese Sichtweise jedoch komplizierter. Hier kam es nicht nur darauf an über Atomwaffen zu verfügen, sondern auch sogenannte *second strike capabilities* (Zweitschlagfähigkeit) zu besitzen. Bei *second strike capabilities* kommt es darauf an, dass ein Staat über diverse nukleare Arsenale und robuste Führungs-, Kontroll- und Kommunikationsnetzwerke verfügt, die bei einem Erstschlag nicht vollständig ausgeschaltet werden können und somit dem angegriffenen Staat die Möglichkeit zum Gegenschlag nicht genommen werden kann. (Walton 2016)

US deterrence

In den ersten Jahren nach den Angriffen auf Hiroshima und Nagasaki entwickelten die USA keine Nuklearstrategie. (McInnes 1988) Die Atombombe wurde vielmehr als eine technische Entwicklung verstanden, die als Weiterentwicklung des strategischen Bombardements von Städten im Zweiten Weltkrieg verstanden wurde. (Heuser 2014) Diese neue Waffe versprach, Großstädte durch den Einsatz weniger statt vieler Tausend Bomber zu zerstören, um so den Kriegswillen der gegnerischen Bevölkerung durch die überwältigende Wirkung rasch brechen zu können. Die Truman Administration entwickelte deshalb noch keine Nuklearstrategie und übertrug die Verantwortung für diese Waffe dem Militär. (McInnes 1988) Nach dem ersten erfolgreichen sowjetischen Test einer Atombombe und unter dem Eindruck der sich entfaltenden Ereignisse in Korea erweiterten die Vereinigten Staaten ihr nukleares Arsenal. Erst unter Präsident Eisenhower formulierten die USA jedoch ihre erste umfassende Nuklearstrategie. (McInnes 1988) Diese Strategie gründete sich auf der Prämisse der *Massive Retaliation*, die die Option beinhaltete, auf sowjetische Aggression, selbst konventioneller Art, mit dem Einsatz nuklearer Waffen zu antworten. Diese auf *deterrence by punishment* basierende Strategie der Abschreckung konnte jedoch nur kurzfristig aufrechterhalten werden und mangelte darüber hinaus an strategischer Klarheit. Ihre Kurzfristigkeit speiste sich daraus, dass der *Massive Retaliation* auf der nuklearen Überlegenheit der USA basierte. Sobald die Sowjetunion über Zweitschlagskapazitäten verfügte, verlor diese ihre Glaubwürdigkeit, da die Vereinigten Staaten mit einem Gegenangriff auf amerikanische Städte rechnen mussten. (McInnes 1988) Hinzukam der Mangel an Klarheit bezüglich der Schwelle, wann die sowjetische Aggression mit dem Einsatz von Atombomben bestraft würde. (Nichols 2018) Mit der Expansion des sowjetischen Nukleararsenals und der Entwicklung neuer Raketentechnologien, die kaum oder keine Zeit zur Warnung für einen bevorstehenden Angriff ließen, wurde die amerikanische Strategie des Erstschlages mehr und mehr obsolet. (McInnes 1988)

Unter der Kennedy Administration wurde die Nuklearstrategie überprüft und die USA schwenkten von einer Strategie der *Massive Retaliation* zu einer Strategie der *Flexible Response*. Treibende Kraft hierbei war Verteidigungsminister Robert McNamara. *Flexible Response* wurde von McNamara 1962 auf einem NATO-Treffen in Athen vorgestellt. Nach dieser Nuklearstrategie sollten Städte als Ziel möglichst ausgeschlossen werden und stattdessen rückte eine Serie von beschränkten Schlägen auf militärische Ziele in den Vordergrund. (McInnes 1988) Darüber hinaus war diese Strategie auf einer Eskalationsprämisse aufgebaut. Ein nuklearer Schlag war somit nicht die erste und direkte Antwort auf eine sowjetische Aggression, sondern lag am Ende einer Eskalationsleiter, die mit konventionellen Mitteln begann. Diese Androhung der Eskalation führte der amerikanischen Nuklearstrategie ein Verhandlungselement bei, das in der uneingeschränkten Erstschlagsstrategie nicht vorgesehen war.

Nur kurze Zeit später, zwischen 1964 und 1965, wandelte sich die amerikanische Nuklearstrategie erneut. Mitte der 1960er-Jahre begann die Sowjetunion mit einer Aufrüstung ihrer konventionellen und nuklearen Streitkräfte, durch die sie am Ende der Dekade eine Gleichstellung mit den amerikanischen Nuklearkräften erreichte. (Nichols 2018) Dies führte zu einem Umdenken in der amerikanischen Nuklearstrategie und die Vorstellung, einen Nuklearkrieg zu führen oder gar »gewinnen« zu können, wurde verworfen. Zu Anfang wurde diese Doktrin von McNamara als *assured destruction* bezeichnet, bevor diese von Donald Brennan mit dem treffenden Akronym MAD (verrückt) für *mutually assured destruction* große Bekanntheit erlangte. MAD basiert auf der Annahme, dass keine der beiden Supermächte so irrational sein kann, dass einer der beiden die eigene Vernichtung in Kauf nimmt, um den Gegner zu vernichten. Die Gefahr eines atomaren Gegenschlags, so die Theorie, hält die andere Seite davon ab, einen Erstschlag durchzuführen. Der Fokus dieser Strategie lag somit darauf, *second strike capabilities* zu besitzen, die einen Erstschlag überstehen und noch genügend nukleare Kapazitäten bieten würden, um in einem Gegenschlag die Sowjetunion zu vernichten. Basierend auf Analysen des amerikanischen RAND Institutes definierte McNamarra die *guaranteed destruction* der UdSSR als die Vernichtung von einem Drittel der sowjetischen Bevölkerung und zwei Drittel der sowjetischen Industrie. (Wing 1998) Die Konzentration auf *second strike capabilities* führte auch zu einer Re-Orientierung in Bezug auf die amerikanischen Luftstreitkräfte. Langstreckenbomber waren bis hierhin ein Hauptteil der amerikanischen Nuklearstrategie. Mit der Fokussierung auf *second strike capabilities* und dem Ziel, einen Erstschlag zu überstehen und einen Gegenschlag auszuführen, begannen raketenbasierte Kräfte, den Hauptteil der amerikanischen Nuklearstrategie zu bilden. (Kaplan 2015)

Unter Richard Nixons Präsidentschaft wandelte sich die amerikanische Nuklearstrategie Anfang der 1970er-Jahren abermals. Angeführt von Henry Kissinger entwickelten die USA, benannt nach dem damaligen Verteidigungsminister, die Schlesinger-Doktrin. Statt der einzig möglichen Option, die die MAD-Doktrin zuließ (Aufgabe oder Selbstmord), sollte diese Doktrin dem amerikanischen Präsidenten mehrere Möglichkeiten bieten. (McInnes 1988) Diese sah eine breite Auswahl an Optionen in Bezug auf mögliche feindliche Aggressionen vor. Statt auf sowjetische Aggression mit der vollen Macht des amerikanischen Nukleararsenals zu reagieren, waren begrenzte nukleare Angriffe auf militärische Ziele ein Schlüsselelement der Schlesinger-Doktrin. Hierdurch sollte der Konflikt kontrollierbar gemacht werden und gleichzeitig die Möglichkeit für Verhandlungen in dem Intervall zwischen gezielten Angriffen von beiden Seiten offengehalten werden. (McInnes 1988) 1977 ordnete Präsident Carter eine Untersuchung der Schlesinger-Doktrin an. Nach Informationen des Geheimdienstes ging die sowjetische Nuklearstrategie von einem mehrere Wochen dauernden Nuklearkrieg aus und nahm an, diesen zu gewinnen. Aus diesem Grund musste die amerikanische Nuklearstrategie wieder geändert werden. Statt Abschreckung legte Carter in seiner *Presidential Directive 59* die Doktrin einer »Ausgleichsstrategie« (*countervailing strategy*) aus. Diese sah sowjetische Führungszentren als primäres Ziel und militärische *second strike capabilities* als sekundäres Ziel für nukleare Angriffe vor.

Diese Strategie basierte auf zwei Annahmen: Erstens ging sie davon aus, dass die sowjetische Führung zur Aufgabe gezwungen werden könnte, wenn diese einen inneren Kontrollverlust befürchten müsste und wenn die Überzeugung der sowjetischen Führung, einen Nuklearkrieg gewinnen zu können, durch die Zerstörung eines Großteiles ihrer *second strike capabilities* gebrochen würde. (Auten 2008) Diese offensive Strategie setzte sich auch unter Ronald Reagans Präsidentschaft fort. Unter Reagan wurde sie sogar noch ausgeweitet. Statt einer Strategie der Abschreckung, die die Sowjetunion davon überzeugen sollte, dass sie einen Nuklearkrieg nicht gewinnen könnte, setzte Reagan auf eine offensive Strategie. Diese Strategie betonte, dass die USA einen solchen Krieg gewinnen würden. Diese Idee speiste sich aus der angenommenen Überlegenheit der amerikanischen Nuklearstreitkräfte. Hinzukam zweitens 1983 die *strategic defense initiative*, die unter dem Namen *Star Wars* große Bekanntheit erreichte. Das *Star Wars* Projekt sah ein im All stationiertes Raketenabwehrsystem vor, das die USA vor sowjetischen Angriffen schützen und den Amerikanern die nukleare Vorherrschaft und die Erstschlagskapazität sichern sollte. (FitzGerald 2001) Obwohl dieses Projekt nie umgesetzt wurde, setzte es die Sowjetunion unter Zugzwang eine Antwort darauf zu finden, was jedoch anhand der ökonomischen Situation der UdSSR eine wirtschaftliche Herausforderung darstellte. Bis heute ist umstritten, welchen Einfluss dieses Projekt auf das Ende des Kalten

Krieges hatte. Eine Mehrzahl von Historikern führt den Zerfall der Sowjetunion jedoch auf politische und gesellschaftliche Prozesse innerhalb der UdSSR zurück. (Stöver 2017)

Sowjetische Abschreckungsstrategie

Im August 1949 verkündete die Sowjetunion die erste erfolgreiche Testexplosion einer Atomwaffe. Hierdurch verloren die USA ihr »atomares Monopol«, das diese seit 1945 besaßen. (von Bredow 2014) Das sowjetische Verständnis der nuklearstrategischen Abschreckung unterschied sich maßgeblich von der amerikanischen *deterrence* Idee. »Während im Westen Abschreckung durch Nuklearwaffen als wesentliche Voraussetzung erfolgreicher Kriegsverhinderung angesehen wurde, ging das sowjetische Verständnis in erster Linie von einer eskalationsverhindernden Wirkung aus.« (Diehl 2013, S. 51)

Zunächst sah die sowjetische Führung ähnlich wie die Amerikaner nukleare Waffen als Teil des strategischen Bombardements von Städten an. (Battilega 2004) Die sowjetische Strategie, die vor allem die quantitative Überlegenheit ihrer Landstreitkräfte und die Zerstörung des Feindes in einem Bodenkrieg betonte, sah das strategische Bombardement jedoch nur als eine weitere Taktik an, die dieser Prämisse unterstützend zur Seite stehen konnte. (McInnes 1988) Um 1955 wurde die Atombombe zum zentralen Kernpunkt der sowjetischen Strategie. Der Fokus lag hierbei jedoch nicht auf der Abschreckung. Atombomben wurden vielmehr als Schlacht entscheidende Waffe gesehen, die strategisch genutzt werden könnte, um konventionellen Streitkräften den Durchbruch zu ermöglichen. Auf Verteidigung ausgelegte nukleare Strategieplanungen existierten nicht. (Battilega 2004) Seit den Tagen der Sowjetrevolution wurde die ideologisch-theoretische Unvermeidbarkeit des Krieges als ein natürliches und unausweichliches Produkt des westlichen-kapitalistischen Imperialismus angesehen und diese Doktrin wurde in den ersten Jahren des Atomzeitalters von den sowjetischen Führern nicht aufgegeben. (Craig/Radchenko 2018) Unter Chruschtschow begann sich ab 1960 die Nuklearstrategie der Sowjetunion zu wandeln und zu einer defensiveren Ausrichtung überzugehen. Chruschtschow stellte die bisherige sowjetische Überzeugung von der Unvermeidbarkeit des Krieges in Frage und plädierte stattdessen für eine minimale Abschreckung (durch die Androhung von nuklearen Vergeltungsmaßnahmen) und eine Reduzierung konventioneller Streitkräfte. »Die Aufgabe der sowjetischen Atomwaffen sollte dabei primär sein, den Westen von einem Angriff durch die Drohung eines massiven Gegenschlags abzuhalten.« (Rotte 2019, S. 411) Nach Chruschtschows Absetzung 1964 und unter dem Einfluss des sowjetischen Militärs gewannen »die traditionelle Betonung der Kriegsführungsfähigkeit und die Ablehnung einer a-priori-Restriktion in der Bereitstellung aller militärischen Kapazitäten, inklusive nuklearer, wieder an Gewicht.« (Rotte 2019, S. 411) Zentraler Bestandteil dieser Strategie war der präventive Einsatz nuklearer Waffen.

Zwei Phasen kennzeichneten diese Strategie. Zuerst sollte ein einziger großer Präventivschlag mit interkontinentalen Raketen gegen die USA durchgeführt werden. In einer zweiten Phase folgte eine nukleare und konventionelle Offensive auf ganz Europa. (Battilega 2004) In den strategischen Überlegungen würde die UdSSR keinen Krieg initiieren, behielt sich jedoch vor, auf einen bevorstehenden Angriff mit einem Erstschlag zu reagieren.

> »Auch wenn die UdSSR somit kein Interesse an einem Nuklearkrieg mit dem Westen hatte und das sowjetische Nukleararsenal als zentrales Element der Abschreckung des Westens bis zu einer möglichst politisch-gesellschaftlichen Überwindung des Ost-West-Konflikts zugunsten des sozialistischen Lagers sah, war ihre strategische Grundausrichtung bis in die 1980er Jahre klar von der Auffassung geprägt, dass Nuklearwaffen trotz ihres besonderen Charakters ein Teil der zur notwendigerweise offensiven Kriegführung verfügbaren Systeme waren.« (Rotte 2019, S. 413–414)

In den 1980er-Jahren begannen sich die auf die Offensive ausgerichteten strategischen Überlegungen der Sowjetunion deutlich zu ändern. Es lässt sich eine schrittweise stattfindende Wiederbelebung des militärisch defensiven Konzeptes erkennen. (Battilega 2004) »In der Folge näherte sich die sowjetische Nuklearstrategie einer reinen Abschreckungsdoktrin durch den Westen an, der 1982 sogar zur offiziellen Erklärung des Verzichts auf den Ersteinsatz von Nuklearwaffen führte.« (Rotte 2019, S. 414) Aufgrund der zunehmenden ökonomischen Probleme der UdSSR gab diese ihr »über lange Zeit angestrebtes Ziel einer strategisch militärischen Überlegenheit gegenüber dem Westen als beste Garantie gegen einen Angriff auf […].« (Rotte 2019, S. 414) Mit dem Amtsantritt Michail Gorbatschows 1985 wurde die sowjetischen Militärdoktrin grundsätzlich auf eine defensive Ausrichtung ausgelegt, in dessen Zentrum umfassende Abrüstungsmaßnahmen standen. Der strategische Nutzen von Atomwaffen sollten von nun an auf ein abschreckendes letztes Mittel reduziert werden.

> »Zentrale Resultate dieser neuen Strategie waren bis zur Auflösung der UdSSR im Dezember 1991 der INF-Vertrag zur Abschaffung aller US-amerikanischen und sowjetischen nuklearen Mittel- und Kurzstreckenraketen (Dezember 1987), der START 1-Vertrag zur Reduktion der US-amerikanischen und sowjetischen Nukleararsenale auf je maximal 6 000 strategische Sprengköpfe und 1 600 ICBMs, SLBMs und strategische Bomber (Juni 1991) sowie der Vertrag über konventionelle Truppen in Europa (November 1990).« (Rotte 2019, S. 415)

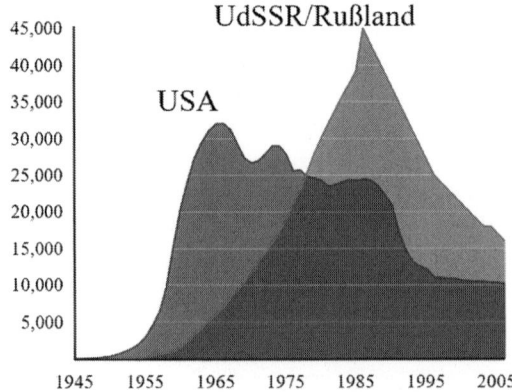

Abb. 11: Bestand an nuklearen Sprengköpfen der USA und UdSSR/Russland von 1945 bis 2005.

Kritik an der nuklearen Abschreckung

Gegen die Theorie der nuklearen Abschreckung wurde und wird eine Vielzahl von Kritikpunkten formuliert. Drei sollen im Folgenden Betrachtung finden. Aus ethisch-humanitären Gründen wird vor allem der Frage nachgegangenen, inwieweit es moralisch vertretbar ist, das Leben von Millionen Menschen zu bedrohen. (McInnes 1988) Während des Kalten Krieges hielten beide Supermächte die Zivilbevölkerung der anderen Seite mit ihren jeweiligen nuklearen Arsenalen als Geiseln. Dies sollte einen nuklearen Austausch verhindern. Wäre ein Atomkrieg jedoch ausgebrochen, akzeptierte und billige die Abschreckungstheorie die wahllose Ermordung Unschuldiger. (Kennedy 1983)

Ein weiter Kritikpunkt bezieht sich auf die Rationalitätsprämisse, auf der die Theorie der Abschreckung basiert. Um zu funktionieren, müssen beide Seiten rational handeln. Das Verhalten des Gegners rational einzuordnen, kann Akteure jedoch vor Schwierigkeiten stellen.

- Erstens können Akteure über einen Mangel an gesicherten Informationen verfügen, um gegebene Situationen rational einschätzen zu können. Um abzuschrecken, muss ein Staat seine Drohung effektiv kommunizieren. Tut ein Staat dies jedoch nicht oder ist nicht fähig, diese effektiv zu kommunizieren, entsteht eine »Informationskluft«, die zu »irrationalem« Verhalten führen kann.
- Zweitens sind Konzeptionen von Rationalität kulturspezifisch. Was aus der Perspektive eines Staates als ein rationales Kosten-Nutzen-Verhalten erscheint, kann von einem anderen Staat als höchst »irrationales« Verhalten interpretiert werden. (McInnes 1988)
- Ein dritter Kritikpunkt bezieht sich auf die konfrontative Logik der Abschreckung, die »nicht nur ein Feindbild voraussetzt, sondern dem definierten Gegner (letztlich unabhängig von dessen tatsächlichem Agieren) auch keine Chance gibt, die ihm unterstellten aggressiven Ambitionen zu falsifizieren.« (Schwarz 2019, S. 274) Die Gefahr der Abschreckung liegt darin, dass es nicht nur ein Feindbild voraussetzt, »sondern das Feindbild verselbstständigt sich und zieht eigenes aggressives Verhalten nach sich, das umgekehrt Feindbilder beim Gegner verstärkt oder gar erst kreiert.« (Rotte 2019, S. 416) Dieter Senghaas merkt in diesem Sinne an: »Ohne artikulierte oder unterschwellige Verteufelung des Gegners ist das Phänomen Abschreckung nicht zu begreifen. Die Feindfixierung gehört zur Abschreckung wesentlich hinzu«. (Senghaas 1972, S. 77) Im »Abschreckungs-Dogma« nicht inbegriffen ist die Vorstellung, dass der Gegner in der Abwesenheit nuklearer Vergeltungsdrohungen zu friedfertigen Handlungen fähig ist. (McGwire 1986) Damit blockiert die Abschreckung kooperative Lösungen, um den Konflikt politisch zu lösen. »Im Hinblick auf den internationalen Frieden und seine Gefährdung ist die Abschreckungsdoktrin somit keine Lösung, sondern Teil des Problems.« (Schwarz 2019, S. 274)

Wolfgang Schwarz identifiziert sechs Gründe, warum nukleare Abschreckung und Frieden einen Gegensatz bilden:

1) weil Abschreckung ein »System organisierter Friedlosigkeit« ist;
2) weil Abschreckung die Kontrahenten zwingt, permanent Militärpotentiale, also Mittel der Kriegsführung zu unterhalten – und zwar im Zustand der Kriegsbereitschaft;
3) weil beim Versagen der Abschreckung Krieg stattfindet und zwar gegebenenfalls bis hin zur letzten Konsequenz eines allgemeinen thermonuklearen Schlagabtausches;
4) weil das vordergründig defensive Basistheorem der Abschreckungskonzeption auch die Möglichkeit zulässt, die nukleare Erstschlagfähigkeit und damit Vorbereitungen für einen offensiven Angriffskrieg zu rechtfertigen;
5) weil Abschreckung ein konfrontatives Konzept ist, das eines Feindbildes bedarf und damit kooperative politische Ansätze zur gemeinsamen Friedenssicherung mit Kontrahenten und Gegnern konterkariert;
6) weil Abschreckung destabilisierende Rüstungswettläufe induziert, da der Gegner auf militärische Maßnahmen zur »Verbesserung der Abschreckung« jeweils mit eigenen Maßnahmen reagiert. (Schwarz 2019, S. 275)

Konzepte nuklearer Kriegsführung

Die atomare Kriegsführung bezeichnet einen militärischen Konflikt, der mit Kernwaffen geführt wird. Diese Form der Kriegsführung unterscheidet sich von der konventionellen Kriegsführung, da sie auf unkonventionelle Massenvernichtungswaffen zurückgreift. Diese Unkonventionalität ergibt sich zum Großteil aus dessen langfristigen Auswirkungen auf die Umwelt. Der »Fallout« einer Atombombe kann über Jahrzehnte hinaus Auswirkungen haben. Bei der nuklearen Kriegsführung wird generell zwischen zwei Untergruppen unterschieden: dem begrenzten Atomkrieg (*limited* oder *tactical nuclear war*) und dem großangelegten Atomkrieg (*full-scale* oder *unlimited nuclear war*). (Larsen 2014) Bei Ersterem handelt es sich um einen Krieg, »in dem beide Seiten bei der Verwendung von Atomwaffen zurückhaltend handeln und nur eine begrenzte Anzahl von nuklearen Waffen auf ausgewählte Ziele einsetzen.« (Larsen/Smith 2005, S. 128) Es ist somit eine Kriegsführung, bei der Kernwaffen nur in begrenztem Umfang eingesetzt werden. Diese Begrenzung ergibt sich aus der Zielauswahl und ist meistens auf militärische Ziele sowie Führungs-, Kommunikations- und Kontrollzentren beschränkt. Der großangelegte Atomkrieg unterscheidet sich hiervon, da dieser auf die vollständige Zerstörung des Gegners abzielt. Die Zielauswahl ist daher unbegrenzt und schließt auch nichtmilitärische Ziele mit ein.

Frühe Befürworter eines begrenzten Atomkrieges glaubten, dass ein solcher Krieg sowohl kontrollierbar als auch siegreich gestaltbar sein könnte. Es wurde ferner angenommen, dass der begrenzte Einsatz von Atomwaffen in einem kleinen regionalen Krieg zu einer raschen politischen Lösung des Konflikts führen könnte. 1957 führte der amerikanische Politikwissenschaftler Robert Edicott Osgood fünf grundlegende Anforderungen an eine Politik des begrenzten Atomkrieges aus (Osgood 1957):

- klar definierte, begrenzte Ziele;
- eine Bereitschaft, die eingesetzten Mittel zu begrenzen;

- für die Begrenzung geeignete militärische Taktiken, Techniken und Waffen;
- ausreichende wirtschaftliche Ressourcen;
- und ein unerschütterlicher nationaler Wille.

Osgood hat ferner sieben Kategorien potentieller Beschränkungen ermittelt:

- geografisches Gebiet;
- Waffen;
- Ziele;
- Streitkräfte;
- Anzahl der Kriegsführenden;
- Dauer
- sowie Intensität.

Von diesen Kategorien sind die ersten drei (geografisches Gebiet, Waffen und Ziele) von besonderer Bedeutung. »Ohne diese drei Arten von Beschränkungen«, mahnte Osgood »ist es schwer vorstellbar, dass ein Krieg begrenzt bleibt.« (Osgood 1957, S. 243) Gegner des begrenzten Atomkriegskonzepts argumentierten, dass ein solcher Krieg schwer kontrollierbar wäre und leicht zu einem umfassenden Atomkrieg eskalieren könnte. (Larsen 2014)

Als einer der Hauptadvokaten für eine unlimitierte nukleare Kriegsführung gilt der Amerikaner Hermann Kahn. 1960 legte dieser in seinem Buch *On Thermonuclear War* dar, warum ein limitierter Atomkrieg nicht möglich sei und warum die USA deshalb, um die Glaubwürdigkeit ihrer nuklearen Abschreckung nicht zu verlieren, ihre Nuklearstrategie auf einen totalen Nuklearkrieg ausrichten müssen. (Kahn 2007) Ein solcher Krieg wäre natürlich schrecklich, aber ob Millionen von Menschen starben oder »nur« einige Großstädte zerstört würden, so Kahn, das Leben werde weitergehen. Das Ergebnis könnte schrecklicher sein als alles, was man bisher gesehen oder gedacht hat, aber wie katastrophal auch immer die Verwüstung sein mochte, die Überlebenden würden letztlich nicht »die Toten beneiden«, argumentierte Kahn. (Kahn 2007, S. 40–95) Das Gegenteil zu glauben, würde bedeuten, dass Abschreckung nicht funktioniere. Die USA müsse deshalb eine uneingeschränkte Bereitschaft »auf den Knopf zu drücken« besitzen. (Kahn 2007, S. 540) 1980 argumentierten die Strategietheoretiker Colin S. Gray und Keith Payne ihn ihrem Artikel *Sieg ist möglich – eine amerikanische Einladung zum Atomkrieg* ähnlich. (Gray/Payne 1984) In diesem Artikel führten sie aus, wie eine solcher Krieg gewonnen werden könnte. Gray und Payne verteidigen ihre Ausführungen damit, dass eine solche Überlegung einen mindernden Effekt auf einen nuklearen Krieg habe.

> »Sieg oder Niederlage, beides ist in einem Atomkrieg möglich, und es kann sein, dass ein solcher Krieg bis zu jenem Punkt geführt werden muss; und je klarer die Vorstellung von einem erfolgreichen Kriegsausgang ist, desto wahrscheinlicher ist, dass der Krieg in früheren Stadien vernünftig geführt werden kann.« (Gray/Payne 1984, S. 233–234)

Kritiker sahen Überlegungen über die nukleare Kriegsführung, ob auf limitierte oder unlimitierte Art, als gefährlich, nicht überzeugend und unmoralisch an. Erstens sei der Begriff des »Sieges« »im Kontext eines Nuklearkrieges völlig überholt« und zweitens sei Grays und Paynes Argumentation ein »ethisch-moralisch zu verurteilendes theoretisches Spiel mit Abermillionen von Menschenleben.« (Rotte 2019, S. 421)

4.3 Heißer Friede: *Insurgency* und *Counterinsurgency* im Kalten Krieg

Auch wenn der Kalte Krieg nicht zu einer militärischen Konfrontation oder gar einem Nuklearkrieg zwischen den antagonistischen Blöcken geführt hat, so ist die Charakterisierung des Kalten Krieges als eine Periode, die durch einen *Long Peace* gekennzeichnet war, nicht aufrechtzuerhalten. (Gaddis, 1986). Mehr als 170 größere bewaffnete Konflikte mit geschätzten 22 Millionen Opfern wurden in dem Zeitraum zwischen 1947 und 1991 ausgetragen. (Stöver 2017) Diese regionalen Konflikte fanden vornehmlich in der sogenannten »Dritten Welt« statt. (Greiner, Müller/Walter 2006) Die Gründe für diese Konflikte sind vielschichtiger Natur und können im Folgenden nicht betrachtet werden. Im Allgemeinen lassen sich jedoch zwei Trends identifizieren, die zum Ausbruch dieser Kriege beitrugen oder diese signifikant beeinflussten. Auf der lokalen Ebene war dies der Prozess der Entkolonialisierung, in dessen Verlauf die europäischen Kolonien oftmals durch den Einsatz von kriegerischer Gewalt ihre Unabhängigkeit von den Kolonialmächten errungen. Auf der internationalen Ebene war dies der ideologische Konflikt des Kalten Krieges, der zu einer Einmischung der Supermächte führte. Aufgrund dieser internationalen Dimension werden viele dieser Konflikte als Stellvertreterkriege bezeichnet. Der Stellvertreterkrieg war eine Schlüsselstrategie des indirekten Konflikts zwischen den verfeindeten Blöcken.

> »Stellvertreterkonflikte waren während des Kalten Krieges jene Auseinandersetzungen, bei denen über die lokal-regionalen Motive hinaus die Großmächte oder Bündnissysteme durch direkte oder indirekte Unterstützung involviert waren, ohne selbst offen militärisch aktiv zu werden.« (Stöver 2017, S. 356)

Zweck dieser Stellvertreterkriege war es, das Kräfteverhältnis zwischen den Supermächten in Konfliktgebieten außerhalb der Zentralfront in Europa entweder aufrechtzuerhalten oder zu verändern. Im Rahmen der *mutual assured destruction* (MAD) versuchten sowohl die Vereinigten Staaten als auch die Sowjetunion, direkte Konfrontationen zwischen ihren konventionellen Streitkräften in regionalen Konflikten zu vermeiden aus Angst, diese würden zu einem totalen Atomkrieg eskalieren. (Gaddis 2008) Stellvertreterkriege bargen im Vergleich zu einer direkten militärischen Konfrontation ein relativ geringes Risiko. Bei einer direkten Konfrontation drohten Niederlage, Widerstand der eigenen Bevölkerung und aufgrund der nuklearen Arsenale die potentielle Vernichtung beider Supermächte. Hinzukommt, dass der Rückgriff auf lokale Proxys einen *war on the cheap* erlaubte, wie Andrew Mumford anmerkt. (2013, S. 40) Im Folgenden sollen jedoch keine Fallstudien dieser Konflikte im Fokus stehen. Stattdessen widmet sich der Abschluss dieses Kapitels theoretischen Ausführungen zur asymmetrischen Kriegsführung in den bewaffneten Konflikten während des Kalten Krieges, da der Stellvertreterwettbewerb vielfach damit verbunden war, Aufständische zu unterstützen oder Regierungen bei deren Bekämpfung beizustehen. Bewaffnete Konflikte, die sich hauptsächlich durch eine reguläre Kriegsführung auszeichneten wie der Iran-Irak Krieg (1980–1988), der Koreakrieg (1950–1953) oder der Sechstagekrieg zwischen Israel und dessen arabischen Nachbarstaaten (1967), können hierbei keine Erwähnung finden. (siehe hierzu Greiner, Müller/Walter 2006) Zunächst soll kriegstheoretisch erläutert werden, was wahlweise als Guerilla, revolutionärer Krieg oder bewaffneter Aufstand (*insurgency*) bezeichnet wird. Hierauf folgt abschließend eine Betrachtung der während des Kalten Krieges formulierten kriegstheoretischen Ausführungen zur Aufstandsbekämpfung (*counterinsurgency*).

Guerilla: Theorien des Aufstandskampfes

Das spanische Wort Guerilla bedeutet »kleiner Krieg«. Bis zur Französischen Revolution wurde unter dem Oberbegriff »kleiner Krieg« die Kampfweise regulärer oder irregulärer Spezialtruppen zur Unterstützung der regulären Verbände verstanden. (Heuser 2012) Zu ihren Aufgaben zählten z. B. die Informationsbeschaffung und der Angriff auf Nachschublinien. An der Schwelle zum 19. Jahrhundert wandelte sich das Verständnis zum »kleinen Krieg« vor dem Hintergrund des amerikanischen Unabhängigkeitskrieges (1775–1783) und dem anti-napoleonischen Volksaufstand in Spanien (1808–1813), aus dem der Begriff Guerilla entstammt. Bei der Guerilla lassen sich zwei Haupterscheinungsformen unterscheiden (Heuser 2012): einerseits der Aufstand gegen eine ausländische Besatzungsmacht und andererseits der revolutionäre Krieg gegen eine etablierte Regierung. Aufständische können Unterstützung von außen erhalten, werden jedoch im Allgemeinen von irregulären Kämpfern geführt, die aus der Zivilbevölkerung kommen und zumindest von einem Teil der Zivilbevölkerung unterstützt werden. Durch die Einmischung externer Mächte verwischen sich die Grenzen zwischen diesen beiden Formen häufig.

> »Gemeinsam ist allen Versionen der Guerillakriegführung, dass es sich unabhängig von den konkreten politischen oder weltanschaulichen Kontexten grundsätzlich um eine gewaltsame Konfrontation zwischen einer regulären Armee und irregulären Kämpfern handelt, welche in der Regel ohne die für den herkömmlichen Krieg üblichen Fronten, Verbandsorganisationen, Kennzeichen (z. B. Uniformen) und schweren Waffensysteme (z. B. schwere Artillerie, Kampfflugzeuge), sondern vielmehr auf der Basis kleiner, flexibler, verdeckt agierender Einheiten überfallsartig gegen die konventionell aufgestellten Streitkräfte der Regierung oder der Invasionsmacht, ihre Kommunikationslinien und ihrer Unterstützer vorgehen.« (Rotte 2019, S. 211)

Oftmals haben sich aufständische Bewegungen durchgesetzt und die Macht erlangt, indem sie sich ihren Gegnern im konventionellen Krieg stellten und indem sie feindliche Armeen auf dem Feld besiegten, wie es z. B. die Kommunisten in China (1946–1949) und die Vietminh gegen die Franzosen in Dien Bien Phu (1954) taten. (Hughes 2011) Aufständische versuchen, ihre eigenen Stärken (z. B. Mobilität, Anpassungsfähigkeit und Flexibilität) einzusetzen, um Schwächen des stärkeren Gegners auszunutzen. Sie erzielen Erfolg, indem sie sich einen Vorteil gegenüber ihren

Abb. 12: Der italienische Künstler Bruno Caruso fotografiert einen Guerillakämpfer mit einem AK-47 Maschinengewehr.

Gegnern in Bezug auf Zeit, Raum, Legitimität (intern und/oder international) und Unterstützung der Bevölkerung verschaffen. (Kiras 2016)

- *Zeit*:
  Zeit ist das wichtigste Element für einen erfolgreichen Aufstand, da es sich im Generellen um eine Zermürbungstaktik handelt. Mit genügend Zeit kann sich eine aufständische Gruppierung organisieren, den Willen des Gegners brechen und eine konventionelle Streitmacht aufbauen, die in der Lage ist, die Kontrolle über den Staat zu erlangen. »Was die Zeit angeht, so gilt Henry Kissingers berühmtes Wort: ›Der Guerillakämpfer gewinnt, wenn er nicht verliert‹ – er hat die Zeit auf seiner Seite. ›Die reguläre Armee [dagegen] verliert, wenn sie nicht gewinnt.‹« (Heuser 2013, S. 128)
- *Raum*:
  Aufständische (*insurgents*) operieren oftmals in schwierigem Gelände (z. B. Bergen, Dschungel und Sümpfen), das sie zum taktischen Vorteil nutzen. Auch die Größe des staatlichen Territoriums bietet Vorteile, da staatliche Truppen oftmals nicht über die Ressourcen verfügen, das gesamte Territorium zu kontrollieren. Aufständische können sich so in unkontrollierte Gebiete zurückziehen und wieder zum Angriff übergehen, wenn die Chancen zu ihren Gunsten stehen.

- *Legitimität*:
  Aufständische benötigen für eine erfolgreiche *insurgency* interne oder externe Unterstützung. Hierfür brauchen Aufständische ein überzeugendes Narrativ für ihren Aufstand, um die Gewaltanwendung zu legitimieren
- *Unterstützung*:
  Ohne interne oder externe Unterstützung sind nur wenige Aufstände erfolgreich. Aufständische benötigen Waffen, Munition, Nahrung und neue Rekruten. Darüber hinaus benötigen sie Informationen über den Aufenthaltsort und die Aktivitäten der Regierungstruppen. Die Unterstützung ist jedoch mit der Legitimität der Organisation untrennbar verbunden. Gewalt, die ohne nachvollziehbaren politischen Zweck ausgeübt wird, wird von der Bevölkerung nur selten akzeptiert. Es herrscht im Allgemeinen Einigkeit darüber, dass eine substanzielle Unterstützung der Bevölkerung erforderlich ist, um die dem Staat zur Verfügung stehenden Ressourcen erfolgreich zu kompensieren.

Diese vier Konfliktdimensionen schließen sich nicht gegenseitig aus und Erfolge in einer Dimension können erhebliche Mängel in den anderen Dimensionen nicht ausgleichen. Ein Aufstand scheitert z. B. selbst dann, wenn das geografische Gelände den Aufständischen Vorteile gegenüber den konventionellen Streitkräften bietet, diese aber keine wesentliche interne oder internationale Unterstützung erlangen. Im Folgenden sollen drei Theorien des Aufstandskampfes dargelegt werden.

Denker des bewaffneten Aufstandes: Mao, Guevara und Marighella

Mao Tse-Tung (1893–1976) gilt als wichtigster Autor zur kommunistisch-revolutionären Kriegsführung.

> »Hat man *Lenin* die Modifizierung der *Marx*schen Analyse im Hinblick auf die Bedeutung von Führung und Organisation einer Revolution zugeschrieben, so ist es das Verdienst von *Mao*, eine Strategie entwickelt zu haben, wie die Bauern gewonnen werden können, ein Segment der Bevölkerung, das in der Russischen Revolution und anderen Revolutionen ebenfalls von entscheidender Bedeutung gewesen ist. *Maos* Geschicklichkeit bestand z. T. darin »neue« – politische und militärischen – Strategien und Taktiken des Guerillakrieges zu entwickeln.« (Zimmermann 1981, S. 190)

Mao entwickelte seine Überlegungen zum Revolutionskrieg aus dem Kampf gegen die japanischen Besatzung Chinas (1937–1945) sowie aus dem Kampf gegen die chinesische Regierung (Chinesischer Bürgerkrieg 1927–1936/1945–1949) unter der Führung der Nationalpartei Kuomintang mit ihrem Parteichef Chiang Kai-shek (1887–1975). In seiner Theorie des revolutionären Krieges geht Mao davon aus, dass ein solcher ein langwieriger Krieg sein wird. Selbst wenn die Regierung keinen weitläufigen Rückhalt in der Bevölkerung hat, sind die Aufständischen selten stark genug, um diese in einer militärischen Kampagne zu besiegen. Deshalb gehen Maos Überlegungen zum revolutionären Krieg von drei Phasen der Kriegsführung aus: »die Agitationsphase zur Aufstachelung und Mobilisierung der Massen gegen die Regierung, die Gleichgewichtsphase mit offener Guerilla-Kriegsführung und der

Etablierung von Basen für die Rote Armee sowie die Phase offener, hauptsächlich konventioneller Kriegführung zwischen den Streitkräften der Aufständischen und denen der Regierung.« (Rotte 2019, S. 217) In der ersten Phase sind die Aufständischen dem Gegner kräftemäßig unterlegen. Der Feind befindet sich in der strategischen Offensive, während die Aufständischen in der strategischen Verteidigung sind. In der zweiten Phase finden sich Aufständische und Regierungstruppen in einer Situation des strategischen Gleichgewichts wieder, was die Aufständischen zur Vorbereitung auf die Gegenoffensive nutzen. In der letzten Phase gehen die Aufständischen in den Bewegungskrieg über und stellen sich den Regierungstruppen im offenen Gefecht. Im Detail sehen Maos drei Phasen des Aufstandes wie folgt aus (Kiras 2016):

- *Phase 1 – Strategische Defensive*:
  Das Hauptaugenmerk der ersten Phase liegt auf der politischen Mobilisierung der Massen. Das politische Bewusstsein der Menschen wird geschärft, um diese so aktiv in den revolutionären Kampf einzubeziehen. Dazu ist diese Phase durch das Vermeiden von Kämpfen gekennzeichnet. Angriffe sind taktischer Natur in Situationen, in denen die Aufständischen über eine lokale, zahlenmäßige Überlegenheit verfügen, um die feindlichen Kräfte zu schwächen.
- *Phase 2 – Patt*:
  In dieser Phase beginnt der langwierige Kampf zur Schwächung der physischen und moralischen Stärke des Feindes. Regierungsvertreter und lokale Beamte werden getötet oder zum Verlassen des Gebietes gezwungen. Mit der Neutralisierung der Regierungspräsenz in ländlichen Gebieten kann die Bevölkerung zur Unterstützung des Aufstandes herangezogen werden. Diese Unterstützung muss in den Aufbau konventioneller Streitkräfte fließen, um den Übergang zur eigenen strategischen Offensive zu ermöglichen.
- *Phase 3 – Strategische Offensive*:
  Die letzte Phase ist das Endspiel des Konflikts. In dieser wechseln die Aufständischen von einer defensiven Guerilla-Kriegsführung zu einem offensiven Bewegungskrieg mit dem Ziel, die Regierungskräfte vollständig zu vernichten.

Diese Phasen, so erkannte Mao, müssen sich nicht zwangsläufig linear entwickeln. Maos Theorie »erkannte durchaus die Möglichkeit, dass es notwendig werden könnte, einen Schritt zurück zu einer früheren Phase zu machen, falls es die Umstände erforderten.« (Heuser 2013, S. 101) Zentraler kriegsentscheidender Bestandteil für einen erfolgreichen Aufstand war für Mao die Unterstützung der, vor allem ländlichen, Bevölkerung. Die Grenze zwischen Bevölkerung und Aufständischen sollte verschwimmen.

> »Manche Leute halten es für unmöglich, daß eine Guerillaeinheit sich längere Zeit hinter der Linie des Feindes halten kann. Dieser Standpunkt beruht auf einer Unkenntnis der Beziehung zwischen Armee und Volk. Die Volksmassen sind wie Wasser, in dem sich die Armee wie ein Fisch bewegt.« (Mao zitiert nach Lemler 2017, S. 216)

Der Guerillakrieg scheitert somit, wenn die Aufständischen die Unterstützung der Bevölkerung verlieren.

Neben Mao zählt Ernesto »Che« Guevara (1928–1967) zu den bekanntesten Denkern der Guerilla-Kriegsführung. Seine Ausführungen sind »eine Weiterentwicklung der maoistischen Guerillastrategie und eine Anpassung an den lateinamerikanischen Zusammenhang«. (Straßner 2011, S. 44) Im Zentrum seines Denkens steht das Konzept des *foco*. »Der *foco* ist wörtlich übersetzt eine Keimzelle oder Brennpunkt, im revolutionären Kontext bedeutet er einen Widerstand oder Revolutionsherd aus wenigen Guerilleros, der erst den Anstoß zu einem späteren Volkskrieg gibt.« (Straßner 2011, S. 44) Dem »Fokismus« liegt die Überzeugung zugrunde, dass entgegen Maos Vorgaben eine revolutionäre Bewegung auch ohne eine vorläufige Organisation erfolgreich sein kann. Diese Idee speiste sich aus seiner Erfahrung während des siegreichen Aufstandes in Kuba (1958–1959), bei dem er einer der wichtigsten Helfer Fidel Castros (1926–2016) war. Drei zentrale Lehren zog Guevara hieraus. Konträr zu Mao

- können die Kräfte des Volkes im Krieg gegen eine reguläre Armee den Sieg davontragen;
- muss man nicht immer warten, bis alle Bedingungen für eine Revolution herangereift sind, die Führung des Aufstandes kann solche Bedingungen selbst schaffen;
- muss der bewaffnete Kampf in den schwach entwickelten Ländern des lateinamerikanischen Kontinents hauptsächlich in den landwirtschaftlichen Gebieten geführt werden. (Heuser 2013, S. 136)

Wie bei Mao können die Guerilleros nur dann den Sieg davontragen, wenn diese auf die Unterstützung einer Mehrheit des Volkes zählen konnten. »Da sich die Macht des Gegners auf die Städte konzentrierte, die Sicherheitskräfte das abgelegene Land kaum zu kontrollieren imstande waren […], war Guevara wie Mao der Ansicht, dass der Schwerpunkt der Strategie eindeutig auf der ländlichen Bevölkerung liegen müsse.« (Lemler 2017, S. 317) Auch sah Guevara die Guerilla als eine Phase des klassischen Krieges an, weshalb in späteren Phasen die Aufständischen in reguläre Soldaten umgewandelt werden müssen, um den endgültigen Sieg zu erringen. In Anlehnung an Mao ist der revolutionäre Krieg in drei Phasen aufgeteilt. Zunächst beginnen die Guerilleros mit kleinen, taktisch offensiven, aber strategisch defensiv agierenden Gruppen. Ziel ist es, den Regierungstruppen zu entgehen und kleine Nadelstiche zu setzen. Nachdem die Guerilleros diese erste Phase überstanden haben, bauen sie in der zweiten Phase das Gleichgewicht gegenüber den Regierungstruppen aus, bis diese so stark sind, dass die Widerstandskämpfer in der letzten Phase die Regierungstruppen besiegen und die Macht übernehmen. Der »Fokismus« wurde 1965 im ehemaligen belgischen Kongo und 1967 in Bolivien auf die Probe gestellt. Das Scheitern in Bolivien führte zum Tod von »Che«. (Hughes 2011)

Ein weiterer Theoretiker des Aufstandes ist der Brasilianer Carlos Marighella (1911–1969). Um 1969 schrieb er *Das Mini-Handbuch der Stadtguerrilla*. In vorherigen Überlegungen zum bewaffneten Aufstand, wie etwa bei Guevara, spielte die Stadtguerilla nur eine unterstützende Rolle in der Strategie der Landguerilla. Marighella begriff die Stadtguerilla jedoch als erste Phase des Aufstandes, der erst in einer zweiten Phase die Landguerilla folgte, bevor wie bei Mao und Guevara in einer dritten Phase reguläre Kräfte einen Sieg über die Regierung erringen sollten.

>»Die zunächst ohne Beteiligung der Bevölkerung agierenden Kampfgruppen der Stadtguerilla sollten Führer und Angehörige der Sicherheitskräfte beseitigen und die Regierung sowie die Kapitalisten enteignen, um die Guerilla und die Widerstandbewegung insgesamt zu unterhalten. [...] Das Beispiel der erfolgreichen Destabilisierung des Regimes (und teilweisen Kontrolle urbaner Räume) durch die Stadtguerilla sowie die Unfähigkeit der Regierung, ihrer Herr zu werden (zusammen mit den zu erwartenden brutalen Repressalien), würde das Volk schließlich dazu bewegen, nicht mehr mit der Militärjunta zusammenzuarbeiten und sich schließlich auch aktiv auf die Seite der Aufständischen zu stellen und die nächste Phase des Kampfes einzuleiten.« (Rotte 2019, S. 218)

Hierbei muss sich der Stadtguerillero »radikal von gesetzlosen rechtsextremen Konterrevolutionären unterscheiden« (Heuser 2013, S. 127), indem die Bevölkerung von Angriffen verschont bleibt und nur politische Gegner wie die Regierung, Großkapitalisten und ausländische Imperialisten (vor allem die USA) zu Angriffszielen werden. Marighellas Konzept der Stadtguerilla fand auch im europäischen Raum Anklang und diente u. a. der Roten Armee Fraktion als Leitfaden. (Pflieger 2011)

Counterinsurgency: Theorien zur Aufstandsbekämpfung

Taktische Konzepte zur Bekämpfung von Aufständischen durch reguläre militärische Streitkräfte fallen unter den Oberbegriff Aufstandsbekämpfung (*counterinsurgency* oder COIN). Diese Form der Kriegsführung hat eine lange Geschichte,

> »da das Niederschlagen von Aufständen – entweder der eigenen Bevölkerung gegen eine als inakzeptabel empfundene Herrschaft oder unterworfener Bevölkerungsgruppen – seit Jahrtausenden vorkommt. In ihrer modernen Form allerdings entwickelte sie sich aus dem Erfordernis des europäischen Kolonialismus, den immer wieder aufbrechenden Widerstand in den Kolonien zu brechen.« (Hippler 2011, S. 257)

Die *counterinsurgency* lässt sich in zwei unterschiedliche Modelle unterteilen: eine feindzentrierte und eine bevölkerungsorientierte Form der Aufstandsbekämpfung. Eine feindzentrierte *counterinsurgency*-Kampagne setzt Militär- und Sicherheitskräfte zur physischen Vernichtung der aufständischen Kräfte ein. Diese Strategie basiert auf der Annahme, dass ein Aufstand beendet werden kann, wenn die Aufständischen den Willen oder die Fähigkeit zum bewaffneten Kampf verlieren. Dies soll vor allem durch die Neutralisierung einer großen Anzahl von Aufständischen erreicht werden. Die Optionen hierbei reichen von Tötung über Gefangennahme bis zur Vertreibung der Aufständischen aus dem Konfliktgebiet. (von Krshiwoblozki 2015)

In extremen Fällen kann dies auch zu drakonischen Maßnahmen gegen die Zivilbevölkerung führen, einschließlich gewaltsamer Umsiedlungen, ethnischer Säuberungen und Völkermord, da es für den Aufstandsbekämpfer oft schwierig ist, zwischen Zivilisten und Aufständischen zu unterscheiden. (Hughes 2011) Im Gegensatz dazu versucht die Regierung in einer bevölkerungsorientierten *counterinsurgency*-Kampagne, die Loyalität oder zumindest die Zustimmung der Bevölkerung zu gewinnen. Dies soll erreicht werden, indem den Aufständischen die Unterstützung durch die Bevölkerung entzogen wird, z. B. durch den Schutz und die Schonung der Zivilbevölkerung, Modernisierungsmaßnahmen und politische Reformen. (von Krshiwoblozki 2015) Des Weiteren setzt dieser *counterinsurgency*-Ansatz auf ein Verständnis der kulturell-gesellschaftlichen Spezifika in der Konfliktregion, damit die Zivilbevölkerung die Aufstandsbekämpfer nicht als illegitime Besatzer wahrnimmt, die kulturelle und gesellschaftliche Veränderungen herbeiführen wollen. (Heuser 2013) In den meisten *counterinsurgency*-Kampagnen findet sich eine Kombination beider Vorgehensweisen. (Huges 2011) In der Literatur zur *counterinsurgency* wird diskutiert, ob sich national unterschiedliche Formen der Aufstandsbekämpfung finden. (Heuser/Shamir 2016) Beispielhaft hierfür sollen vier *national styles* des *counterinsurgency* während des Kalten Krieges genannt werden.

Die französische Erfahrung mit der Aufstandsbekämpfung speist sich vor allem aus den Erfahrungen der Konflikte in Indochina (1946–1954) und Algerien (1954–1962). Bezüglich der französischen Schule der COIN stehen vor allem zwei Theoretiker im Mittelpunkt, nämlich Roger Trinquier (1908–1986) und David Galula (1916–1967), die beide Veteranen des Indochina- sowie des Algerienkrieges waren. Trinquier identifizierte als wesentliches Prinzip der COIN den organisatorischen Charakter des Aufstands. Nach seiner Sichtweise kann in einer COIN-Kampagne der Sieg nur durch eine vollständige Vernichtung der bewaffneten Organisationen der Aufständischen errungen werden.

> »Daher basiert sein Ansatz auf den Grundprinzipien der rigiden Kontrolle der Bevölkerung mit allen polizeilichen, geheimdienstlichen und (para-)militärischen Mitteln und des Bestrebens, den Kampf stets zum Feind tragen, d. h. die Guerilla und ihre Sympathisanten in ihrem Bewegungsradius einzuschränken und aktiv zu jagen.« (Rotte 2019, S. 240)

Trinquiers Ausführungen vernachlässigen die Rolle der Bevölkerung, da Aufständische nicht als Teil dieser gesehen werden, sondern als externes Element, das es wie eine Krankheit auszumerzen gilt. Um dies zu erreichen, können auch rechtsstaatliche und demokratische Prinzipien ausgesetzt werden, um den Erfolg der Aufstandsbekämpfung nicht zu gefährden. (Rotte 2019, S. 240) Trinquiers Interpretation übersieht jedoch, dass die Aufständischen integraler Bestandteil der Bevölkerung und keine externen Elemente sind und dass die Gründe für den Aufstand in derselben Gesellschaft liegen, in der sie agieren.

Im Gegensatz zu Trinquier sah Galulas Ansatz den Aufstand nicht als externes Element an, sondern als etwas, das nur durch endogene Prozesse innerhalb der Bevölkerung zu erklären ist. Damit folgt Galulas Ansatz der bevölkerungszentrierten Aufstandsbekämpfung. Er identifiziert vier Grundsätze für eine erfolgreiche COIN-Kampagne:

1) Die Unterstützung der Bevölkerung ist nicht nur für die Aufständischen von essentieller Bedeutung, sondern auch für den Aufstandsbekämpfer.
2) Diese Unterstützung wird graduell durch die aktive Gewinnung einer den Aufständischen skeptisch bis feindlich gegenüber stehenden Minderheit erreicht.
3) Die Unterstützung der Bevölkerung zu erlangen, ist eng mit der Fähigkeit verbunden, Schutz und Sicherheit zu gewährleisten und zu vermitteln.
4) Eine erfolgreiche COIN erfordert hohe Anstrengung, ist langfristig und benötigt eine Fülle an Mitteln, Ressourcen und Personal. (vgl. Rotte 2019, S. 239)

Der britische Ansatz zur COIN generiert sich aus weitläufigen Erfahrungen des Empires mit asymmetrischen Konflikten. Das britische Modell der COIN, das zu den bevölkerungszentrierten Ansätzen zählt, wird häufig unter dem Schlagwort *hearts and minds* zusammengefasst.

> »Auch wenn diese begriffliche Richtschnur teilweise irreführend ist, da auch etwa in Malaya (1948–1960) oder in Nordirland (Ende der 1960er-Jahre bis 1998) teilweise auf massiven Einsatz von Gewalt gesetzt wurde, wird das britische Modell insgesamt grundsätzlich stärker politisch orientiert gesehen […], da es prinzipiell neben der direkten Bekämpfung der Guerilla auf die Umwerbung der Bevölkerung und die minimale Anwendung von Gewalt (*Minimum Force*) setzt.« (Rotte 2019, S. 237)

Das idealtypische Modell der 1960er-Jahre basiert dabei auf vier Grundelementen:

1) auf dem politischen Willen, den Kampf gegen die Aufständischen zu gewinnen;
2) auf der Gewinnung der Herzen und Köpfe (*hearts and minds*) der Bevölkerung (durch *good government* und *nation-building, psychological operations* sowie dem Einsatz von *minimum force*);
3) auf dem Vorrang polizeilicher Maßnahmen gegenüber militärischen;
4) auf einer zentralisierten Koordinierung aller COIN-Maßnahmen. (Dixon 2009)

Dem britischen Ansatz zur COIN liegt die Annahme zugrunde, dass eine erfolgreiche COIN-Kampagne den Aufständischen jedwede Unterstützung seitens der Bevölkerung entziehen muss. Hierzu muss die Bevölkerung einerseits vor Einschüchterung durch die Aufständischen geschützt und andererseits davon überzeugt werden, die Regierung zu unterstützen. Um erfolgreich zu sein, erfordert dieses Konzept »ca. 25 Prozent militärische Komponenten und 75 Prozent politische Maßnahmen.« (Lemler 2017, S. 462)

Der *British way of COIN* setzt zudem auf die Bevölkerungskontrolle (*population control*), die oftmals durch die Umsiedlung der Bevölkerung in Wehrdörfer erreicht wurde, da man diese so dem Einfluss und der Unterwanderung durch Aufständische entziehen konnte. (Wassermann 2015) Im Zusammenspiel mit einer *hearts and minds*-Kampagne war dieser Ansatz in Malaya zum Teil sehr erfolgreich, doch in Kenia (1951–1956) nahm dieser eine sehr brutale Ausprägung an.

Die USA setzten auf die britische Methodik während des Vietnamkrieges (1955–1975), wo dieser Ansatz jedoch weitgehend fehlschlug. (Rotte 2019) Kurz nach seiner Amtseinführung im Januar 1961 erklärte Präsident John F. Kennedy, dass COIN eine nationale Sicherheitspriorität sei, da die kommunistischen Mächte eine direkte Konfrontation mit dem Westen nicht riskieren werden, sondern stattdessen auf die Subversion neuer unabhängiger Staaten in Afrika und Asien durch die Unterstützung von radikalen kommunistischen Aufständen in der Dritten Welt abzielen würden. (Hughes 2011) In einer Rede vor dem Abschlussjahrgang der amerikanischen Militärakademie West Point im Juni 1962 hob Präsident Kennedy die zunehmende Wichtigkeit der unkonventionellen Kriegsführung hervor:

> »Es gibt eine andere Art von Krieg, neu in seiner Intensität, alt in seinem Ursprung. Krieg durch Guerillas, Subversive, Aufständische, Attentäter, Kriegsführung, die auf Hinterhalte statt offenem Kampf, Infiltration statt Aggression und auf einen Sieg durch das Untergraben und Erschöpfen des Feindes setzt, statt diesen direkt anzugreifen […]. Es erfordert in solchen Situationen, in denen wir dagegen vorgehen müssen […], eine ganz neue Strategie.« (Kennedy zitiert nach Asprey 2002, S. 751)

Das amerikanische Militär mit seiner institutionellen Ausrichtung auf zwischenstaatliche Kriegsführung widersetzte sich Kennedys Begeisterung für COIN. (Hughes 2011) Trotzdem gab es auch hier Überlegungen zur Aufstandsbekämpfung. Als Alternative zum *hearts and minds*-Ansatz entwickelte sich in den 1960er-Jahren aus den Erfahrungen des Vietnamkrieges der *carrots and sticks*-Ansatz, bei dem erwünschtes Verhalten belohnt wird (*carrots*) und unerwünschtes Verhalten durch Bestrafungen (*sticks*) sanktioniert wird. (Lemler 2017)

Diesem Ansatz liegt die Annahme zugrunde, dass Bevölkerungen nach einem Kosten-Nutzen-Kalkül handeln und so durch einen gezielten Einsatz von *carrots* und *sticks* zur Unterstützung des Aufstandsbekämpfers bewogen werden können. Die positiven Anreize (*carrots*) »können dabei abstrakte Formen annehmen wie beispielsweise die Aussicht auf eine bessere Zukunft oder mehr Sicherheit oder aber handfeste sozioökonomische und finanzielle Belohnungen sein.« (von Krshiwoblozki 2015, S. 353) Negative Anreize (*sticks*) setzen auf den schadensminimierenden Selberhaltungstrieb des Menschen und reichen von »sanften« Methoden (z. B. Inhaftierung, Geldstrafen, der Einstellung von Serviceleistungen) bis zu harten physischen Strafen (z. B. Folter, Tod und Zerstörung von Eigentum). (von Krshiwoblozki 2015) *Carrots* und *sticks* zielen jedoch nicht nur auf die Bevölkerung ab, sondern auch auf die Aufständischen selbst, um diese zur Aufgabe oder zum Überlaufen zu bewegen.

> »Zusammenfassend kann der ›carrots and sticks‹-Ansatz als eine Mischung aus Bestechung und Erpressung angesehen werden, mit der die Bevölkerung durch den Staat dazu gebracht werden soll, ihre Unterstützung für die Insurgency einzustellen und sich auf die Seite des Staates zu schlagen.« (von Krshiwoblozki 2015, S. 353)

Auch wenn die Sowjetunion häufig zu den unterstützenden Kräften einer Aufstandsgruppierung zählte, entwickelten sich auch hier Methoden zur Aufstandsbekämpfung. Bis zum Einmarsch in Afghanistan im Jahr 1979 war die Rote Armee jedoch fast ausschließlich auf konventionelle Operationen gegen staatliche Streitkräfte in Europa ausgelegt. Es fehlte deshalb an einer Theorie der Aufstandsbekämpfung. (Rotte 2019) In Ermangelung einer formalen Aufstandsbekämpfungsdoktrin und mit der verspäteten Erkenntnis, dass ein schneller militärischer Sieg in Afghanistan nicht möglich war, entwickelte das sowjetische Kommando eine ad hoc-Strategie zur Aufstandsbekämpfung. Zunächst besetzte die Rote Armee wichtige Bevölkerungszentren. Die Truppenstäke wird auf 100 000 Mann geschätzt. (Balasevicius/Smith 2007) Dies reichte jedoch nicht aus, um Afghanistan zu kontrollieren, denn die Geografie, die fragmentierte Gesellschaft und eine sowjetische Streitkräftestruktur, die sich für die Aufstandsbekämpfung als ungeeignet erwies, hätten eine weit höhere Anzahl erfordert. Moskau war jedoch nicht bereit, die für den Sieg erforderlichen Streitkräfte einzusetzen, da die politischen, ideologischen, wirtschaftlichen und militärischen Kosten eines solchen Kurses unannehmbar hoch waren. (Rotte 2019) Um Unterstützung in den ländlichen Gebieten zu erlangen, setzte die sowjetische Führung zunächst auf eine *hearts and minds*-Kampagne. Reformen, die die Verbindung zwischen Religion und Staat verstärkten, wurden eingeführt; religiöse Führer wurden vom Militärdienst befreit und ihnen wurden Reisen nach Mekka ermöglicht; ebenso wurde das Bildungssystem reformiert. (Balasevicius/

Smith 2007) Trotz dieser Bemühungen gelang es jedoch nie, die mehrheitliche Unterstützung der Bevölkerung, vor allem in den ländlichen Gebieten, zu gewinnen. Dieser Mangel an Erfolg war zum großen Teil darauf zurückzuführen, dass diese Anstrengungen in Gebieten, in denen keine dauerhafte Sicherheitspräsenz aufgebaut werden konnte, keine Wirkung entfalteten. (Balasevicius/Smith 2007) Daraufhin änderte sich die sowjetische COIN-Strategie zu einer feindzentrierten, bei der vornehmlich auf *sticks* gesetzt wurde. Eine Hauptmethode hierbei waren Repressalien und harte Strafmaßnahmen gegen die Bevölkerung, um diese durch Furcht vor einer Unterstützung der Aufständischen abzuhalten. Diese Strategie basierte auf raschen Vergeltungsmaßnahmen. Wurden sowjetische Truppen angegriffen, so gab es hiernach eine direkte militärische Reaktion, die sich gegen Dörfer in unmittelbarer Nähe des Angriffs richtete. Es wird geschätzt, dass bis zum Abzug der Roten Armee (1989) ca. fünf Millionen Menschen aus Afghanistan flüchteten und zwei Millionen Zuflucht in anderen Gebieten Afghanistans als direktes Resultat dieser auf Repressalien basierenden COIN-Kampagne suchten. (Balasevicius/Smith 2007)

5   Der Krieg nach dem Ende des Kalten Krieges

»Wenn der Kalte Krieg wirklich hinter uns liegt, wird die Stabilität der vergangenen fünfundvierzig Jahre in den nächsten Jahrzehnten wahrscheinlich nicht wiederkehren.«
(John J. Mearsheimer 1990, S. 50)

Mit dem Fall der Berliner Mauer (1989) und der Auflösung der Sowjetunion (1991) endete der Kalte Krieg. Dieses Ereignis schürte die Hoffnung, dass die Welt nach dem Ende des Ost-West-Konfliktes einer friedvolleren Zukunft entgegenblicken würde. Zuversichtlich wurde auf eine baldige, globale »Friedensdividende« geschaut. Der amerikanische Politikwissenschaftler Francis Fukuyama prophezeite, angelegt an ein hegelianisches Geschichtsverständnis, »das Ende der Geschichte« (Fukuyama 1992), in der ideologische Konflikte der Vergangenheit angehören. Die Vorstellung, dass das Ende des Kalten Krieges und die voranschreitende Globalisierung zu einer friedfertigeren Welt führen würden, wurde jedoch schon zu Beginn der 1990er-Jahren durch Ereignisse wie dem Ersten Irakkrieg, den Zerfallskriegen auf dem ehemaligen jugoslawischen Staatsgebietes und dem zum Genozid führenden Bürgerkrieg in Ruanda infrage gestellt. Darüber hinaus zeigte sich, dass das klassische Verständnis des Krieges als einem gewalttätigen Konflikt zwischen zwei oder mehreren Staaten die Kriege nach dem Ende des Kalten Krieges nicht länger adäquat zu beschreiben vermochte.

Die monumentale Verschiebung der globalen politischen Verhältnisse und die hiermit einhergehende Transformation der internationalen Ordnung ließen somit auch die Friedens- und Konfliktforschung nicht unberührt. Seit den frühen 1990er-Jahren entwickelte sich eine Debatte über einen möglichen Wandel des Krieges. Dieses Kapitel setzt sich mit diesen Veränderungen und den von diesen angestoßenen Debatten über einen Formwandel des Krieges auseinander. Zwei Themen stehen hierbei im Fokus dieses Kapitels. Zunächst sollen der technologische Wandel und die hierdurch angestoßene Debatte über eine *Revolution in Military Affairs* untersucht werden. Hierbei soll der als letzter »alte Krieg« (Ignatieff 2000) beschriebene Golfkrieg (1991) Betrachtung finden und aufgezeigt werden, wie dieser trotz seiner klassischen Form als zwischenstaatlicher Krieg von Veränderungen, vor allem technologischer Natur, gekennzeichnet war. (▶ Kap. 5.1) Hierauf folgt eine Auseinandersetzung mit der Debatte über die »Neuen Kriege«, die einen Wandel in der Kriegsführung weniger in technologischen Veränderungen begründet sieht, sondern in dessen Entstaatlichung. (▶ Kap. 5.2)

5.1 *Revolution in Military Affairs*?: Der Erste Irakkrieg (1990–1991)

Der Golfkrieg fand mitten in einer radikalen Veränderung der Kräfteverhältnisse statt, die die Welt nach 1945 prägte. Es war der erste große Konflikt nach dem Kalten Krieg. Im Folgenden soll hierbei zunächst der Verlauf des Ersten Irakkrieges dargestellt werden, ohne detailliert auf alle Phasen des Krieges einzugehen. Hierauf folgt eine Erörterung zweier, durch diesen Krieg angestoßenen Debatten. Die erste Debatte sieht den Golfkrieg als Ausdruck einer *Revolution in Military Affairs* (RMA) und analysiert diesen vor allem im Hinblick auf die neuen Technologien, die in diesem Krieg zum Einsatz kamen. Ausgehend von dieser RMA-Debatte unterzieht die zweite Debatte den Golfkrieg einer kritischen Analyse und entwickelt daraus das Kriegstheorem des »virtuellen Krieges«.

Verlauf des Ersten Irakkrieges

Der Erste Irakkrieg oder auch Zweiter Golfkrieg begann am 2. August 1990 mit dem Einmarsch irakischer Truppen in Kuwait. Aufgrund seiner militärischen Überlegenheit eroberte und besetzte der Irak den Kleinstaat Kuwait in nur neun Stunden. Diese Überlegenheit speiste sich aus dem modernen Militärgerät, das die irakische Armee besaß, sowie den Kampferfahrungen aus dem erst kurz zuvor beendeten Ersten Golfkrieg zwischen dem Iran und dem Irak (1980–1988). Noch am selben Tag der Invasion verabschiedete der UN-Sicherheitsrat die Resolution 660, die den Irak aufforderte, seine Truppen aus dem Kuwait zurückzuziehen. Am 8. August 1990 wurden vom amerikanischen Präsidenten George Bush die Operation *Desert Shield* angekündigt, die eine Invasion von irakischen Streitkräften durch Saudi-Arabien vorbeugen sollte. (Schöneberger 2014) Binnen weniger Wochen wurden 150 000 amerikanische Soldaten in Saudi-Arabien stationiert. Parallel hierzu wurde politischer und wirtschaftlicher Druck auf den Irak ausgeübt, um diesen zum Einlenken zu bewegen. Zahlreiche UNO-Resolutionen verurteilten das Vorgehen des Iraks. Dieser zeigte sich jedoch nicht bereit, aus Kuwait abzuziehen. »Am 29. November 1990 forderte der UN-Sicherheitsrat mit 12 Stimmen bei zwei Gegenstimmen (Jemen, Kuba) und einer Enthaltung (China) den Irak ultimativ auf, bis zum 15. Januar 1991 der UN-Resolution 660 Folge zu leisten«. (Schöneberger 2014, S. 108) Sollte der Irak dieser Forderung nicht nachkommen, ermächtigte der Sicherheitsrat die Mitgliedstaaten, »alle erforderlichen Mittel einzusetzen, um der Resolution 660 und allen danach verabschiedeten einschlägigen Resolutionen Geltung zu verschaffen und sie durchzuführen, um den Weltfrieden und die internationale Sicherheit in dem Gebiet wieder herzustellen.« (Resolution 660 zitiert nach Schöneberger 2014, S. 108) Die Resolution 678 sicherte die Operation *Desert Storm* zudem völkerrechtlich ab.

Der Golfkrieg begann am 16. Januar 1991 mit einer umfangreichen Luftkampagne. An 42 aufeinander folgenden Tagen und Nächten unterwarfen die Koalitionsstreitkräfte den Irak einer der intensivsten Luftangriffe der Militärgeschichte. Die

5.1 Revolution in Military Affairs?: Der Erste Irakkrieg (1990–1991)

Koalition flog über 100 000 Einsätze und warf eine Bombenlast von ca. 88 500 Tonnen auf den Irak ab. (Fürting 2003) Allein in den ersten 20 Stunden flogen Koalitionsstreitkräfte rund 1 300 Angriffe auf Ziele im Irak. Ein Großteil der Radaranlagen, Flugabwehrstellungen und der irakischen Luftstreitkräfte konnten zerstört werden. Dieser Erfolg stützte sich einerseits auf die neue Stealth-Technologie, durch die US-Stealth-Bomber für die irakischen Radarsysteme unsichtbar waren, und andererseits auf den Einsatz neuer GPS-gesteuerter Lenkwaffen und »intelligenter« Bomben, die militärische Ziele mit bisher ungekannter Präzision bekämpfen konnten. (Schwab 2009) Die Verbindung aus Stealth-Bombern und GPS-gesteuerten Lenkwaffen ermöglichte es der anti-irakischen Koalition, selbst stark verteidigte Ziele ohne Vorwarnung anzugreifen. Auf die sechswöchige Luftoffensive (*Desert Storm*) folgte eine nur vier Tage dauernde Bodenoffensive (*Desert Saber*). Am 24. Februar 1991, 04:00 Uhr Ortszeit, begannen die alliierten Streitkräfte ihren Bodenkrieg gegen den Irak. In einer umfangreichen Bodenoffensive überquerten die Koalitionskräfte von Saudi-Arabien aus die Grenzen zu Kuwait und zum Irak. Hierdurch wurden die irakischen Truppen an zwei Flanken angriffen. Die irakischen Streitkräfte sahen sich somit Angriffen aus dem Süden und dem Westen ausgesetzt und mussten daraufhin Richtung Norden einen Rückzug in den Irak antreten. Die irakischen Streitkräfte traf dieser Angriff an zwei Fronten völlig unvorbereitet, da der Bodenoffensive eine Desinformationskampagne vorausgegangen war, die den irakischen Truppen suggerierte, dass der Angriff an einer anderen Stelle erfolgen würde. (Angerer 2010) Am 26. Februar begannen irakische Truppen, sich aus dem Kuwait zurückzuziehen. Am 28. Februar endete die Bodenoffensive mit der Befreiung Kuwaits und Präsident Bush erklärte einen Waffenstillstand. Nach einer sechswöchigen Luftkampagne und einem 100-Stunden-Bodenkrieg ging eine von den Vereinten Nationen sanktionierte Koalition von über 500 000 Soldaten mit vergleichsweise wenigen Todesopfern (weniger als 250) als Sieger hervor. Bei ihren Kriegsplanungen war das US-Militär noch von hohen Verlusten ausgegangen und sandte deshalb vorsorglich 45 000 Leichensäcke in die Region (Podliska 2010). Die Angaben über die Zahl die Verluste der irakischen Armee schwanken zwischen 85 000 und 250 000, die der getöteten Zivilisten zwischen 40 000 und 180 000. Martin Shaw spricht aufgrund dieser Ungleichheit der Verluste von einem *risk-transfer war*. (Shaw 2005)

Die Ungleichheit der Verluste sowie die Schnelligkeit, mit der der Sieg erreicht wurde, gründen sich vor allem auf zwei Faktoren. So hatten die Koalitionstruppen den entscheidenden Vorteil, dass sie unter dem Schutz der Lufthoheit operieren konnten, der von ihren Luftstreitkräften vor Beginn der Bodenoffensive erreicht worden war. Hinzukam, dass die Koalitionsstreitkräfte zwei wichtige technologische Vorteile besaßen:

- Erstens waren die Kampfpanzer der Koalition, wie der amerikanische M1 Abrams und der britische Challenger 1 dem chinesischen Typ 69 Panzer und dem T-72 Panzer der irakischen Streitkräfte weit überlegen.
- Zweitens ermöglichte die Verwendung von GPS den Koalitionskräften, besser zu navigieren. Im Zusammenspiel mit der Luftaufklärung erlaubte dies den Koalitionsstreitkräften, feindliche Truppen schnell auszumachen und anzugreifen.

Der Sieg gegen den Irak wurde als Triumph der amerikanischen Kriegstechnologie und der amerikanischen Werte gesehen. Im Januar 1992 erklärte US-Präsident Bush in seiner Rede zur Lage der Nation den Ost-West-Gegensatz und damit den Kalten Krieg für beendet:

> »Dank der Gnade Gottes hat Amerika den Kalten Krieg gewonnen. Eine einstmals in zwei bewaffnete Lager geteilte Welt erkennt jetzt eine einzige und herausragende Macht an, die Vereinigten Staaten von Amerika. Und sie betrachtet dies ohne Schrecken, denn die Welt vertraut in unsere Macht.« (Bush zitiert nach Schwarzrock 1992, 46)

Eine *Revolution in Military Affairs*?

Für viele Beobachter schien der Golfkrieg einen dramatischen Wandel in der Art der modernen Kriegsführung aufzuzeigen und damit eine neue Ära eingeleitet zu haben. Der mit überwältigender Macht und Schnelle herbeigeführte Sieg im Golfkrieg sowie die Nutzung neuer Militär- und Informationstechnologien ließen Beobachter von einer *Revolution in Military Affairs* (RMA) sprechen. Unter den Eindrücken des Golfkrieges wurde RMA in den frühen 1990er-Jahren zu einem verbreiteten Begriff in Militär- und Verteidigungskreisen. (Thompson 2011) Die Idee der RMA hat ihren Ursprung im Konzept der »Militärischen Revolution«, das von dem britischen Historiker Michael Roberts in den 1950er-Jahren entwickelt wurde, um Veränderungen der Kriegsführung im 16. Jahrhundert zu beschreiben. (Roberts 1995) »Der Kern der ›Revolution in militärischen Angelegenheiten‹, wie sie nach dem Golfkrieg beschworen wurde, war der Glaube, dass sich die militärische Leistungsfähigkeit sprunghaft optimieren und damit die Kriegsführung an sich revolutionieren ließe.« (Groitl 2015, S. 203)

Die Idee der RMA erwies sich sowohl für militärische als auch für politische Entscheidungsträger als attraktiv, da sich mit ihr die Hoffnung verband, dass die moderne Hightech-Kriegsführung nach geringer Truppenstärken verlangte und die Anzahl (eigener) Verluste reduzieren würde. (Shimko 2010) Der überwältigende Sieg der Koalitionsstreitkräfte schien die Überlegenheit der westlichen Militärtechnologie als entscheidender Faktor für den militärischen Erfolg in der modernen Kriegsführung zu bestätigen. Es stellte sich heraus, dass die Schlüsseltechnologien des Golfkrieges – Stealth, Präzisionswaffen, fortschrittliche Sensoren, und Kommunikationssysteme – einen grundlegenden Wandel in der Kriegsführung zugunsten derer darstellten, die diese neuen Technologien nutzen konnten. (Thompson 2011)

Welche Aspekte der RMA jedoch ausschlaggebend für den Sieg der Koalitionsstreitkräfte hauptverantwortlich waren, wird bis heute intensiv debattiert. Zwei Erklärungsmuster stehen hierbei im Zentrum. (Tuck 2016)

- Das erste Erklärungsmuster sieht die RMA vor allem in der Luftkriegsführung begründet. Ihr zufolge illustrierte der Golfkrieg die Überlegenheit der Luftstreitkräfte über die Bodentruppen. Colonel John Warden der US Air Force fasste die Wichtigkeit der Luftstreitkräfte im Golfkrieg wie folgt zusammen. »Der Verlust der Lufthoheit stellte den Irak völlig unter die Macht der Koalition. Was zerstört werden würde und was überleben würde, war Sache der Koalition, und der Irak konnte nichts tun. [...] [E]s war ein Staat besetzt aus der Luft.« (Warden 1992, S. 73) Daraus schlussfolgerte Warden: »Die Welt hat gerade eine neue Art von Kriegsführung erlebt – Hyperwar [...], eine, die von Spitzentechnologie, beispielloser Präzision und durch die Stealth-Technologie gewonnene operative und strategische Überraschung geprägt ist und die Fähigkeit besitzt, alle strategischen Schlüsselzentren des Gegners gleichzeitig anzugreifen.« (Warden 1992, S. 79) Für Anhänger dieses Erklärungsmuster zeigten der Sieg im Golfkrieg sowie die Siege in den darauffolgenden Konflikten wie dem Kosovo, Afghanistan und Libyen, dass Luftstreitkräfte die zentrale Rolle in der modernen Kriegsführung spielen.

- Ein zweites Erklärungsmuster sah die RMA nicht in der Luftkriegsführung begründet, sondern in der Entwicklung neuer Informationstechnologien. (Tuck 2016) Nach diesem Erklärungsmuster demonstrierten *Desert Storm* und *Desert Saber*, dass ein wichtiger Vorteil der US-Streitkräfte ihre Fähigkeit war, komplexe und zeitgleich stattfindende Operationen in hohem Tempo auszuführen, die die Reaktionsfähigkeit des Feindes überwältigten. Die von den Vereinigten Staaten geführte Koalition profitierte hierbei von modernen Führungs-, Kontroll-, Kommunikations- und nachrichtentechnischen Systemen und Technologien, die es möglich machten, räumliche und zeitliche Einschränkungen für gleichzeitige Operationen zu reduzieren. (Davis 1996) Das *Airborne Warning- und Control-System* (AWACS) und das *Joint Surveillance and Target Attack Radar System* (JSTARS) sind Beispiele für diese neuen Technologien. In der informationszentrierten Kriegsführung ist jedoch nicht nur der Zugriff auf Informationen und die schnelle Verarbeitung dieser entscheidend, sondern auch die Fähigkeit, dem Gegner die Befähigung zur Kommunikation zu verwehren.

Trotz dieser unterschiedlichen Interpretationen der RMA nach dem Ende des Kalten Krieges lassen sich Gemeinsamkeiten in beiden Erklärungsmustern finden. General Gordon Sullivan, ehemaliger Stabschef der United States Army, fasst diese wie folgt zusammen (Sullivan 1995, S. 3):

- erhöhte Letalität;
- erhöhte Feuerkraft und Präzision;
- erhöhte Effizienz und Effektivität durch die Integration von Technologien;
- erhöhte Fähigkeit von kleinen Einheiten, entscheidende Ergebnisse zu erzielen;
- größere Unsichtbarkeit eigener und erhöhte Erkennbarkeit gegnerischer Kräfte.

Virtueller Krieg

Angestoßen durch die zum Einsatz gebrachten neuen Kriegstechnologien und die Art der medialen Berichterstattung während des Ersten Golfkrieges (1991) und der NATO-Luftangriffe auf den Kosovo (1999) entwickelte sich das Konzept des *Virtual War* (Virtueller Krieg). Das Konzept des *Virtual War* wurde vor allem durch den französischen Philosophen Jean Baudrillard, den kanadischen Historiker Michael

Ignatieff sowie den amerikanischen Politikwissenschaftler James Der Derian bekannt gemacht. (Baudrillard 1995; Ignatieff 2000; Der Derian 2001) Der Begriff beschreibt eine Veränderung in der modernen Kriegsführung sowie deren mediale Repräsentation.

In seiner Analyse des Golfkrieges argumentiert Baudrillard, dass der Golfkrieg nicht stattfand, sondern ein sorgfältig geplantes Medienereignis war – ein »virtueller Krieg«. Laut Baudrillard war der Golfkrieg vor allem wegen seiner fehlenden Konfrontation kein Krieg. Es war »eine degenerierte Form des Krieges« (Baudrillard 1995, S. 24), in der der Feind nicht angetroffen, sondern »unsichtbar« gemacht wurde (Baudrillard 1995, S. 43). In einem ausschließlich durch elektronisch gesteuerte Distanzwaffen geführten Krieg »standen sich die beiden Gegner nicht einmal von Angesicht zu Angesicht gegenüber« (Baudrillard 1995, S. 62). Baudrillard führt einen weiteren Punkt an, warum der Golfkrieg kein richtiger Krieg war: Es gab keine Herausforderung, zumindest nicht für die überlegene Partei. Aufgrund der extremen Asymmetrie zwischen Saddam Husseins Armee und den Koalitionsstreitkräften war der Golfkrieg bereits »im Voraus gewonnen« (Baudrillard: 1995, S. 53). Entsprechend träumten amerikanische Militärs von einem »Krieg ohne Opfer« (Baudrillard 1995, S. 73), natürlich vor allem aus der eigenen Truppe. Aber auch die Opfer auf der anderen Seite, die als Kollateralschäden bezeichnet wurden, wurden offiziell auf ein Minimum beschränkt. Es war laut Baudrillard »ein Krieg, entblößt von seinen Leidenschaften, seinen Phantasmen, [...] seiner Gewalt, seinen Bildern« (Baudrillard 1995, S. 64), ein »sauberer Krieg, weißer Krieg, programmierter Krieg« (Baudrillard 1995, S. 56), der als »kriegerisches Äquivalent von Safer Sex fungierte: Kriegsführung wie Liebe machen mit einem Kondom!« (Baudrillard 1995, S. 26)

Während der »virtuelle Kriege« für Baudrillard einen Wandel im Wesen des Krieges bezeichnet, sieht Ignatieff im »virtuellen Krieg« eine Veränderung der Kriegsführung. Ignatieffs Analyse des »virtuellen Krieges« basiert auf seinen Erfahrungen aus dem Kosovo-Krieg (1999). Gestützt auf weit vom Schlachtfeld abgefeuerte Präzisionswaffen wurde dieser Krieg wie der Golfkrieg nur noch auf Bildschirmen wahrgenommen. Mit »virtuell« meint Ignatieff darüber hinaus, dass Krieg nicht nur mit Bomben und Hightech-Waffen geführt wird und sich »auf einem Bildschirm abzuspielen« scheint, sondern dass »Gesellschaften nur auf virtuelle Art und Weise in Anspruch genommen werden. Nichts Ultimatives steht auf dem Spiel: weder nationales Überleben noch das Schicksal der Wirtschaft.« (Ignatieff 2000, S. 191) Infolgedessen wird Krieg »ein Zuschauersport«, in dem die Medien »ein entscheidendes Operationsgebiet« sind und in dem beide Seiten versuchen, sich gegenseitig, »Wahrnehmungsschäden zuzufügen«. (Ignatieff 2000, S. 191) Prümm merkt in diesem Sinne an:

> »Der Golf-Krieg von 1991 bedeutete für die mediale Repräsentanz des Krieges eine Zäsur. Zum ersten Mal stellte CNN als Nachrichtenkanal neuen Typs eine beinahe lückenlose Medienrealität zur Verfügung, die den Krieg beinahe in Echtzeit quasi medial verdoppelte. [...] Die neuen Darstellungsformen, die CNN damals kreierte – beständige Direktschaltungen zu den Originalschauplätzen, permanente Befragungen und Kommentierungen von Experten –, sind weltweiter Standard einer Krisenberichterstattung geworden.« (Prümm 2005, S. 101)

Die modernen Medien projizieren hierbei jedoch ein sterilisiertes Bild des Krieges. Für Ignatieff birgt die Virtualisierung des Krieges deshalb das Risiko eines ausufernden Kriegszustandes.

> »Demokratien können nur so lange friedliebend bleiben, wie die Risiken des Krieges für ihre Bürger real bleiben. [...] Wenn der Krieg virtuell wird – ohne Risiko –, könnten demokratische Wählerschaften eher dazu bereit sein, Kriege zu führen, besonders wenn diese durch die Sprache der Menschenrechte und der Demokratie gerechtfertigt werden.« (Ignatieff 2000, S. 163)

Der Derians Vorstellung vom »virtuellen Krieg« verbindet Elemente, die von Baudrillard und Ignatieff identifiziert wurden. Ausgehend von Erfahrungen des Golfkrieges und der Luftkampagnen in Bosnien und dem Kosovo verbindet Der Derians »virtueller Krieg« die technologische Überlegenheit von Präzisionswaffen (– die Virtualität der aus der Ferne ausgeführten Gewalt–) mit einer ethischen Überlegenheit, die sich aus der »Theorie des gerechten Krieges« (–der Tugend der humanitären Intervention–) ergibt. (Der Derian 2001) Diese Kriege, die »ethisch begründet und virtuell ausgeführt werden«, nennt Der Derian »virtuous wars« (»tugendhafte Kriege«). Wie Ignatieff erkennt Der Derian den Widerspruch einer moralisch legitimierten Intervention, die sich selbst von jeglicher Gefahr ausnimmt, die eigenen Verluste aufwertet und das eigene Leben über das der anderen stellt. (Der Derian 2001) Dazu identifiziert Der Derian eine Verbindung zwischen der technologischen RMA (Stealth, Präzisionswaffen) und der zunehmenden militärischen Bedeutung einer Partnerschaft mit der Medien- und Entertainmentindustrie (»eine virtuelle Allianz«). (Der Derian 2001, S. XXX) In Anlehnung an Eisenhowers »militärisch-industriellen Komplex«, nennt Der Derian diese Verbindung das »militärisch-industrielle-medien-entertainment-Netzwerk«. (Der Derian 2001, S. XXVII)

5.2 Die »Neuen Kriege«

Über Jahrzehnte wurde die Wahrnehmung kriegerischer Konflikte durch die Bipolarität des Kalten Krieges bestimmt. Mit dem Ende des Ost-West-Konfliktes wurde die auf Ideologien fixierte Kriegsursachenforschung durch komplexere Erklärungsmuster ersetzt. Als Teil dieser Debatte entwickelte sich seit den frühen 1990er-Jahren, angestoßen von Martin van Crefelds *The Transformation of War* (1991), Mary Kaldors *New and Old Wars* (2000) und Herfried Münklers *Die Neuen Kriege* (2002), ein Diskurs über einen möglichen Gestaltenwandel des Krieges. Zentraler Kernpunkt dieser Debatte war die These, dass das Ende des Ost-West-Konfliktes auch zu einem Ende der Ära des zwischenstaatlichen Krieges geführt hat. Anstelle des konventionellen Krieges trat eine neue Form des Krieges, die durch eine kriminelle Gewaltökonomie, veränderte Gewaltmotive, eine enthemmte Kriegsführung und durch zahlreiche private Gewaltakteure charakterisiert wird. Dies führte dazu, dass »sich die klassische Trennlinie zwischen Staaten- und Bürgerkrieg, zwischenstaatlichen Kriegen und mit Gewalt ausgetragenen innergesellschaftlichen Konflikten aufgelöst hat und beide Kriegstypen zunehmend diffundieren.« (Münkler 2004, S. 180) Die Form des Krieges, die sich hieraus entwickelte und die vor allem in Afrika und Osteuropa sichtbar wurde, unterscheidet sich nach dieser Debatte qualitativ von früheren Formen des Krieges, weshalb der Begriff der »Neuen Kriege« gerechtfertigt sei. (Kaldor 2000) Im Folgenden soll das Theorem der »Neuen Kriege« erläutert sowie auf die Kritik an diesem Paradigma eingegangen werden. Den Abschluss bildet eine Beschreibung des Kriegsgenerationenmodells, das Ähnlichkeiten zum Theorem der »Neuen Kriege« aufweist. Im Gegensatz zu letzterem liegt der Ursprung des Kriegsgenerationenmodells nicht im wissenschaftlichen Diskurs, sondern entspringt militärischen Überlegungen im amerikanischen Raum.

Was ist neu an den »Neuen Kriegen«?

Zentraler Ausgangspunkt des Theorems der »Neuen Kriege« ist die Annahme, dass eine Unterscheidung zwischen »alten« und »Neuen« Kriegen existiert. Der klassischen oder »alten« Kriegskonzeption zufolge ist der Krieg ein Konflikt zwischen Staaten, geführt von staatlichen Akteuren (Militär) und zeitlich begrenzt. Die Literatur über die »Neuen Kriege« geht jedoch davon aus, dass sich eine Veränderung in der »Grammatik« des Krieges (Münkler 2002) seit dem Ende des Kalten Krieges feststellen lässt, da sich die Akteure, Ziele, Methoden und ökonomischen Finanzierungsmodelle der gewalttätigen Konflikte nach dem Kalten Krieg signifikant verändert haben. Hauptverantwortlich für diese Veränderung sind die Globalisierung, technologische Entwicklungen und der Wegfall des Ost-West-Konfliktes. (Kaldor 2000; Münkler 2002) »Neue Kriege« zeichnen sich durch vier Aspekte aus, wobei die Neuartigkeit dieser Kriege nicht in den einzelnen Aspekten zu finden ist, sondern in deren gleichzeitigem Auftreten. (Rotte 2019):

1) eine Veränderung der Kriegsakteure;
2) neue Kriegsziele;
3) eine veränderte Methodik der Kriegsführung;
4) eine neue Gewaltökonomie.

»Neue Kriege« zeichnen sich zunächst durch eine Veränderung der Kriegsakteure aus. So wurden »alte« Kriege von Staaten und nationalstaatlichen Armeen geführt, während die Gewaltakteure in den »Neuen Kriegen« hauptsächlich nichtstaatlicher Natur sind. Zu diesen Akteuren zählen paramilitärische Einheiten, Warlords, Gruppen organisierter Kriminalität sowie Söldner und private Militärfirmen. (Riemann 2020) Diese »Privatisierung des Krieges« (Münkler 2017) hat zur Folge, dass Staaten das Monopol über die Führung des Krieges zusehends verlieren. Dies führt einerseits zu einer zunehmenden Untergrabung der Autorität des Staates und andererseits zu einer immer komplexer werdenden Konfliktlage aufgrund der Multiplizierung von Gewaltakteuren. »Neue Kriege« sind daher durch eine Entstaatlichung oder Reprivatisierung der Gewalt gekennzeichnet. (Etzersdorfer 2007) Aus dieser Beobachtung schließt Münkler, dass die »Neuen Kriege« keine Staatsbildungskriege im Sinne von

Tilly seien (▶ Kap. 1), sondern Staatszerfallskriege. (Münkler 2002) Aufgrund der Privatisierung der Gewalt sind »Neue Kriege« zudem durch eine »Asymmetrierung der Kriegsgewalt« gekennzeichnet. (Münkler 2017) Diese ergibt sich aus der Ungleichheit in den Fähigkeiten der beteiligten Kontrahenten (z. B. Regierungstruppen und Widerstandsgruppen). (Rotte 2019) Um diese auszugleichen, »greift die im klassisch-konventionellen Kontext militärisch unterlegene Seite auf nichtkonventionelle und irreguläre Kampfformen und Taktiken zurück, etwa Guerillaaktivitäten oder terroristische Anschläge.« (Rotte 2019, S. 130)

Auch unterscheiden sich »alte« und »Neue Kriege« in Bezug auf die Kriegsziele. Ziel der kriegsführenden Akteure in den »Neuen Kriegen« ist nicht die Eroberung und Besetzung von Gebieten, sondern deren systematische politische Destabilisierung, um den eigenen politischen Einfluss zu vergrößern. »Neue Kriege« haben auch oft kein klar definiertes Endziel, sondern das Fortbestehen des Kriegszustandes selbst ist das Ziel, da der Krieg Überlebensraum dieser Akteure ist. (Kaldor 2000) In Betrachtung dieses Zustandes merkt Eppler an: »Der Zustand, den die privatisierte Gewalt hervorbringt, ist weder Krieg noch Frieden. Er sprengt unsere gewohnte Begrifflichkeit.« (Eppler 2002, S. 89) »Neue Kriege« sind somit Kriege, in denen die Unterscheidung von staatlich und nichtstaatlich, öffentlich und privat, extern und intern, Ökonomie und Politik, sowie zwischen Krieg und Frieden verschwimmt. Für Kaldor ist das Verschwimmen dieser binären Kategorien gleichzeitig Ursache und Konsequenz der Gewalt. (Kaldor 2013)

Ein dritter Aspekt des Theorems der »Neuen Kriege« betrifft die veränderte Methodik in der Kriegsführung. »Neue Kriege« sind häufig Kriege »niederer Intensität« (*low intensity war*). (van Crefeld 1991) Im Gegensatz zum konventionellen Krieg werden Entscheidungsschlachten in den »Neuen Kriegen« generell vermieden. Münkler merkt dazu an, dass die Kriegsführung in »Neuen Kriegen« brutaler ist, da sich etablierte humanitäre Normen in einer Auflösung befinden. (Münkler 2004) Diese Brutalität bekommen vor allem Nichtkombattanten zu spüren, da sich die Anwendung militärischer Gewalt oftmals direkt gegen die Zivilbevölkerung richtet. Diese Kriege ziehen zunehmend die Zivilbevölkerung mit ein, weshalb in Bezug auf die »Neuen Kriege« auch vielfach der Begriff *war amongst the people* angewandt wird. (Riemann/Rossi 2019) Dieser Begriff geht auf Sir Rupert Smith, einem pensionierten General der britischen Armee, zurück. Er entwarf diesen Terminus in seinem Buch *The Utility of Force* (Smith, 2005), das auf seinen Erfahrungen als Kommandeur der *United Nations Protection Fore* (UNPROFOR) in Bosnien (1995–1996) und als NATO *Deputy Supreme Allied Commander Europe* während des Kosovokrieges (1999) basiert. Smiths zentrale These in *The Utility of Force* ist, dass ein neues Paradigma des Krieges, dem er den Namen *war amongst the people* gibt, zwischen dem Ende des 20. und dem Anfang des 21. Jahrhunderts entstanden ist und das sich fundamental vom klassischen Kriegsprinzip unterscheidet, weshalb die Armeen industrieller Staaten für diese neue Konfliktform schlecht geeignet sind. Die definierenden Merkmale des *war amongst the people* sind laut Smith dessen Langwierigkeit oder bisweilen Endlosigkeit, dessen politische Natur und die starke Involvierung der Zivilbevölkerung. Damit unterscheiden sich diese Kriege von der traditionellen Vorstellung des Krieges als einem Konflikt zwischen zwei oder mehreren, uniformierten Armeen, die sich auf dem Schlachtfeld begegnen. In diesen Kriegen ist das Schlachtfeld nicht länger ein von der zivilen Bevölkerung entferntes und klar abgegrenztes Gebiet, sondern verläuft durch die Bevölkerung und entfaltet sich direkt inmitten (*amongst*) dieser. Die Zivilbevölkerung ist somit Teil des Terrains des Schlachtfeldes.

Zuletzt nimmt die These der »Neuen Kriege« an, dass für diese Konfliktform eine neue Gewaltökonomie charakteristisch ist. Insbesondere die Globalisierung ist ein wesentlicher Bestandteil der politischen Ökonomie »Neuer Kriege«. Während »alte« Kriege durch vom Staat erhobene Steuern finanziert werden, basiert die Finanzierungsquelle der »Neuen Kriege« auf dem illegalen Handel von Drogen, Waffen, Menschen und Ressourcen, wie etwa Öl oder Diamanten. (Kaldor 2000) In diesem Zusammenhang ermöglicht die Globalisierung nichtstaatlichen Akteuren, mit den staatlichen Institutionen um die Kontrolle über die Macht und die Ressourcen des Staates zu konkurrieren. Ein solcher Wettbewerb verwischt die Unterscheidung zwischen privater und öffentlicher Gewalt und ermöglicht eine Zunahme der Korruption, der Privatisierung von Gewalt und im Extremfall der Kriminalisierung des Staates (Kaldor 2000). Im Gegensatz zum klassischen Bürgerkrieg werden politische Motive in »Neuen Kriegen« nachrangig, denn die Kriegsökonomie wird selbst Mittel zum Zweck und führt zu einer Entpolitisierung der Gewalt. (Kaldor 2000)

Im Theorem der »Neuen Kriege« wird davon ausgegangen, dass diese vier Kategorien eng miteinander verbunden sind und »keine ohne die anderen verstanden und nachgezeichnet« werden kann. (Etzersdofer 2007, S. 119) Somit rechtfertigt erst die Anwesenheit aller vier Merkmale die Charakterisierung eines Konfliktes als »Neuen Krieg«.

Tab. 2: Unterscheidung zwischen »alten« und »Neuen« Kriegen.

Charakteristika	»Alte Kriege«	»Neue Kriege«
Akteure	Reguläre Streitkräfte	Kombinationen aus regulären Streitkräften, Söldnern, Warlords, Paramilitärischen Gruppen etc.
Ziele	Geopolitische Interessen, Ideologien	Identität (z. B. ethnisch, national, religiös)
Methoden	Unterscheidung zwischen Kombattanten und Nichtkombattanten ist klar; Direkte Kampfhandlungen	Verschwimmende Unterscheidung zwischen Zivilisten und Kombattanten; Vertreibung, Vergewaltigung und ethnische Säuberungen statt direkten Kampfhandlungen
Finanzierung	Staatliche Finanzierung durch Steuern	Globalisierte Schattenökonomie (illegaler Handel von Ressourcen, Waffen, Drogen, Menschen)

Kritik am Paradigma der »Neuen Kriege«

Die These der »Neuen Kriege« wird in der Friedens- und Konfliktforschung kontrovers diskutiert. Zunächst haben Kritiker dieses Paradigmas angeführt, dass die Charakteristika der »Neuen Kriege« bereits in älteren Kriegen zu finden wären, weshalb kein wirklicher Unterschied existiere. (Chojnacki 2004) Bezüglich der Begrifflichkeit »neu« im Paradigma der »Neue Kriege« muss jedoch festgestellt werden, dass »neu« nicht in direkter historischer Abgrenzung zu früheren Kriegen verstanden wird. Kaldor merkt in diesem Sinne an, dass Elemente der »Neuen Kriege« durchaus in früheren Dekaden präsent waren. (Kaldor 2013) Der Begriff »Neuer Krieg« steht vielmehr für eine kategorische Abgrenzung von dem oben ausgeführten traditionellen Kriegsverständnis, nach dem ein Krieg als ein gewaltsamer Konflikt zwischen zwei staatlichen organisierten Armeen verstanden wird, der in einer Entscheidungsschlacht endet. Da dieses traditionelle Kriegsdenken jedoch noch immer die Reflexion über den Krieg strukturiert, besetzte Kaldor ihre Überlegungen mit dem Adjektiv »neu«, um auf diese Weise alte Annahmen über die Natur des Krieges von ihrer Analyse auszuschließen. Es geht Kaldor somit weniger darum, festzustellen, dass »Neue Kriege« wirklich neu sind, sondern darum, zu verstehen, welche Charakteristika die »Neuen Kriege« strukturieren.

Münkler argumentiert ähnlich, da auch er eine »drastischen Abschwächung der Präge- und Orientierungskraft des klassischen Kriegsmodells« sieht. (Münkler 2004, S. 182) Für ihn kann das klassische Modell der »europäischen Kriege, die auf einer prinzipiellen Symmetrie zwischen den Akteuren beruhten und diese Symmetrie für die ethische wie rechtliche Regulierung des Krieges nutzten«, nicht plausibel zur Beschreibung und Analyse der gegenwärtigen Kriege angewandt werden, da sich die »Grammatik« des Krieges geändert habe und dieser nach anderen Regeln als die klassischen Kriegen geführt werde. (Münkler 2004) Darüber hinaus führt Münkler an, dass das entscheidend Neue an den »Neuen Kriegen« »das Zusammenkommen mehrerer Faktoren [ist], die für sich genommen oft gar nicht so neu sind, die aber in ihrer Kombination zu einer drastischen Veränderung nicht nur des Kriegsgeschehens, sondern auch der Wahrnehmung von Bedrohungen führen.« (Münkler 2004, S. 182)

Weitere Kritikpunkte am Theorem der »Neuen Kriege« sind jedoch schwieriger zu widerlegen. So wird z. B. darauf hingewiesen, dass das Konzept der »Neuen Kriege« in seinem Ansatz zu eurozentrisch und idealtypisch theoretisierend ist. (Rotte 2019) Ein Blick auf die außereuropäische Geschichte zeigt auf, dass der Idealtyp des »alten« Krieges ein rein europäisches und kein globales Phänomen darstellt. Matthies (2005) weist in diesem Zusammenhang daraufhin, dass der Prozess der Entstaatlichung, der charakteristisch für die »Neuen Kriege« ist, nicht relevant oder gar »neu« sein kann, da es in den Gebieten der »Neuen Kriege«, wie etwa Afrika, keine Gewaltmonopole oder durchsetzungsfähige Zentralgewalten gegeben hat.

Ein weiterer Kritikpunkt bezieht sich auf die Ökonomisierung und Entpolitisierung der Gewalt im Theorem der »Neuen Kriege«. Die Fokussierung auf ökonomische Motive führt zu einer monokausalen Verengung und übersieht vielmals politische Interessen oder pauschalisiert diese. (Daase 2003)

Auch wird auf die Gefahren, die von dem Theorem an sich ausgehen, hingewiesen. So sieht Jürgen Wagner im Theorem der »Neuen Kriege« nichts Neues, außer einer wissenschaftlichen Legitimierung für westliche Kriegseinsätze, denn die Idee der »Neue Kriege« kreiert ein diffuses Bedrohungsgefühl, auf das westliche Staaten mit weltweiten Interventionen reagieren müssen. Die Theoretiker des »Neuen Krieges« sieht er somit als Wegbereiter eines Euro-Imperialismus. (Wagner 2006)

Aufgrund dieses Kritikpunktes meint Stig Förster, dass »vom Konzept der ›Neuen Kriege‹ bei genauerer Betrachtung nicht so sehr viel übrig« bleibt. (Förster 2005, S. 9)

Trotzdem muss festgehalten werden, dass die Literatur zu den »Neuen Kriegen« einen großen Beitrag zur Vertiefung des Verständnisses von Bürgerkriegen geleistet hat. Dies betrifft vor allem die Erweiterung des Sicherheitsbegriffs, bei dem ein größerer Fokus in der Konfliktforschung auf die Zusammenhänge zwischen menschlicher Sicherheit (*human security*) und gewaltsamen Konflikten gelegt wurde. (Newman 2004)

Fourth Generation Warfare?: Das Generationenmodell des Krieges

Neben dem Theorem der »Neuen Kriege«, entwickelte sich in den frühen 1990er-Jahren das Theorem des *Fourth Generation Warfare* (Kriegsführung der vierten Generation). Während die These der »Neuen Kriege« hauptsächlich von europäischen Autoren geprägt wird, die der Disziplin der Internationalen Beziehungen angehören, so entwuchs die Theorie des *Fourth Generation Warfare* (4GW) hauptsächlich im amerikanischen Raum und aus den Überlegungen von Militärstrategen. Beiden Theorien ist gemeinsam, dass sie sich mit einer Veränderung der Kriegsführung nach dem Ende des Kalten Krieges beschäftigen. Darüber hinaus teilen beide Theorien die Ansicht,

1) dass sich der Krieg hauptsächlich im inneren des Staates entfaltet und weniger zwischen Staaten;
2) dass Globalisierung und nichtstaatliche Akteure die Autorität des Staates untergraben;
3) dass eine Unterscheidung zwischen Kombattanten und Nichtkombattanten zunehmend zu verschwimmen scheint.

Laut dem Theorem des 4GW haben sich aufgrund dieses Prozesses die Linien zwischen Krieg und Politik, Konflikt und Frieden, Soldat und Zivilist sowie Schlachtfeld und Schutzzone verwischt und gehen somit immer mehr ineinander über. Das Konzept des 4GW geht auf den amerikanischen Militärtheoretiker William S. Lind und eine Gruppe von Militärs der US-Army zurück. Diese publizierten 1989 den Artikel *The Changing Face of War: Into the Fourth Generation* (Lind 1989) in der *Marine Corps Gazette*. In ihrem Artikel beschreiben die Autoren, dass der moderne Krieg bisher von drei Formen geprägt wurde.

Die Kriegsführungstheorie der vierten Generation modelliert hierbei die Entwicklung der Kriegsführung von 1648 bis heute durch die Beschreibung von drei aufeinanderfolgenden Generationen oder Epochen der Kriegsführung. Hierbei wird die Vergangenheit als Prolog behandelt und eine präskriptive Vision der Zukunft erstellt. Folgt man diesen Ausführungen, so beruhte die Kriegsführung der ersten Generation (1GW) im Wesentlichen auf napoleonischen Linien- und Kolonnentaktiken auf einem geordneten Schlachtfeld. Diese Taktiken wurden teilweise als Reaktion auf technologische Faktoren entwickelt – die Linie maximierte Feuerkraft und starrer Drill – und teilweise als Reaktion auf soziale Bedingungen und Ideen. So spiegelte die französische Revolutionsarmee sowohl den Elan der Revolution als auch das niedrige Ausbildungsniveau der einberufenen Truppen wider. (Lind 2004) Lind sieht diese Form der Kriegsführung in den Kriegen, die zwischen 1648 und 1860 stattfanden.

Die Kriegsführung der zweiten Generation (2GW) entstand Mitte des 19. Jahrhunderts. Die technologische Entwicklung der Dampfmaschine sowie die voranschreitende Metallurgie- und Massenproduktion in Folge der Industrialisierungen waren treibende Kräfte für das Aufkommen dieser Kriegsstufe. Kennzeichnend für 2GW ist das indirekte Feuer der Artillerie, das die Schlachtfelder des amerikanischen Bürgerkrieges und des Ersten Weltkrieges dominierte. Ziel des 2GW war die Zermürbung des Feindes. Lind zitiert hierfür aus der damaligen französischen Militärdoktrin: »die Artillerie erobert, die Infanterie besetzt.« (Lind 2004, S. 12)

Die dritte Generation der Kriegsführung (3GW) entwickelte sich gegen Ende des Ersten Weltkrieges. Sie entstand aus Überlegungen der deutschen Armee, die operationelle Freiheit an der statischen Westfront wiederherzustellen. Diese Form der Kriegsführung, die durch die deutsche »Blitzkrieg«-Methode des Zweiten Weltkrieges perfektioniert wurde, betonte das qualitative Manöver gegenüber dem quantitativem, indirektem Feuer. 3GW ist darauf ausgerichtet, die Vernichtung des Feindes durch Geschwindigkeit und Überraschung zu erreichen. Statt den Feind frontal anzugreifen, wird versucht hinter die feindlichen Linien zu gelangen. Im Wesentlichen war dies das Ende der linearen Kriegsführung auf taktischer Ebene. Obwohl sich die ersten drei Generationen in der Form der Kriegsführung maßgeblich unterscheiden, ist ihnen die Verknüpfung von Staat, Volk und Armee gemeinsam.

Theoretiker des 4GW sind der Ansicht, dass die Periode der trinitären Kriegsführung endet. Nationalstaaten verlieren ihr Gewaltmonopol und damit das Primat auf die Kriegsführung. An ihrer Stelle kämpfen zahlreiche Nichtregierungsorganisationen für ihre eigenen Zwecke. Ethnien, Stammes- und Familienorganisationen bedienen sich jetzt der Gewalt, die früher den Nationalstaaten vorbehalten war. Der 4GW entsteht durch den Verlust des Gewaltmonopols des Nationalstaates, durch das Aufkommen kultureller, ethnischer und religiöser Konflikte und durch die voranschreitende Globalisierung und Technologisierung. Diese neue Form der Kriegsführung wird zunehmend dezentralisiert durchgeführt, verteilt auf eine Region oder sogar die gesamte Welt. Der 4GW hat kein klar definiertes Schlachtfeld, stattdessen wird er gleichzeitig in Ballungszentren, ländlichen Gebieten und virtuellen Netzwerken geführt. Im 4GW werden nicht nur Soldaten zum Ziel von Angriffen, sondern auch Nichtkombattanten, religiöse Ideen, rechtliche Rahmenbedingungen, Medien, internationale Organisationen und Abkommen, wirtschaftliche Aktivitäten, politische Führungseliten sowie die Bevölkerung. Dementsprechend ist der 4GW nicht nur auf physische Zerstörung ausgelegt, sondern zielt auch auf die mentale und moralische Komponente des Gegners ab. Ziel ist es, den politischen Willen des Feindes zu brechen, anstatt ihn physisch zu zerstören. (Ehrhart 2017) Letztendlich ist es das Ziel des 4GW, die Schwächen eines Gegners auszunutzen und seine Stärken zu untergraben, um »die politischen Entscheidungsträger des Feindes davon zu überzeugen, dass ihre strategischen Ziele entweder unerreichbar oder zu teuer für den wahrgenommenen Nutzen sind«. (Hammes 2006, S. 208)

Tab. 3: Die vier Generationen der Kriegsführung.

	Erste Generation	Zweite Generation	Dritte Generation	Vierte Generation
Periode	1648–1860	Erster Weltkrieg	Zweiter Weltkrieg	Gegenwart
Technologien	Musketen/Bajonette	Artillerie/Maschinengewehr	Mechanisierte Kriegsführung	Informationstechnologie
Techniken	Linientaktik	Abnutzung	Manöverkrieg (Blitzkrieg)	Terrorismus/psychologische Kriegsführung
Akteure	Staaten	Staaten	Staaten	Staaten/Nichtstaatliche Akteure

Wie das Theorem der »Neuen Kriege«, so ist auch das Theorem des 4GW auf mehreren Ebenen kritisiert worden. Der Militärhistoriker Antulio J. Echevarria argumentiert in seinem Artikel *Fourth-Generation War and Other Myths*, dass die Kriegsführung der vierten Generation einfache Aufstände (*insurgencies*) seien. Hinzukommt, dass vor allem die abrupten Trennlinien zwischen den verschiedenen Generationen der Kriegsführung problematisch seien. Für Echevarria ist das Generationsmodell ein unzulängliches Modell, um Veränderungen in der Kriegsführung darzustellen, denn eine einfache Verschiebung findet selten statt, weil signifikante Entwicklungen typischerweise parallel auftreten. (Echevarria 2005) Darüber hinaus wird die unzureichende Auseinandersetzung mit der militärhistorischen Forschung kritisiert, da das Theorem des 4GW wichtige Untersuchungen, wie etwa Michael Roberts klassische Studie *The Military Revolution, 1560–1660* (1995), ignoriert. (Evans 2010) Ein letzter Kritikpunkt ist die eurozentrische Weltanschauung des 4GW-Theorems, da es den Krieg als »Krieg in Europa« denkt und außereuropäische Erfahrungen verdrängt und unbeachtet lässt.

6 Der Krieg im 21. Jahrhundert

»[E]s scheint nur zu sicher, dass dieses neue Jahrhundert strategisch unauffällig sein wird. Mit anderen Worten, es verspricht eine weitere blutige Ära zu sein.«
(Colin S. Gray 2005, S. 22)

Die ersten Dekaden des 21. Jahrhunderts haben gezeigt, dass auch dieses Jahrhundert maßgeblich vom Krieg gekennzeichnet sein wird. Colin S. Gray mahnte deshalb schon 2005 vor einem »weiteren blutigen Jahrhundert«. (2005) Im Folgenden sollen vier verschiedene Konfliktformen betrachtet werden. Zunächst steht hierbei der globale Krieg gegen den Terrorismus im Mittelpunkt. (▶ Kap. 6.1) Hierauf folgt eine Darstellung der hybriden Kriegsführung, die spätestens seit dem Konflikt in der Ukraine eine weitreichende sicherheitspolitische Debatte angestoßen hat. (▶ Kap. 6.2) Auf diese Ausführung folgt eine Auseinandersetzung mit der zunehmenden Kriegsführung auf Distanz, im Englischen als *remote warfare* bezeichnet, bei der Staaten zunehmend auf Drohnen und Stellvertreter setzen. (▶ Kap. 6.3) Abschließend widmet sich dieses Kapitel dem Cyber-Krieg. (▶ Kap. 6.4)

6.1 Der Krieg gegen den Terrorismus

Der Terroranschlag, der die Welt erschütterte, begann an Morgen des 11. September 2001. Es war der bislang größte Terroranschlag in der Geschichte, bei dem etwa 3 000 Menschen starben. Das Ausmaß und der Umfang des koordinierten Massenanschlags haben die terroristische Bedrohung für die Gesellschaft neu definiert. Neun Tage nach den verheerenden Anschlägen vom 11. September erklärte der damalige Präsident der Vereinigten Staaten von Amerika, George W. Bush, mit den folgenden Worten den Krieg gegen den Terror: »Unser Krieg gegen den Terror beginnt mit Al-Qaida, aber endet nicht dort. Er wird nicht enden, bis nicht jede Gruppe von Terroristen, die weltweit agieren kann, gefunden, gestoppt und besiegt wurde.« (Bush zitiert nach Schliefsteiner 2016, S. 185) Aus diesen Worten ergibt sich, dass dieser Krieg eine globale Dimension hat und somit nicht lokal beschränkt, sondern weltweit geführt wird. Im amerikanischen Sprachgebrauch wird dieser Krieg deshalb als *Global War on Terror* (GWOT) bezeichnet. Die Verwendung dieses Terminus wurde jedoch von Präsident Obama im Jahr 2011 untersagt. Nichtsdestotrotz findet dieser Begriff weiter Anwendung und soll hier im Folgenden benutzt werden, um eine Abgrenzung zu »traditionellen« militärischen Aktionen zu schaffen, da der GWOT breitgefächerte Maßnahmen umfasst, zu denen neben militärischen Interventionen auch polizeiliche, nachrichtendienstliche und gesellschaftliche Maßnahmen gehören. (Schliefsteiner 2016, S. 185) Um sich dem Phänomen GWOT zu nähern, soll zunächst der Frage nachgegangen werden, was der Terrorismus ist und ob es überhaupt möglich ist, gegen diesen Krieg zu führen. Hierauf folgt eine Darlegung der Evolution der amerikanischen Strategieauslegung zum Kampf gegen den Terrorismus. Den Abschluss über den GWOT bildet eine Beleuchtung kritischer Auseinandersetzungen mit dem »Krieg gegen den Terrorismus«.

Abb. 13: Aufnahme vom World Trade Center am 11. September 2001, kurz nachdem der zweite Turm eingestürzt war.

Was ist Terrorismus und kann dagegen Krieg geführt werden?

Bei einer Auseinandersetzung mit der Thematik des Terrorismus sieht man sich zunächst mit einer Definitionsproblematik konfrontiert. »Terrorismus« ist ein umstrittener Begriff mit einer Vielzahl von Definitionen. Dies ist »nicht verwunderlich, weil ›Terrorismus‹ zu den ›grundsätzlich umstrittenen Begriffen‹ der politischen Sprache gezählt werden muss, d. h. zu denjenigen Begriffen, über deren Bedeutung nicht einfach durch konzeptionelle Präzision Klarheit erlangt werden kann, weil sie aus *politischen* Gründen umstritten sind.« (Daase 2001, S. 57) Terrorismusdefinitionen kranken deshalb an dem Umstand »ihrer Abhängigkeit von den Interessen und somit der Wahrnehmung des Definierenden.« (Kraschner 2008, S. 29) Aufgrund der politischen Färbung des Begriffes wurden wissenschaftliche Versuche, den Begriff zu präzisieren, weitgehend aufgegeben. Walter Laqueur stellte schon 1977 fest, dass »eine allgemeine Definition des Terrorismus nicht existiert und in naher Zukunft auch nicht gefunden wird.« (Laqueur zitiert nach Daase/Spencer 2011, S. 27) Dennoch zeigt sich in der Wissenschaft ein gewisser Grundkonsens bezüglich einiger elementarer Merkmale des gegenwärtigen Terrorismusverständnisses.

> »Hierzu zählen: Terrorismus als asymmetrische Gewaltstrategie und als mediale Kommunikationsstrategie, die Vermittlung und Verfolgung politischer Ziele durch die Anwendung von Gewalt und die Schaffung eines Klimas von Angst und Schrecken, das Agieren aus dem Untergrund heraus, der nichtstaatliche Charakter der Akteure, der systematische und symbolische Charakter ihrer Handlungsstrategie sowie die Ausübung von physischer Gewalt in indiskriminierender Weise.« (Eichhorst 2007, S. 24–25)

Neben dem Begriff stellt sich auch die Frage nach den Akteuren des Terrorismus. »Ist nur die Gewalt von substaatlichen Gruppen Terrorismus oder auch der Terror staatlicher Organisationen?« (Daase 2001, S. 59) Diese Problematik zeigt sich im geschichtlichen Wandel des Begriffsverständnisses. Die historische Herkunft des Begriffes »Terrorismus« wird in der Zeit der Französischen Revolution verortet. Hier bezeichnete *terreur* legitime »Formen unmittelbarer Gewaltanwendung unter dem Schutz und im Interesse des französischen Staates.« (Freudenberg 2007, S. 211) Der Wandel zum heutigen Verständnis des Terrorismus als eine illegitime Form der Gewaltanwendung, die sich gegen staatliche Strukturen richtet, fand Mitte des 19. Jahrhunderts statt und wurde in der Mitte des 20. Jahrhunderts unter dem Eindruck der Dekolonisierung zu einem zentralen Gegenstand der internationalen Politik. (Hoffman 2003) Ob Terrorismus nur von nichtstaatlichen Akteuren ausgehen kann, ist in der Terrorismusforschung umstritten. Dieser Umstand zeigt, dass »es sich bei den Definitionsproblemen des Terrorismus nicht um einen akademischen Streit um Worte handelt, sondern letztlich um einen politischen Streit um Überzeugungen.« (Daase 2001, S. 62)

Anhänger der Theorie, dass es sich beim Terrorismus um Gewaltausübung handelt, die von nichtstaatlichen Akteuren ausgeht, begannen in den 1990er-Jahren, eine Unterscheidung zwischen »altem« und »neuem« Terrorismus zu erarbeiten. (Neumann 2009) Im Zentrum dieser Auslegung steht die Überzeugung, dass globalpolitische Transformationen, wie das Ende des Kalten Krieges, zu einem Wandel des Terrorismus geführt haben. Neumann erklärt diese Veränderungen anhand von drei

Variablen, die den Terrorismus als Phänomen definieren und für terroristische Gruppen kennzeichnend sind: Struktur, Ziele und Ideologie sowie Methoden. (Neumann 2009) Strukturell hat der »alte« Terrorismus einen klar definierten geografischen Schwerpunkt und ist größtenteils hierarchisch organisiert. »Neue« Terrorgruppen sind dagegen weniger formal organisiert, stellen eher ein Netzwerk da und sind darüber hinaus transnational aktiv. Bezüglich der Ziele und Ideologien ist der »alte« Terrorismus vornehmlich von säkularen Zielen getrieben (z. B. Nationalismus), den »neuen« Terrorismus zeichnet jedoch eine stärkere religiöse Prägung aus. Der Unterschied in den Methoden zeigt sich darin, dass »alte« Terrorgruppen vornehmlich politische und militärische Ziele angreifen, während Angriffe auf Zivilisten (mit hohen Opferzahlen) kennzeichnend für den »neuen« Terrorismus sind. Die Irish Republican Army (IRA) und die Rote Armee Fraktion (RAF) sind Beispiele für den »alten« Terrorismus, während Al-Qaida exemplarisch für die »neue« Form steht. Die Differenzierung zwischen »altem« und »neuem« Terrorismus ist nicht unumstritten. Kritiker haben darauf hingewiesen, dass religiös motivierter Terrorismus schon immer existiert hat, dass eine erhöhte Anzahl an zivilen Opfern auf andere Faktoren zurückzuführen ist, dass auch »alte« Terroristen unterschiedslose Angriffe durchgeführt haben und dass transnationale terroristische Netzwerke nichts Neues sind. (Crenshaw 2008; Kurtulus 2011)

Ebenso umstritten ist die Frage, ob es sich beim Terrorismus um eine Form des Krieges handelt und ob man gegen den Terrorismus Krieg führen kann. Bezüglich ersterem dreht sich die Debatte vor allem darum, ob Terrorismus eine Grenzform des Krieges darstellt oder ob es sich hierbei um ein Verbrechen schwerstkrimineller Art handelt. (Rotte 2019) Unter völkerrechtlichen Gesichtspunkten ist es jedoch schwierig, Terrorismus als Krieg zu kategorisieren, weshalb dieser eher in den Bereich der Strafverfolgung und des Verbrechens fällt. Pfetsch merkt deshalb an:

> »Es ist Vorsicht geboten, von Krieg in Zusammenhang mit dem Terrorismus zu sprechen, fehlen ihm doch die Merkmale ›kontinuierlicher und systematischer Einsatz von Gewalt innerhalb eines geschlossenen nationalen Zeitraums‹ sowie identifizierbarer und voneinander abgrenzbarer Akteure.« (Pfetsch 2017, S. 873)

Das Fehlen dieser den Krieg kennzeichnenden Merkmale stellt sich auch in Bezug auf die Frage, ob man gegen den Terrorismus Krieg führen kann. Befürworter argumentieren, dass sich der Krieg gewandelt habe. Sie sehen den Krieg gegen den Terrorismus entweder als eine neue Art des Krieges an, bei dem der Gegner keine Nation, sondern eine Bewegung ist, oder als einen »Krieg der Ideen« gegen den islamistischen Extremismus oder als Krieg ohne nationale Grenze oder als den ersten Krieg zwischen Staaten und Netzwerken an. (Reed 2008) Lawrence Freedman hingegen hat die Frage, ob man gegen den Terrorismus Krieg führen kann, schon früh als einer der ersten Kommentatoren verneint. Er weist darauf hin, dass der Begriff des Terrorismus eine Taktik beschreibt und somit keinen Gegner an sich darstellt. Es ist deshalb unmöglich, einen Krieg gegen den Terrorismus zu führen. (Freedman 2002)

Evolution der US-Strategie: Von GWOT zu globaler Aufstandsbekämpfung

In dem nun fast zwei Dekaden andauernden »Krieg gegen den Terrorismus« wandelte sich die amerikanische Strategie mehrfach. Anfänglich konzentrierte sich diese auf die Jagd nach Terroristen.

> »Als Wegweiser hierzu hat sie in der Nationalen Sicherheitsstrategie (NSS) von 2002 ein umfangreiches Weltordnungskonzept entwickelt. Der Grundgedanke dieses Konzepts war, dass sich Sicherheit für die Vereinigten Statten nur herstellen ließ, wenn eine Umwelt geschaffen würde, in der es weder Platz für Terroristen noch für sie unterstützende Regime mehr gab.« (Kahl 2017, S. 232)

Die NSS war dabei von zwei Prämissen geleitet (Berman 2006):

- Die erste Prämisse legte den Fokus auf militärische Aktionen. Hierbei standen einerseits das Töten und Festnehmen (*kill and capture*) von Terroristen und andererseits die militärisch herbeigeführte Transformation von Staaten im Zentrum. Teil dieser Prämisse war der Einsatz von Spezialkräften und Nachrichtendiensten, um einzelne Terroristen zu identifizieren, zu lokalisieren und festzunehmen oder zu töten, sowie die militärischen Interventionen in Afghanistan (2001) und im Irak (2003).
- Die zweite Prämisse fokussierte sich auf die Ideologie der Terroristen. Diese sollte durch eine Demokratisierungsinitiative und der Verbreitung liberalen Gedankengutes bekämpft werden. Die zweite Prämisse wurde jedoch nie im Detail dargelegt. (Berman 2006) Kahl stellt deshalb fest das, »auch wenn stets ein umfassender Ansatz gefordert wurde, um den Terrorismus dauerhaft besiegen zu können, so ist die amerikanische Terrorismusbekämpfung während der Regierungszeit Bushs deutlich militärisch orientiert geblieben.« (Kahl 2017, S. 232)

Obwohl die militärische Orientierung des amerikanischen Anti-Terrorismuskampfes unter der Regierung Bush nicht geändert wurde, so lässt sich doch ein Strategiewandel feststellen. Zwischen 2003 und 2008 erhielten Konzepte der Aufstandsbekämpfung aus der Zeit des Kalten Krieges Einzug in die amerikanische Anti-Terrorstrategie. Die Bekämpfung des internationalen Terrorismus wurde mehr und mehr als eine Form der globalen Aufstandsbekämpfung (*global counterinsurgency*) verstanden. (Sitaraman 2013) Hierdurch wandelte sich die Sicht auf den Krieg gegen den Terror. Der Terrorismus, gegen den die USA Krieg führten, wurde nicht länger als ein einzelnes globales Phänomen verstanden, sondern als ein Netzwerk aus regional gebundenen, jedoch transnational verbundenen und agierenden Aufständen. Statt sich auf eine *kill and capture*-Strategie zu fokussieren, setzten die Vereinigten Staaten vermehrt darauf, ein transnationales Netzwerk terroristischer Organisationen zu isolieren und zu zerstören, indem diesen die lokale Unterstützung entzogen wird. (Sitaraman 2013) Dies sollte durch Demokratisierung und eine bevölkerungszentrierte *hearts and minds*-Kampagne erfolgen. Der Schwerpunkt lag hierbei zunächst auf lokalen Netzwerken in Afghanistan und im Irak. Diese Kampagne wurde in den Folgejahren auf weitere Regionen in Afrika, Südostasien und dem Nahen und Mittleren Osten ausgedehnt.

Nach dem Wahlsieg von Barack Obama erfolgte eine noch stärkere Abkehr vom GWOT. Statt der Fokussierung auf eine Methode (Terrorismus) oder das Bekämpfen zahlloser regionaler Terroristennetzwerke rückte der Kampf gegen eine einzelne Terrororganisation, die Al-Qaida, ins Zentrum der amerikanischen Strategie. (Cutler 2018) Daher setzte die Obama Administration auf eine *light footprint*-Strategie. Bei dieser wurde zum einen auf lokale Sicherheitskräfte gesetzt, die alleine oder mit Unterstützung kleiner amerikanischer Kontingente Anti-Terror-Operationen durchführen. Zum anderen wurde der Einsatz amerikanischer Spezialeinheiten und neuer Technologien (wie Drohnen) intensiviert. Der Rückgriff auf lokale Sicherheitskräfte, amerikanische Spezialeinheiten und Kampfdrohnen wurde später als *remote warfare* kategorisiert. (▶ Kap. 6.3) Mit dem Antritt der Präsidentschaft durch Donald J. Trump zeigen sich Kontinuität, aber auch ein starker Wandel in der amerikanischen Terrorismusbekämpfung. Die Strategie des *remote warfare* wurde beibehalten und in Teilbereichen intensiviert. Dies zeigt sich vor allem in Bezug auf die Bekämpfung des sogenannten Islamischen Staates (ISIS), dessen Erstarken Kritiker teilweise auf den zu starken Fokus der Obama Administration auf die Bekämpfung Al-Qaidas zurückführen. (Neumann 2019) Während sich hierbei Kontinuität zeigt, lässt sich anhand der Feindbeschreibung der größte Bruch in der bisherigen amerikanischen Anti-Terrorstrategie feststellen. Nicht einzelne Netzwerke, Organisationen oder eine extremistische Ideologie stehen im Zentrum der Trump Doktrin, sondern zunehmend der Islam an sich. (Neumann 2019) Eine Unterscheidung zwischen Islam und Terrorismus wird hierbei bewusst vermieden.

Eine kritische Betrachtung des GWOT

Die Kritik am GWOT ist weitreichend und kann im Folgenden nur im Überblick umrissen werden. Kritische Betrachtungen des GWOT lassen sich in unterschiedliche Thematiken eingrenzen. Zunächst wurde wie oben angeführt moniert, dass der Begriff »Krieg gegen den Terrorismus« unzulänglich sei, da Krieg nicht gegen eine Taktik geführt werden kann. (Freedman 2002) Hiernach zielte die Kritik auf den ideologischen Unterbau des GWOT ab. Vor allem wurde der »Krieg gegen den Terrorismus« als Teil einer imperialen Ideologie gesehen, in der die Interessen der Vereinigten Staaten militärisch durchgesetzt werden und eine amerikanische Weltordnungspolitik legitimiert wird. (LaFeber 2002; Jhaveri 2004; Colás/Saul 2006) Nach diesen anfänglichen Debatten über die Strategie des GWOT wandte sich die Debatte mehr und mehr einer kritischen Analyse der Praktiken des GWOT zu. In ihrem Zentrum stehen einerseits die Methoden, mit denen der GWOT geführt wird, und andererseits die von diesen Methoden ausgehenden Auswirkungen auf die Gesellschaft. Ein Hauptkritikpunkt in Bezug auf die Methoden des GWOT findet sich in der Umgehung international gültiger rechtlicher Normen. So konstatierte Präsident Bush »[i]n einer Anordnung vom 7. Februar 2002 [...], dass der Krieg gegen den Terrorismus ein ›neues Paradigma‹ begründe, bei dem die Genfer Konventionen keine Anwendung fänden.« (Thimm 2018, S. 13) Unter dieser Prämisse wurde z. B.

der Einsatz von Folter, die die Bush Administration mit dem Euphemismus »erweiterte Verhörtechniken« (*enhanced interrogation techniques*) umschrieb, Teil der Terrorismusbekämpfung. Nachdem die Ereignisse in Abu Ghuraib und Guantanamo Bay Naval Base publik wurden, wuchs die Kritik an dieser Methode. Präsident Bush verteidigte den Rückgriff auf diese »alternative Methode«, da diese notwendig sei, um Leben zu retten. (Thimm 2018) Die Obama Administration kritisierte den Einsatz von Folter und distanzierte sich hiervon, scheiterte aber daran, Guantanamo Bay Naval Base zu schließen. Seit Beginn der Trump Administration wird dieses Mittel jedoch wieder eingesetzt und als eine Form der Bestrafung angesehen. (Neumann 2019)

Ebenfalls unter dem Blickwinkel rechtlicher Normen wurde das gezielte Töten (*targeted killing*) von Terroristen kritisiert. Diese Tötungen werfen Fragen hinsichtlich des humanitären Völkerrechtes sowie der staatlichen Souveränität auf, denn »[n]eben den bekannten Kriegsschauplätzen Afghanistan, Irak und Syrien, wo die USA wegen anhaltender militärischer Einsätze auf Basis des humanitären Völkerrechts für bewaffnete Konflikte agieren (das tödliche Gewalt gegen feindliche Kämpfer grundsätzlich erlaubt), waren seit dem 11. September Libyen, Jemen, Pakistan und Somalia ebenso Orte gezielter Tötungen.« (Thimm 2018, S. 24) Thimm erkennt in der Ausweitung dieser Methoden auch einen Prozess der Normalisierung. Bis 2010 hatte die amerikanische Regierung solche Einsätze noch größtenteils geheim gehalten, seitdem bekennt sie sich jedoch öffentlich dazu, ohne nennenswertem Widerstand ausgesetzt zu sein. (Thimm 2018) Der Prozess der Normalisierung bildet auch einen Hauptkritikpunkt bezüglich der zivilgesellschaftlichen Auswirkungen des GWOT. Seit den Anschlägen vom 11. September haben Staaten die Kompetenzen ihrer Sicherheitsbehörden ausgeweitet und Freiheits- sowie Bürgerrechte in Namen der Terrorismusbekämpfung beschnitten. (Jackson 2005) In den USA hat z. B. der *patriot act* Überwachungsbefugnisse ausgeweitet und die rechtliche Grundlage zum Sammeln und Speichern persönlicher Daten ausgebaut. Diese Praktiken wurden nach und nach normalisiert, was ein Einschränken dieser Einschnitte und Befugnisse erschwert. Auch haben Staaten die Sprache des GWOT instrumentalisiert, um sich beim gewaltsamen Vorgehen gegen aufständische Gruppierung und Dissidenten vor internationaler Kritik zu schützen. (Jackson 2005) Dazu wird angeführt, dass die Sprache und Praxis des GWOT den demokratischen Staat vor große Herausforderungen stellen. Zu diesen gehören eine Destabilisierung der Zivilgesellschaft, die Schwächung demokratischer Werte und die Untergrabung demokratischer Institutionen sowie die Verhinderung potentiell wirksamerer Ansätze zur Terrorismusbekämpfung. (Jackson 2005)

Durch die Analyse dieser Praktiken begann eine »kritische Wende« in der Terrorismusforschung, die die Forschung zum Terrorismus kritisch hinterfragt und den GWOT als eine Reihe sowohl institutioneller Praktiken als auch politischer Narrative ansieht. (Jackson 2016) Die kritische Terrorismusforschung fordert »mehr Reflexivität, das Hinterfragen von Wissen und das Betonen von Diskursen. Terrorismus wird als politisches Phänomen verstanden, dass durch Sprache und intersubjektive Praktiken erst konstruiert wird.« (Daase/Spencer 2011, S. 41) Kritische Terrorismusforschung beginnt somit »mit der Akzeptanz der Unsicherheit und Unmöglichkeit von neutralem und objektiven Wissen über Terrorismus.« (Daase/Spencer 2011, S. 41)

Die kritische Terrorismusforschung argumentiert zudem, dass Terrorismusbekämpfung dem Terrorismus nutze, da es diesem Legitimität verschafft, diesem bei der Mobilisierung von Unterstützern hilft und zur Aufrechterhaltung einer Gewaltspirale beiträgt. (Jackson 2005, S. 185).

Abschließend lässt sich folgendes feststellen: Obwohl der amerikanische Krieg gegen den Terrorismus Erfolge wie das sichtbare Schwächen der Al-Qaida vorweisen kann, zeigt die Forschung zum GWOT jedoch deutlich, dass der Krieg gegen den Terrorismus größtenteils gescheitert ist und eine große Anzahl von Leben und Ressourcen gekostet hat. Zwei große Kriege und zahlreiche kleinere Militäreinsätze haben bisher mehr als eine Million Opfer gefordert und zur Entstehung neuer terroristischer Gruppierungen wie ISIS beigetragen, Regionen wie der Nahe Osten wurden destabilisiert und eine Reihe von laufenden Friedensprozessen untergraben. Hinzukommen eine verstärkte Militarisierung, die Untergrabung des globalen Menschenrechtsregimes und ein verstärkter Antiamerikanismus. (Jackson 2016)

6.2 Hybride Kriege

In den letzten Jahren hat der Begriff des Hybriden Krieges Einzug in den internationalen sicherheitspolitischen Diskurs erhalten.

> »Der Ausdruck ›hybrid‹ geht zurück auf das lateinische Wort *hybrida* für ›Bastard‹, ›Mischling‹, das sich von dem griechischen Wort *hýbris* für ›Anmaßung‹, ›Übermut‹ ableitet, und bezeichnet eine Mischform beziehungsweise eine Kreuzung aus zwei oder mehreren Elementen. Bezogen auf Kriegsführung impliziert das Attribut die Kombination verschiedener Arten, Mittel und Strategien der Kriegsführung.« (Schreiber 2016, S. 11)

Der Begriff wurde ursprünglich verwendet, um die zunehmende Komplexität nichtstaatlicher Akteure auf dem Schlachtfeld an Orten wie Tschetschenien und dem Libanon zu beschreiben. Der Begriff »Hybrid« wurde soll in diesem Kontext veranschaulichen, wie Akteure wie die Hisbollah irreguläre und konventionelle Methoden der Kriegsführung mit anderen nichtmilitärischen Operationsmethoden auf neuartige und ungewohnte Weise kombinierten. Dies war in »dieser Form nicht erwartet worden [...], sodass eine neue Begrifflichkeit notwendig erschien.« (Schreiber 2016, S. 11) Im Fokus dieses Verständnisses des Hybridkrieges lag die Verwischung der traditionellen Kategorien von konventioneller und irregulärer Kriegsführung. Begrifflich wurde das Konzept des Hybriden Krieges in der akademischen Literatur durch den von James N. Mattis und Frank Hoffman im Jahr 2005 verfassten Artikel *Future Warfare: The Rise of Hybrid Warfare* maßgeblich geprägt. (Mattis/Hoffman 2005) Laut Hoffman charakterisiert den Hybriden Krieg eine komplexe Kombination verschiedener Formen der Kriegsführung. Er betont hierbei die Vermischung konventioneller und irregulärer Elemente über das gesamte Konfliktspektrum hinweg. (Hoffman 2007)

Es existiert jedoch keine allgemein akzeptierte Definition der Hybriden Kriegsführung. Dies führt zu Diskussionen, ob der Begriff überhaupt nützlich ist. Einerseits wird argumentiert, dass der Begriff zu abstrakt sei und nur eine weitere Begrifflichkeit darstelle, um irreguläre Formen der Kriegsführung zu bezeichnen. Als »Hybrid« bezeichnete Kriege stellen somit keine Neuartigkeit da. (Murray/Mansoor 2012) Andererseits wird der Begriff als eine Antwort auf sicherheits- und friedenspolitische Zukunftsfragen im 21. Jahrhundert verstanden. Die Art und Weise, wie der Begriff definiert wird, kann nämlich bestimmen, wie Staaten hybride Bedrohungen wahrnehmen, wie sie auf diese reagieren und welche staatlichen Stellen hierfür zuständig sein sollen. Ein Hauptproblem für eine Definition des Hybriden Krieges ergibt sich daraus, wie Hoffman anmerkt, dass das Hybrid-Konstrukt aus dem Blick auf den Feind abgeleitet wurde. (2009) Aufgrund dessen lässt sich der wissenschaftliche Diskurs über die Definition des Hybridkrieges in zwei Phasen einteilen: eine erste, in der dieser hauptsächlich als eine Methode angesehen wurde, derer sich nichtstaatliche Akteure bedienten (ca. 2005–2014), und eine zweite, in der nach der Einmischung Russlands in den Ukraine-Konflikt das Konzept der Hybriden Kriegsführung auch auf staatliche Akteure ausgedehnt wurde (seit ca. 2015). Im Folgende soll beiden Phasen nachgegangen werden.

Die Hybride Kriegsführung nichtstaatlicher Akteure

Der Hybriden Kriegsführung durch nichtstaatliche Akteure werden verschiedene Eigenschaften zugeschrieben.

- Ein erstes Merkmal besteht darin, dass diese Akteure ein erhöhtes Maß an militärischen Kapazitäten aufweisen, indem sie erfolgreich moderne Waffensysteme (wie Drohnen), Technologien (Cyber) und Taktiken (Terrorismus) einsetzen. Die gezielte Kombination dieser neu erworbenen konventionellen Techniken und Fähigkeiten mit unkonventionellen Methoden, wird als potentiell neues und bestimmendes Merkmal des nichtstaatlichen Hybridkrieges verstanden. Diese wurden traditionell als außerhalb der Reichweite von nichtstaatlichen Akteuren verortet.
- Ein zweites Merkmal der nichtstaatlichen, Hybriden Kriegsführung ist die Erweiterung des Schlachtfeldes über den rein militärischen Bereich hinaus und die wachsende Bedeutung nichtmilitärischer Methoden. Zu diesen Methoden gehören die Informationskriegsführung (Propaganda, Rekrutierung und ideologische Mobilisierung von Unterstützern außerhalb und innerhalb der Konfliktzone) und die Einflussnahme auf das »menschliche Terrain« in der Konfliktzone. Aus Sicht des nichtstaatlichen Akteurs kann dies als Form einer horizontalen Eskalation betrachtet werden, die nichtstaatlichen Akteuren in einem Konflikt mit militärisch überlegenen (staatlichen) Akteuren asymmetrische Vorteile verschafft. (Reichborn-Kjennerud/Cullen 2016)

Der im Jahr 2006 ausgetragene Konflikt zwischen Israel und der Hisbollah, der die Debatte über die Hybride Kriegsführung befeuerte und den Begriff einer breiteren Öffentlichkeit bekannt machte, verdeutlicht die Anwendung dieser zwei Merkmale des nichtstaatlich geführten Hybridkrieges. In diesem Konflikt überraschte die vom

Iran ausgebildete und ausgerüstete Hisbollah Israel mit einer ausgeklügelten Kombination aus Guerilla- und konventioneller Militärtaktik und verwendeter Waffen- und Kommunikationssysteme, die normalerweise mit den Streitkräften industrieller Staaten verbunden sind. Auf strategischer Ebene nutzte die Hisbollah das Internet und andere Medien effektiv, um die globale Meinung von Anbeginn des Konfliktes zu beeinflussen. Hierin erwies sich das Informationsmanagement der Hisbollah erfolgreicher als jenes der Israelis. (Wither 2016) Die Propagandakampagne der Hisbollah schaffte es, den Eindruck zu erwecken, als hätten sie der israelischen Armee katastrophale Verluste zugeführt und den Konflikt effektiv »gewonnen«, obwohl die Hisbollah die meisten Gefechten verlor. (Johnson 2018) Israel hatte somit zu jener Zeit zwar militärisch den Sieg auf dem Schlachtfeld errungen, den Wahrnehmungskampf jedoch verloren.

Die Hybride Kriegsführung staatlicher Akteure

Gesteigerte sicherheitspolitische Relevanz erhielt der Diskurs über den Hybriden Krieg durch den 2014 begonnen Konflikt in der Ukraine. Vor diesem Konflikt wurde die Hybride Kriegsführung fast ausschließlich wie oben beschrieben als eine Methode angesehen, derer sich nichtstaatliche Akteure bedienten, um in einem asymmetrischen Konflikt mit einer staatlichen Institution taktische und strategische Vorteile zu erlangen. Das russische Einwirken auf den Ukraine-Konflikt änderte dieses Verständnis. Für viele westliche Kommentatoren schien der Terminus Hybrider Krieg der beste Weg zu sein, um die vielfältigen Methoden zu beschreiben, die die Russische Föderation bei ihrer Annexion der Krim und der Unterstützung separatistischer Gruppen in der Ostukraine einsetzte. (Fridman 2018)

Rácz teilt das russische Vorgehen in drei Hauptphasen ein. (Rácz 2015, S. 57–67) In der »preparatory phase« (Vorbereitungsphase) wurden auf strategischer Ebene Schwachstellen in der staatlichen Verwaltung, der Wirtschaft und den Streitkräften identifiziert. Darüber hinaus wurde ein breites Netzwerk aus Nichtregierungsorganisationen und Medien in der Ukraine etabliert. Politisch, so Rácz, wurden innergesellschaftliche Spannungen geschürt und politische, wirtschaftliche und kriminelle Gruppierungen eng an Russland gebunden. Operativ seien in dieser Phase eine Desinformationskampagne begonnen, russische Proxies im Zielland mobilisiert und die russische Armee unter dem Vorwand eines Manövers an der russisch-ukrainischen Grenze positioniert worden. (Rácz 2015, S. 58–60) Hierauf folgte die »attack phase« (Angriffsphase) mit einer Eskalation der Spannungen durch organisierte Massenproteste, Sabotageaktionen, eine massive Propaganda-Kampagne und konventionelle Gewaltandrohung der vorher mobilisierten russischen Armee an der Grenze.

> »Anschließend seien der Regierung in Kiew die Handlungsmöglichkeiten genommen worden, indem durch prorussische Separatisten und die sogenannten ›polite green men‹ – Soldaten in russischen Uniformen jedoch ohne Hoheitsabzeichen – ukrainische Armeestützpunkte blockiert, Verwaltungsgebäude besetzt und Telekommunikationsverbindungen gekappt wurden.« (Martin 2016, S. 14)

Hierdurch konnte eine alternative politische Macht etabliert werden, bevor die letzte Phase, die »stabilization phase« (Stabilisationsphase) begann. »Hier wurde auf der politischen Ebene mit einem ›Referendum‹ die Unabhängigkeit sowie die anschließende offene russische Truppenpräsenz legitimiert. Zudem sei das Territorium der Krim dauerhaft militärisch und wirtschaftlich von der Ukraine getrennt worden.« (Martin 2016, S. 14) Zu den russischen Methoden gehörten somit eine Kombination aus konventionellen und irregulären Kampfhandlungen, aber auch die Unterstützung von politischen Protesten, großangelegten Cyber-Operationen und insbesondere eine intensive Desinformationskampagne. (Wither 2016) Unter dem Eindruck der Ereignisse in der Ostukraine wurden somit weitere Nuancen des Hybridkrieges hervorgehoben. Alamir fasst diese wie folgt zusammen:

> »die besondere Bedeutung des Faktors Information und die Nutzung sozialer Netzwerke im virtuellen Raum, die systematische Kontrolle (oder Zerstörung) ökonomischer und sozialer Infrastrukturen sowie die besondere Rolle der Zivilgesellschaft. Unmerklich hatte sich damit der Bezugspunkt der Diskussion um ›hybride Kriegführung‹ von irregulären Akteuren hin zum Einsatz durch einen staatlichen Akteur verschoben.« (Alamir 2015, S. 3)

Laut Bock ist die Hybride Kriegsführung durch eine

> »Verbindung von verdeckten und offenen Operationen, von politischen und wirtschaftlichen Maßnahmen, von Informationsoperationen und Propaganda, von Subversion und Cyberattacken bis hin zu militärischer Hilfe und dem verdeckten Einsatz von eigenen Spezialkräften gekennzeichnet.« (Bock 2015, S. 1)

Ein Hauptmerkmal ist, dass diese Form der Kriegsführung oft unterhalb der Schwelle des Gewaltmitteleinsatzes operiert und somit in einer Grauzone liegt, in der sich Kriegszustand und Frieden vermischen. Hierbei steht vor allem die strategisch innovative Nutzung von Ambiguität im Vordergrund. Die russischen Aktionen in der Ukraine verdeutlichen dies.

> »Einerseits unterstützt die russische Seite ukrainische Rebellen beziehungsweise nimmt dies für sich in Anspruch, sodass nicht eindeutig ist, wer der treibende Akteur ist; andererseits werden direkte russische Interventionen – wenn überhaupt – erst im Nachhinein zugegeben, wie beispielsweise bei der Besetzung und anschließenden Annexion der Krim durch Russland. Es herrscht also eine bewusst hergestellte und aufrechterhaltene Unklarheit über das militärische Handeln.« (Schreiber 2016, S. 13)

Wie die militärische Komponente so sind auch nichtmilitärische Aktionen von Ambiguität gekennzeichnet.

> »Zum einen beteiligt sich Russland als Vermittler und nicht als kriegsbeteiligter Akteur an den Verhandlungen zur Beendigung der Kampfhandlungen in der Ostukraine, sodass die Unklarheit über seine Rolle in dem Konflikt weiter aufrechterhalten wird; zum anderen verbreitet die russische Regierung im Rahmen einer aktiven Informationspolitik die russische Sichtweise sowohl über klassische (Staats-)Medien wie den Fernsehsender »RT« (ehemals »Russia Today«) als auch über soziale Netzwerke und andere Internetplattformen, wo eine staatliche Urheberschaft und Einflussnahme leicht verschleiert werden können.« (Schreiber 2016, S. 13)

Die Ambiguität wird im Hybridkrieg somit auf vielfältige Weise operationalisiert. Strategisch steht hierbei die Vermeidung eines konventionellen Krieges zwischen Staaten im Vordergrund. Hybride Operationen erreichen dies durch eine plausible Abstreitung der Aktionen, indem auf Stellvertreter oder nicht zuordnungsbare Kräfte (z. B. Kämpfer ohne Hoheitsabzeichen) zurückgegriffen wird. Die Hybride Kriegsführung kennzeichnet somit eine Abwesenheit von Transparenz.

Aus dem Blickwinkel westlicher Kommentatoren stellt sich der Hybridkrieg als eine vornehmlich gegen den Westen gerichtete Form der Kriegsführung dar. Dies deckt sich nicht mit dem russischen Verständnis. Viele russische Kommentatoren und Analysten argumentieren, dass Russland seit den 1980er-Jahren von den USA nachhaltig und effektiv angegriffen wird. Ereignisse wie die Perestroika und die »Farbrevolutionen« sowie multilaterale Organisationen (Internationaler Währungsfonds und Weltbank) gelten in ihren Augen als Instrumente irregulärer Kriegshandlungen, die Russland destabilisieren sollen. Aus russischer Sicht werden die Operationen auf der Krim und in der Ostukraine als strategische Verteidigungskampagnen verstanden, um den Hybridkrieg, den die USA gegen die nationalen Interessen und Werte Russlands führe, zu bekämpfen. Wenn russische Analysten zu diesem Thema schreiben, wird der Terminus Hybridkrieg nicht verwendet. Im russischen Diskurs werden vornehmlich die Begriffe »Krieg der neuen Generation« oder »Krieg ohne Grenzen« verwendet. Ersterer wurde im Westen durch ein von General Waleri Gerassimov (*1955), dem Chef des russischen Generalstabs, im Februar 2013 veröffentlichtes Papier bekannt. Folglich wird der russische Ansatz zum Hybridkrieg gelegentlich als Gerassimov-Doktrin bezeichnet. Laut Gerassimov ist die Zukunft der Kriegsführung durch folgende Charakteristika gekennzeichnet: »größere Bedeutung nichtmilitärischer Mittel, größere Rolle asymmetrischer Aktionen, Verwendung von Präzisionswaffen, Nutzung von Spezialkräften und internen Oppositionskräften sowie die zentrale Bedeutung von Informationsoperationen« (Ehrhart 2014, S. 26) Gerassimov stellt fest, dass viele der von ihm identifizierten Methoden nicht Teil der Aktivitäten sind, die traditionell in Kriegszeiten zu finden waren, jedoch typisch für die Kriegsführung im 21. Jahrhundert sind. Folgt man Gerassimov, so sind diese Methoden für das Erreichen strategischer Ziele wichtiger als militärische Mittel, da das gegnerische Kampfpotential durch das Schaffen sozialer Veränderungen gemindert wird und somit Ziele ohne den offensichtlichen Einsatz von Gewalt erreicht werden. (Fridman 2018)

Kritik am Paradigma des Hybridkrieges

Wie viele sicherheitspolitische Begriffe hat der Hybridkrieg erhebliche Kritik erfahren. Drei Punkte stehen dabei im Vordergrund. Der erste bezieht sich auf die Neuartigkeit der Hybriden Kriegsführung. Murray und Mansoor haben argumentiert, dass die Verwendung konventioneller und irregulärer Methoden nichts Neues in der Geschichte des Krieges darstellen und in unterschiedlichen Formen seit der Antike zu finden sei. (Murray/Mansoor 2012) Beim Hybridkrieg handele es sich somit um ein sicherheitspolitisches Schlagwort mit begrenztem analytischem Wert, das nichts Neues enthalte. Ein zweiter Kritikpunkt bezieht sich auf die konzeptuelle Klarheit des Begriffs. Da das Konzept des Hybridkrieges, wie Hoffman anmerkt, vom »Blick auf den Feind abgeleitet wurde«, werden dessen Definition und Bedeutung vom Untersuchungsgegenstand geleitet. Tamminga fordert, dass es aufgrund dessen sinnvoller wäre, »diese Art Kriegsführung an Einzelfällen zu beschreiben, statt sie

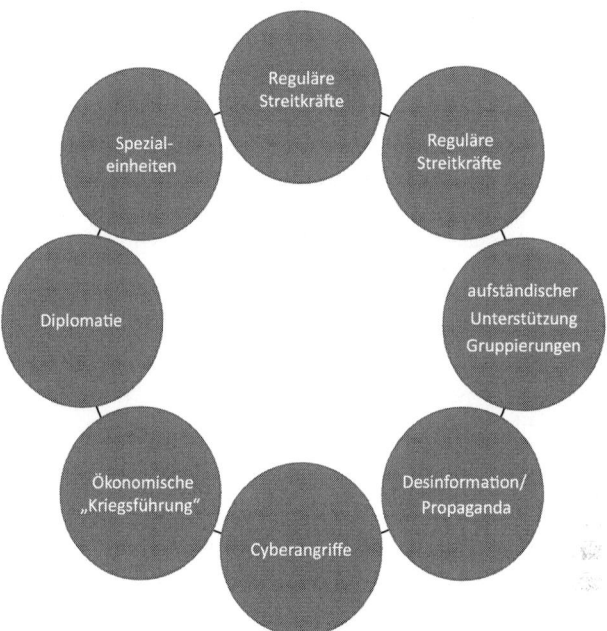

Abb. 14: Elemente des Hybridkrieges.

abschließend definieren zu wollen.« (Tamminga 2015, S. 2) Ein letzter Kritikpunkt bezieht sich darauf, dass das Konzept des Hybridkrieges die Grenzen zwischen Krieg und Frieden zu sehr verwische. Hierdurch ist es als Kriegsbegriff untauglich, da die Definition des Hybridkrieges eine Vielzahl von nichtmilitärischen Charakteristika aufweise (ökonomisch, diplomatisch etc.). In diesem Sinne sei der Hybridkrieg kein Krieg an sich, sondern konzeptionell mit der Gesamtstrategie eines Staates (*grand strategy*) gleichzusetzen. (Reichborn-Kjennerud/Cullen 2016)

6.3 *Remote warfare*: Kriegsführung aus sicherer Distanz

Die langwierigen Kriege in Afghanistan und dem Irak haben zu einem Strategiewechsel westlicher Interventionen geführt. Generell ist eine Abkehr von großangelegten *Boots on the Ground*-Einsätzen hin zu militärischen Interventionen ohne den Einsatz einer großen Anzahl von militärischen Streitkräften zu beobachten. Im Allgemeinen handelt es sich hierbei um eine Kombination aus Drohnen und Luftschlägen, die durch den Einsatz von Spezialeinheiten, Geheimdiensten, lokalen Proxies, privaten Militärunternehmen und militärischen Trainingsteams unterstützt werden. (Watts/Biegon, 2017, S. 1) Mit dem Ziel, die »Neuheit« dieser interventionistischen Kriegsführung zu definieren, hat sich laut Demmers und Gould ein Prägewettbewerb entwickelt. (2018) Ausgehend von den Begriffen *(counter-)netwars* (Arquilla/Ronfeldt 2001), *network war* (Duffield 2002), *Globaler Bürgerkrieg* (Hardt/Negri 2004), entstanden Begriffe wie *chaoplexic warfare* (Bousquet 2008), *coalition proxy warfare* (Mumford 2013), *surrogate war* (Krieg/Rickli 2019), *liquid warfare* (Demmers/Gould 2018) oder *remote warfare* (Knowles/Watson 2018; Riemann/Rossi 2020). Letzterer soll in diesem Kapitel beispielhaft als Begriff für diese neue Form der Kriegsführung stehen.

Zunächst wurde die Idee des *remote warfare* hauptsächlich auf technologische Veränderungen der Kriegsführung bezogen. Hierbei standen die technologischen Entwicklungen im Bereich der Militärrobotik und Drohnentechnologien im Fokus, die es ermöglichen, den Krieg per Fernsteuerung zu führen, weshalb der Begriff *remote control warfare* gewählt wurde. (Gusterson 2016) In den letzten Jahren lässt sich jedoch eine Abkehr von diesem engen, auf Technologie beschränkten Begriffsverständnis feststellen. *Remote warfare* wird zunehmend als eine umfassende Strategie verstanden, durch die Staaten unter Zuhilfenahme unterschiedlicher nichtstaatlicher Akteure, Technologien und eigener Spezialkräfte Bedrohungen auf Distanz entgegen wirken, ohne dass große Streitkräfte eingesetzt werden oder der Einsatz kleiner Kontingente eigener Streitkräfte publik gemacht wird. (Knowles/Watson 2018) Wichtig ist, dass der *remote warfare* nicht per definitionem die Verwendung von Fernwaffensystemen wie Drohnen erfordert, sondern auch die Ausbildung ausländischer Truppen oder den Einsatz von Spezialkräften umfassen kann. Es geht daher darum, auf eine festgestellte Bedrohung aus der Ferne zu reagieren. Das *remote* im Begriff *remote warfare* steht daher eher für strategische als für physische Distanz. (Knowles/Watson 2018)

In der Debatte über den Krieg auf Distanz werden vor allem drei Entwicklungen hervorgehoben, die zur Entstehung dieser Form der Kriegsführung maßgeblich beigetragen haben.

- Als erster Punkt wird darauf hingewiesen, dass die langwierigen und verlustreichen Bodenkriege in Afghanistan und im Irak ein Gefühl von Risikoaversion und Kriegsermüdung hervorriefen und somit eine »post-interventionistische« Phase einleiten. (Duffield 2002; Mumford 2013) Als Reaktion haben die USA und ihre Koalitionspartner (aber auch Großmächte wie Russland) einen Rückgriff auf »Präzisionsangriffe« mit einer Verschiebung zu kleineren, heimlichen und gezielteren Interventionen kombiniert.
- Als zweiter Kernpunkt werden militärische Entwicklungen angeführt. Die Fortschritte in der Militärrobotik, insbesondere der Kampfdrohnentechnologie, ermöglichen neue Formen des Interventionismus ohne die politischen Konsequenzen, die oft mit großangelegten Militäreingriffen einhergehen. Es wird somit impliziert, dass neue Technologien ein Schlüsselelement dieser neuen Formen der Kriegsführung sind. (Demmers/Gould 2018)
- Der dritte angeführte Grund bezieht sich auf die zunehmende Vernetzung des Krieges. Dieses Argument beinhaltet die Auffassung, dass die »Feinde des Staates« in schattenhaften Netzwerken und Zellen operieren, weshalb der Staat auf eine ähnliche Taktik zurückgreifen muss.

Tab. 4: Spektrum des *remote warfare* (angelehnt an Watson 2018).

Eigenständige Operationen	Partner-Operation	Training/Ausbildung/Beratung	Unterstützung
Gezielte Tötungen	Gemeinsam durchgeführte Operationen	Ausbildung ausländischer Truppen/bewaffneter Gruppen	Politische Unterstützung
Begrenzte Angriffe (z. B. durch Spezialkräfte, Drohnen)	Unterstützung bei der Zielauswahl/Austausch von Geheimdienstinformationen	Beratung von Regierungen/Behörden/bewaffneten Gruppen	Waffenexporte
	Luftunterstützung		Finanzielle Unterstützung

Konsequenzen des *remote warfare*

Das Ausweichen von Staaten auf die Kriegsführung auf Distanz wird in der Konfliktforschung stark kritisiert. Hierbei stehen zwei Kritikpunkte im Zentrum dieser Debatte. Der erste Kritikpunkt weist auf die zunehmende Verschleierung des Krieges hin. Da der *remote warfare* auf eine Kombination aus Drohnenangriffen, Luftangriffen, Spezialeinheiten, Geheimdienstmitarbeitern, privaten Militärunternehmen und lokalen Proxies zurückgreift, bleiben diese militärischen Interventionen und ihre Folgen weitgehend vor der Öffentlichkeit verborgen. Knowles und Watson merken in einer Fallstudie über die britische Regierung an, dass die Bevölkerung Großbritanniens große militärischere Interventionen derzeit nicht unterstützt, weshalb die Regierung eine strengere Geheimhaltung bei der Reaktion auf Sicherheitsbedrohungen einführte. Infolgedessen investierte die britische Regierung in Strategien des *remote warfare*, um verdeckt Krieg zu führen. Diese militärischen Einsätze gelten als »nicht kämpfende« und unterstützende Aktivitäten. Infolgedessen fallen sie häufig in eine Grauzone bestehender Rechtsvorschriften und Aufsichtsmechanismen. (Knowles/Watson 2018) Krieg und Rickli verdeutlichen diese Aspekte am Beispiel privater Militärfirmen. (Krieg/Rickli 2019) Sie argumentieren, dass Staaten durch die Auslagerung verschiedener militärischer Aufgaben an private Sicherheits- und Militärfirmen diskret Kriege führen können, da diese die wirtschaftlichen und humanitären Kosten sowie die Zahl des eingesetzten Militärpersonals verschleiern. Darüber hinaus wird angemerkt, dass es aufgrund der komplexen Mischung aus Allianzen und beteiligten Akteuren in diesen Konflikten hinsichtlich der *remote warfare* oft schwierig ist, Verantwortungslinien und zugrunde liegende Machtkonstellationen aufzuzeigen. (Demmers/Gould 2018) Dies erlaubt es Staaten, die Verantwortung für diese Konflikte abzulehnen, da sie oft nicht direkt oder nur schwer nachweisbar an Kampfhandlungen beteiligt sind. Biegon und Watts argumentieren deshalb, dass diese Praxis ernsthafte Fragen zur Rechenschaftspflicht und Rechtmäßigkeit solcher Militäreinsätze aufwirft. (Watts/Biegon 2017)

Der zweite Kritikpunkt bezieht sich auf die Deterritorialisierung und zeitliche Unbefristheit des *remote warfare*. Traditionell war der konventionelle Krieg an bestimmte räumliche und zeitliche Konfigurationen gebunden. So ist der Krieg geografisch auf ein bestimmtes Gebiet und zeitlich durch Kriegserklärung und Friedensschluss begrenzt. Der *remote warfare* stellt dieses Paradigma in Frage. (Riemann/Rossi 2020) Auch lösen sich klare Abgrenzungen zwischen Kombattanten und Nichtkombattanten auf, wie der Einsatz von Kampfdrohnen verdeutlicht. Der Einsatz dieser Waffe macht es schwieriger, zwischen Kategorien Krieg und Frieden, Soldat und Krimineller, Militär und Polizei zu unterscheiden, und führt somit zu einer Unschärfe und Verkomplizierung dieser Kategorien. (Gregory 2011; Demmers/Gould 2018) Ein Hauptgrund hierfür liegt darin, dass Drohnenangriffe nicht auf einen bestimmten Staat und dessen Streitkräfte abzielen, sondern Individuen ins Visier nehmen, wodurch das Schlachtfeld ausgeweitet wird. Dies hat gefährliche Folgen für das Völkerrecht, da das Ziel eines militärischen Angriffes nicht länger auf ein bestimmtes Territorium abzielt, sondern den menschlichen Körper selbst als Ziel hat, wodurch das Prinzip der Staatssouveränität umgangen wird. (Shaw/Akhter 2014) Der Krieg gegen den Terror ist in diesem Sinne exemplarisch, da das Ziel dieses Krieges keinen territorialen Anspruch hat und mit dem »Terroristen« ein Ziel ins Visier genommen hat, das weder ein klarer »feindlicher Kombattant« noch ein »Krimineller« ist.

Remote Warfare Exkurs: Drohnen und die Automatisierung des Krieges

Eine der Haupttechnologien im *remote warfare* sind Kampfdrohnen. Kampfdrohnen sind unbemannte, ferngesteuerte Flugzeuge, bei denen der Pilot nicht in einem Cockpit, sondern oft hunderte, gar tausende Kilometer vom Einsatzgebiet entfernt sitzt. Derzeit besitzen etwa 70 Staaten Drohnen, die zu militärischen Zwecken eingesetzt werden können, wobei die USA und Israel Vorreiter beim Einsatz und der Entwicklung dieser Waffensysteme sind. Die Entwicklung von Kampfdrohnen und die voranschreitende Automatisierung und Roboterisierung des Krieges sind allerdings keine Überraschung, denn eine erfolgreiche Kriegsführung sieht oft vor, größtmöglichen Schaden beim Gegner bei niedrigen eigenen, vor allem menschlichen Verlusten zu erreichen. Kampfdrohnen bieten hierbei zwei entscheidende Vorteile:

- Erstens führt ein Drohnenabschuss nicht zu einem Todesopfer auf der eigenen Seite, da Drohnenpiloten die Drohne mehrere Kilometer weit entfernt vom eigentlichen Einsatzgebiet steuern und somit das Risiko für eigene Verluste minimieren.
- Zweitens sind die Kosten für diese Technologie relativ gering. Die Kosten der amerikanischen Predator-Drohne betragen pro Stück etwa 4,5 Millionen Dollar. (Singer 2009) Das mag zunächst nach einer großen Summe klingen, relativiert sich aber im Vergleich zu den Kosten für ein modernes Kampfflugzeug. Für den Preis des neuesten Kampfjets des US-Militärs, der F-35 Lightning II, lassen sich 30 Predator-Drohnen beschaffen.

Aufgrund des nahezu ausgeschlossenen Verlustes eigener Truppen und der niedrigen Anschaffungskosten sind Kampfdrohnen zu einer »beunruhigend verlockenden«

Technik in der Kriegsführung geworden. (Singer 2009) Einige Wissenschaftler sprechen deshalb in Bezug auf die Kampfdrohnenentwicklung auch oft von einer militärischen Revolution (*Revolution in Military Affairs*). (Kreuzer 2016) Bevor diese neue Kriegstechnologie näher erläutert wird, soll zunächst ein Überblick über dessen historische Entwicklung anhand von Fallbeispielen gegeben werden.

Kampfdrohnen

Die Geschichte unbemannter fliegender Fahrzeuge (*unmaned aerial vehicles*; UAV) beginnt in den ersten Dekaden des 20. Jahrhunderts. Diese frühen, pilotlosen Flugzeuge wurden per Katapult in die Luft gebracht und per Funksteuerung manövriert. Eines der bekanntesten dieser ersten Exemplare war die britische *Queen Bee*, die 1935 von der Royal Air Force zur Zielpraxisübungen für britische Piloten entwickelt wurde. Mit der zunehmenden technologischen Entwicklung erweiterte sich das Aufgabenspektrum von Drohnen. So benutzen die USA in der Beteiligung am Vietnamkrieg (1964–1975) Drohnen zu Aufklärungszwecken, als Attrappen zur Ablenkung von Boden-Luft-Raketen und als Teil der psychologischen Kriegsführung, da sie Flugblätter über von dem Vietcong kontrollierten Gebieten abwarfen. Der militärische Nutzen von Drohnen blieb jedoch gering. Dies änderte sich Anfang der 1980er-Jahre. Wegweisend hierfür war der erfolgreiche Einsatz israelischer Drohnen während des Libanonkrieges (1982). Beeinflusst von der Erfahrung der israelischen Erfolge steigerte sich das militärische Interesse an der Entwicklung dieser Technologie. Dies leitete die Ära der Kampfdrohnen ein, denn weltweit begannen Staaten, ihre Bestrebungen zur Erforschung und Entwicklung dieser Technologie zu intensivieren. Dies wurde durch technologische Entwicklungen in den 1980er-Jahren begünstigt. Hierzu zählen die Erfindung besserer und leichterer Kameratechnologien, der Ausbau des globalen Navigationssatellitensystems (GPS) sowie die Weiterentwicklung des Mikrochips, der eine schnellere Datenverarbeitung ermöglichte. Die USA wurden im Bereich der militärischen Drohnenentwicklung führend und setzten die erste moderne Drohne, den RQ-1 Predator, 1995 in Bosnien ein. Der Auftrag dieser Drohnen war weiterhin die Aufklärung, worauf auch das R im Namen der Drohne hinweist, da es für *reconaissance* (Aufklärung) steht. Der Buchstabe Q ist die Bezeichnung für ein unbemanntes Flugsystem. Diese neue Technologie erlaubte es dem US-Militär, seiner Vision von einer totalen informationellen Aufklärung des Schlachtfeldes (*total battlefield awareness*) sehr nahe zu kommen, da diese Drohnen über 24 Stunden autonom ein Gebiet überwachen und somit über einen langen Zeitraum militärtaktische Informationen gewinnen konnten, die in Echtzeit an die Heeresleitung weitergegeben wurden.

Nach den Terroranschlägen vom 11. September 2001 weiteten die Vereinigten Staaten den Einsatz der Predator-Drohnen massiv aus. Der Krieg gegen den Terror stellte jedoch neue Anforderungen an diese Technologie, da sie nicht länger als reine Aufklärer fungieren, sondern auch Kampfeinsätze fliegen sollten. Dies führte in der Weiterentwicklung der RQ-1 zur ersten modernen Kampfdrohne, dem MQ-1 Predator. Mit der Indienstnahme der MQ-1 hatte sich die Drohne von einer generellen Aufklärungstechnologie zu einer Waffe verändert. Die erste durch eine Predator-

Drohne durchgeführte gezielte Tötung (*targeted killing*) fand im Februar 2001 in Afghanistan statt. Das Ziel war ein »großer Mann«, von dem die US-Streitkräfte ausgingen, es sei Osama bin Laden. Diese Information stellte sich jedoch als falsch heraus und die Opfer des Drohnenangriffes waren Zivilisten, die Metallschrott sammelten. (Shaw 2013) Nichtsdestotrotz wurden Kampfdrohnen zu einem der bedeutendsten Waffensysteme im Krieg gegen den Terror.

Von Beginn an waren diese Einsätze nicht auf Afghanistan beschränkt. Sie wurden u. a. auch in Jemen, Pakistan und Somalia sowie im Irak eingesetzt. Flogen die USA unter der Präsidentschaft von George W. Bush ca. 50 Drohnen Einsätze zur gezielten Tötung, so erhöhte sich diese Zahl während Barack Obamas Amtszeit auf 450. (Horowitz, Kreps/Fuhrmann 2016) Im Zeitraum dieser beiden Präsidentschaften nahmen die USA auch weitere Drohnen in ihr Arsenal auf. Am bekanntesten sind hierbei die Reaper Drohne, die schwerer bewaffnet ist als der Predator, und die Global Hawk Drohne, die vom Feind fast ungesehen in einer Höhe von bis zu 20 Kilometern und über einen Zeitraum von 40 Stunden Einsätze fliegen kann. Angetrieben von der Ausweitung der amerikanischen Einsätze und der Inbetriebnahme weitere Drohnenmodelle, strengten sich weltweit Staaten an, auch in den Besitz dieser Waffensysteme entweder durch eigene Programme zur dessen Entwicklung oder durch den Kauf amerikanischer Technologie zu gelangen. Verfügten Anfang des Jahrtausends lediglich 17 Staaten über militärisch nutzbare Drohnen, so sind ist gegenwärtig bereits 77. Bisher besitzen jedoch nur wenige Staaten bewaffnete Drohnen. Derzeit verfügen neben den USA neun weitere Staaten über bewaffnete Drohnen (China, Großbritannien, Indien, Iran, Irak, Israel, Italien, Nigeria und Pakistan) und es wird vermutet, dass ein weiteres Dutzend Staaten versuchen, auch in den Besitz von Kampfdrohnen zu kommen. (Horowitz, Kreps/Fuhrmann 2016) Aufgrund dieser Entwicklung sprechen Forscher von einer Aufrüstung und einem Wettrüsten um unbemannte Waffensysteme.

Kontroversen und Debatten

Obwohl die Roboterisierung von Kriegssystemen eine relativ neue Entwicklung der Kriegsführung darstellt, so hat dieser Prozess doch bereits vielfältige fundamentale Fragen und Probleme in Bezug auf diese neuen Technologien aufgeworfen. Hierbei stehen vor allem Fragen zu dessen militärischer Effektivität sowie humanitäre, ethische und rechtliche Fragen im Mittelpunkt. Aus militärtaktischer Sicht haben sich vor allem drei Probleme herauskristallisiert.

- Erstens hängt die Effektivität des Drohneneinsatzes von einer zuvor erreichten Lufthoheit ab, da Drohnen verhältnismäßig einfach abgeschossen werden können. Dies liegt daran, dass gegenwärtige Drohnen im Vergleich zu modernen Kampfflugzeugen nur über eine relativ geringe Geschwindigkeit verfügen und darüber hinaus selten mit einer Tarntechnologie ausgerüstet sind. Drohnen sind deshalb in ihrem militärischen Nutzen eingeschränkt, da ihre Effektivität nur gegeben ist, wenn der Feind nicht über eine eigene Luftwaffe oder ein ausgereiftes Flugabwehrsystem verfügt. Deshalb ist die Effektivität von Drohnen bisher nur in asymmetrischen Konflikten gegeben.

- Zweitens wird die Anfälligkeit von Drohnen für Hackerangriffe und *communication denial* angeführt, die es feindlichen Kräften erlauben könnte, die Drohne fremdzusteuern oder die Kommunikationsverbindung zum Piloten zu kappen.
- Drittens werden die Auswirkungen dieser Technologie auf den Menschen kritisiert. Dieser Kritikpunkt bezieht sich im Speziellen auf dessen Folgen für die Zivilbevölkerung sowie den Drohnenpiloten. Bezüglich ersterer wird angemerkt, dass Drohnenangriffe auf der ganzen Welt innerhalb und außerhalb etablierter Schlachtfelder durchgeführt werden können. Nach Ansicht einiger Wissenschaftler wird damit der grundlegende Unterschied zwischen Kriegs- und Friedenszeiten sowie zwischen Kriegsgebieten und Friedenszonen aufgehoben. (Gregory 2011; Demmers/Gould 2018) Aufgrund dieser konstanten Bedrohung aus der Luft erleiden Zivilisten, die in betroffenen Gebieten leben, schwere psychische Schäden. (Holewinski 2012) Bezüglich der Auswirkungen auf den Drohnenpiloten merken Kritiker der Automatisierung des Krieges an, dass der Drohnenpilot in einem weit entfernten Raum sitzt und das Kriegsgeschehen nur über Bildschirme verfolgt, wodurch das Töten als eine Art Videospiel wahrgenommen werden kann. Der englische Politikwissenschaftler Christopher Coker spricht in diesem Zusammenhang auch von einer Dissoziation des Krieges. (Coker 2013) Dissoziation beschreibt einen Prozess der Abspaltung, Separation und Isolation von psychischen Vorgängen und Wahrnehmungen. Dieser Vorgang schützt die Person einerseits, da belastende Inhalte ferngehalten oder abgemildert werden, andererseits unterliegen die abgespaltenen Inhalte aber nicht länger der bewussten Kontrolle der Person. Dies hat weitreichende psychologische Folgen. Neue Studien in diesem Bereich haben offengelegt, dass Drohnenpiloten extremem psychologischen Stress ausgesetzt sind, der zu ähnlichen posttraumatischen Belastungsstörungen wie bei Soldaten im direkten Kriegseinsatz führt. (Otto/Webber 2013)

Neben den Auswirkungen auf den Menschen wird der Einsatz von Drohnen auch aus ethischen Blickwinkeln debattiert. Hierbei wird insbesondere die moralische Legitimität des Einsatzes dieser Waffensysteme hinterfragt. Zwei Problemstellungen stehen dabei im Mittelpunkt. Die erste befasst sich mit Fragen bezüglich der Fairness im bewaffneten Konflikt. Kampfdrohnen haben zu einer radikalen Asymmetrie in der Kriegsführung geführt, da sich der Drohnenpilot außerhalb der Reichweite des Gegners befindet und somit ein Risiko auf beiden Konfliktseiten nicht länger gegeben ist. (Galliot 2012) Die zweite ethische Problemstellung betrifft die Entscheidungsträger für einen militärischen Einsatz. Da Drohnen eigene, menschliche Verluste ausschließen, können sie es Regierungen erleichtern, kriegerische Auseinandersetzungen zu führen, da kaum mit negativen, politischen Konsequenzen für diese zu rechnen ist. Dies gestaltet sich anders bei dem Einsatz von Bodentruppen, denn diese können zu eigenen Verlusten führen und müssen deshalb von Entscheidungsträgern ausgiebig gerechtfertigt werden. Der Einsatz von Drohnen umgeht diese Entscheidungen jedoch, da der Krieg scheinbar risikolos geführt werden kann – zumindest für die Seite, die über Kampfdrohnen verfügt, was wiederum Fragen hinsichtlich der Asymmetrie aufwirft.

Der Einsatz von Kampfdrohnen wirft auch rechtliche Fragen auf. Diese können hier nur schemenhaft umrissen werden. Ein Grundproblem aus völkerrechtlicher

Perspektive ist zunächst »der Umstand, dass es sich bei den Drohnen selbst nicht um Waffen, also ›Kampfmittel‹ im technischen Sinne handelt, sondern vom Grundansatz her einzig und allein um ein (unbemanntes) militärisches Luftfahrzeug, das als Waffenplattform dient. Vom humanitären Völkerrecht reguliert werden aber allein die Kampfmittel, nicht die Waffenplattformen.« (Oeter 2014, S. 36–37) Es ist deshalb umstritten, ob der Einsatz von Drohnen grundlegend andere rechtliche Fragen aufwirft als solche, die von Marschflugkörpern und Kampfflugzeugen ausgehen. Oeter merkt in diesem Sinne an: »Unbehagen löst letztlich nicht die Waffenplattform oder die Lenkmunition als Kampfmittel aus, sondern das typische Einsatzszenario der bewaffneten Drohnen [...].« (2014, S. 37) Drohnen werden sowohl innerhalb von bewaffneten als auch außerhalb von bewaffneten Konflikten eingesetzt. In ersteren gilt das humanitäre Völkerrecht, das es erlaubt, zulässige militärische Ziele zu attackieren, aber auch Regelungen zum Schutz der Zivilbevölkerung vorsieht. Der Einsatz von Drohnen hat die physische Begrenzung des Schlachtfelds jedoch verändert und eine Debatte darüber angestoßen, wo die Grenzen des legalen Schlachtfelds beginnen und wo diese enden. Ohne ein klar eingegrenztes Schlachtfeld werden Gesetze undeutlich. Dies zeigt sich vor allem in Bezug auf *targeted killing* (»gezielte Tötungen«). *Targeted killings* werfen völkerrechtliche Fragen auf: »Wenn sie der Strafverfolgung tatverdächtiger Zivilpersonen gelten, müssen sie menschenrechtliche Mindeststandards einhalten; wenn sie in bewaffneten Konflikten stattfinden, müssen sie die Normen des humanitären Völkerrechts beachten (*jus in bello*).« (Richter 2013, S. 2) Die Einhaltung dieser rechtlichen Standards ist beim Drohnenkrieg jedoch oft fraglich. Dies zeigt sich vor allem bei den sogenannten *signature strikes*, die zu einem Mittel im amerikanischen Krieg gegen den Terrorismus geworden sind. Bei diesen Angriffen werden nicht direkte Kombattanten angegriffen, sondern Personen und Menschengruppen, deren Verhaltensmuster einen Verdacht des Terrorismus nahelegen. Hierdurch vergrößert sich jedoch die Gefahr eines irrtümlichen Angriffs sowie die Zahl ziviler Opfer. (Paech 2013)

Noch schwieriger wird die rechtliche Stellung beim Einsatz von Drohnen zur gezielten Tötung in Situationen jenseits des bewaffneten Konfliktes.

> »Hier gelten grundsätzlich die Gewährleistungen der Menschenrechte. Gezielte Tötungen sind [...] nur in Extremfällen der unmittelbaren Notwehr oder Nothilfe bei akutem Angriff auf das Leben der Einsatzkräfte oder unbeteiligter Dritter möglich. Den (militärischen) Einsatz bewaffneter Drohnen schließt dies nahezu vollumfänglich aus.« (Oeter 2014, S. 38)

Darüber hinaus stellt sich aufgrund der globalen Ausdehnung dieser Einsätze die Frage, ob diese die in der UN-Charta verankerte Rechtsvorschriften (*jus ad bellum*) verletzen. (Richter 2013) Befürworter des Drohneneinsatzes argumentieren, dass der Einsatz von UAVs die Grundprinzipien des humanitären Völkerrechts schütze und unbeabsichtigte Verstöße gegen das humanitäre Völkerrecht minimieren könne. (Lewis 2013) Erstens habe die Entfernung des Drohnenpiloten vom Kampfgeschehen den Vorteil, dass der Pilot nicht selbst zum Ziel wird und somit klare Entscheidungen treffen kann. Zweitens erlaube die lange Zielbeobachtung durch hochauflösende Kameras eine detaillierte Aufklärung vom Geschehen im Einsatzgebiet.

6.4 Der Cyber-Krieg – Kriegsführung im Informationszeitalter

Während der Cyber-Krieg vor einiger Zeit noch nach Science-Fiction-Szenarien klang, so ist er in den letzten Dekaden zu einer Realität der modernen Kriegsführung geworden. Getrieben von der rasanten Entwicklung der Informationstechnologie hat sich der Kriegsführung nach Land, Wasser, Luft und Weltraum die fünfte Dimension des Cyber-Raums (oder Cyberspace) geöffnet. Dass dieser Raum ein Schlachtfeld der Zukunft darstellt, haben zuerst zwei Wissenschaftler der RAND Corporation, einem amerikanischen Thinktank, in einer 1993 veröffentlichten Abhandlung mit dem Titel *Cyberwar is coming!* thematisiert. (Arquilla/Ronfeld 1993) In diesem wegweisenden Artikel, der den Begriff des Cyber-Krieges erschuf, warnen die Autoren vor den sicherheitspolitischen Folgen der stetig steigenden Vernetzung der Gesellschaft im Informationszeitalter.

Begriffliche Einordnung

Eine Auseinandersetzung mit dem Phänomen des Cyber-Krieges setzt zunächst eine begriffliche Einordnung voraus. Die Erarbeitung einer Definition des Cyber-Krieges erweist sich derzeit jedoch als schwierig. Ein vornehmlicher Grund hierfür ist, dass das Phänomen selbst noch sehr jung ist und es deshalb kaum praktische Beispiele gibt, auf deren Grundlage eine Einordnung vorgenommen werden kann. Stattdessen »besteht in der Literatur eine recht stark ausgeprägte Vielfalt sich überschneidender und bisweilen konvergierender Begriffe, welche neben den informationstechnischen Grundlagen die systematische Erfassung und Einordnung des Cyberbereichs in das Phänomen Krieg nicht gerade erleichtern.« (Rotte 2019, S. 308) Bei einer Betrachtung des Cyber-Krieg-Begriffes ist es zudem unabdingbar, sich die Trennung zwischen dem eigentlichen Kriegszustand und dem politischen Konzept des Krieges bewusst zu machen. Der Krieg kann als Konzept gesehen werden, das zur Beschreibung unterschiedliche Zustände benutzt werden kann, da es nicht auf den bewaffneten Konflikt zwischen Staaten beschränkt ist, sondern auch einen symbolischen Charakter (»Der Krieg gegen Drogen«) besitzt. (▸ Kap. 1) Der Begriff des Cyber-Krieges bildet dabei keine Ausnahme, denn er wird ebenfalls benutzt, um unterschiedliche Phänomene zu beschreiben. Die Beispiele hierfür reichen vom Diebstahl privater Bankkundendaten über die Störung von Kommunikationssystemen (z. B. der Russisch-estländische Cyber-Krieg) bis hin zur »echten« Kriegsführung, die durch Cyber-Fähigkeiten unterstützt wird. Aus diesem Grund wird in der Literatur zwischen Cyber-Spionage, Cyber-Kriminalität, Cyber-Terrorismus und Cyber-Krieg unterschieden. (Rid 2012)

Cyber-Spionage beschreibt den Versuch, in das IT-System gegnerischer Regierungsinstitutionen und deren Streitkräften einzudringen, um in Besitz von sensiblen oder geschützten Informationen zu gelangen. »Attraktiv sind beispielsweise Informationen über militärische Kapazitäten und Strategien sowie Verteidigungskonfigurationen von einzelnen Zielcomputern oder ganzen Systemen.« (Hegenbart 2014,

S. 4) Cyber-Spionage wird insbesondere von staatlichen Nachrichtendiensten oder in staatlichem Auftrag stehenden privaten Hackern (*cyber-mercenaries*) über den Cyber-Raum betrieben. (Maurer 2018) Empirisch betrachtet sind die überwiegende Mehrheit aller Vorfälle im Bereich der Cyber-Sicherheit ein Fall von Spionage. (Rid 2012) Cyber-Kriminalität ist darauf ausgerichtet, durch illegale Aktivitäten im Cyberspace finanzielle Gewinne zu erzielen. Cyber-Kriminelle können sowohl Gruppen als auch Einzeltäter sein. Die Straftaten in diesem Bereich »weisen eine große Bandbreite auf und umfassen Delikte wie z. B. Kreditkarten- und Warenbetrug, Identitätsdiebstahl und Erpressung.« (Hegenbart 2014, S. 4) Cyber-Terrorismus beschreibt die Konvergenz von Cyberspace und Terrorismus. Er wird allgemein als eine Handlung verstanden, die

- im Cyberspace von nichtstaatlichen Akteuren (Einzelpersonen, Gruppen oder Organisationen) ausgeführt wird;
- direkt oder indirekt von einer terroristischen Bewegung/Ideologie beeinflusst wird;
- dazu motiviert ist, einen politischen oder ideologischen Wandel herbeizuführen;
- zu Gewalt führt, die über das unmittelbare Opfer oder Ziel hinaus physische und psychische Auswirkungen hat. (Luiifj 2014)

Potentielle Ziele sind vor allem kritische Infrastrukturen.

> »Terroristische Cyber-Anschläge können beispielsweise Trinkwasservorräte kontaminieren oder Flugzeugabstürze und massive Stromausfälle verursachen. Sie haben somit das Potential, nicht nur kostspielige Störungen hervorzurufen, sondern vielmehr zu Personen- oder Sachschäden zu führen.« (Hegenbart 2014, S. 4)

Der Cyber-Krieg »bezeichnet die kriegerische Auseinandersetzung mit den Mitteln der Informationstechnologie.« (Saalbach zitiert nach Rotte 2019, S. 317) Der Cyber-Krieg ist somit der virtuelle Einsatz militärischer Machtmittel, um wie bei dem Einsatz konventioneller Streitkräfte ein politisches Ziel zu erreichen. Umstritten ist, ob der Cyber-Krieg einen direkten kinetischen Effekt in der physischen Welt erfordert. (z. B. McGraw 2012; van Puyvelde/Brantly 2019 S. 91–104) Bisher lassen sich jedoch die klassischen Merkmale des Krieges wie etwa physische Gewalt oder anhaltende Auseinandersetzungen bei bisherigen als Cyber-Krieg bezeichneten Ereignissen kaum feststellen. (Thiel 2015)

Der Cyber-Raum

»Grundlage der informationstechnologisch dominierten Konfliktaustragung zu Beginn des 21. Jahrhunderts ist der Cyber-Raum, der jedoch kein fundamental neues, sondern ein sich mit der Fortentwicklung dieser Informationstechnologien seit dem 19. Jahrhundert erweiterndes und vertiefendes Phänomen darstellt«. (Rotte 2019, S. 308–309) Der Begriff Cyber-Raum ist ein Neologismus, der auf die 1982 veröffentlichte Kurzgeschichte *Burning Chrome* des Science-Fiction-Autors William Gibson zurückgeht. Bisher besteht keine einheitliche Definition des Terminus Cyberspace. Im Allgemeinen wird der Cyber-Raum als ein digitaler, vernetzter Datenraum verstanden »der sowohl die Computerhard- und software sowie alle darin existierenden virtuellen Daten umfasst.« (Berlich 2016, S. 16) Der Hauptunterschied zwischen der Cyber-Domäne und konventionellen Domänen der Kriegsführung besteht darin, dass die Geografie des Cyber-Raums eine vollständig künstliche, vom Menschen geschaffene Domäne ist. Während Land, Meer, Luft und Weltall natürliche Umgebungen sind, die den Gesetzen der Natur unterliegen und nur teilweise vom Menschen verändert werden können, liegt der Cyber-Raum ausschließlich unter der menschlichen Kontrolle. (Siroli 2018) Aufgrund des künstlichen, virtuellen und grenzüberschreitenden Charakters des Cyber-Raums wird diskutiert, ob diesem ein gesonderter rechtlicher Status zukommt, der sich bisher jedoch noch nicht entwickelt hat. Deswegen ist der Cyber-Raum »weder einem eigenständigen Rechtsregime unterworfen, noch wird es vollständig der Selbstregulierung überlassen. Vielmehr erfolgt die Internet-Verwaltung auf Grundlage eines Multi-Stakeholder-Modells, an dem Regierungen, internationale Organisationen, nicht-staatliche Organisationen, die Privatwirtschaft sowie der einzelne Nutzer beteiligt sind.« (Berlich 2016, S. 16) Nach Even und Siman-Tovs Ausführungen besteht der Cyberraum aus drei voneinander abhängigen Ebenen: der menschlichen (dem Nutzer der Technologie), der logischen (die Software) sowie der physischen (das Netzwerk der physischen Elemente wie etwa die Hardware und die für die Technologie nötige Infrastruktur). (Even/Siman-Tov 2012) Jede dieser Ebenen kann für unterschiedliche, domänenspezifische Aktivitäten genutzt werden.

> »So zielen Handlungen auf der ›menschlichen Ebene‹ etwa darauf ab, das Verhalten von Usern zu ändern und beispielsweise Informationen und Nachrichten an feindliche Akteure weiterzugeben. Die ›logische Ebene‹ umfasst den Software-Bereich für Zwecke der Spionage, Angriffe auf feindliche Rechner und Rechnersysteme sowie Attacken auf physische Einrichtungen (z. B. Kraftwerke, Fabriken oder Fahrzeuge), welche über den *Cyberspace* kontrolliert werden. Die ›physische Ebene‹ bildet schließlich mit der Hardware und ihrer Energieversorgung die infrastrukturelle Basis für die logische Ebene, die auch durch Handlungen außerhalb des Cyberraums durch kinetische (d. h. i. w. S. durch Beschuss) oder elektronischer Gewalteinwirkung beeinträchtigt oder zerstört werden kann.« (Rotte 2019, S. 309)

In Anlehnung an Even und Siman-Tov (2012) identifizierte Rotte 15 relevante Aspekte der Kriegsführung im Cyber-Raum. Diese bestehen vor allem in:

1) der Geschwindigkeit und den fehlenden geografischen Grenzen kriegerischer Handlungen;
2) den Möglichkeiten der Geheimhaltung und verborgenen Aktivitäten;
3) der potentiellen Nichtletalität von Maßnahmen und, damit verbunden, der Existenz nicht herkömmlich (kinetisch) zu bekämpfender Ziele wie Kommunikationseinrichtungen, Banken- und Finanzwesen, Logistik- und Transportsystemen, Datenbasen von Regierungen, Administrationen und Wissenschaft, etc.;
4) dem im Vergleich zum herkömmlichen Kampf geringen Risiko für einen Angreifer, getötet zu werden;
5) der Vielzahl von Selektions- und Differenzierungsmöglichkeiten;
6) der hohen Viraliät, d. h. Dynamik und einfachen Verbreitungsmöglichkeiten;
7) der standardisierten Umgebung durch die Dominanz weniger globaler Unternehmen insbesondere im Software-Bereich;

8) der engen Verbindung zwischen Cyberspace und anderen, nichtvirtuellen physischen Domänen;
9) der Reversibilität von Angriffswirkungen, etwa durch die Möglichkeit der Wiederherstellung zerstörter Software und Daten durch Back-up-Systeme;
10) der hohen Kontrollfähigkeit von Cyber-Aktivitäten (d. h. relativ geringen Friktionen im Sinne von Clausewitz);
11) der technologie- und organisationsbedingten Integration von zivilen und militärischen Domänen;
12) der Möglichkeit zur billigen Massenproduktion von Cyber-Waffen (Malware);
13) der Nutzung auch räumlich entfernter und abgelegener Ressourcen, die im konventionellen Krieg nicht rechtzeitig oder ausreichend mobilisierbar wären;
14) dem schnellen technologischen und operationellen Veralten der für den Cyber-Krieg relevanten Instrumente (Hard- wie Software);
15) der geringen Eintrittsschwelle aufgrund einfach verfügbarer und relativ billig zu beschaffender Technologien und des dazugehörigen Know-hows. (Rotte 2019, S. 309–310)

Cyber-Attacken: Instrumente, Ziele und Beispiele

Es lassen sich grundsätzlich drei unterschiedliche Formen von Attacken im Cyber-Krieg feststellen:

1) die physische Zerstörung von Computern, Netzwerken und ihren Verbindungen;
2) der elektromagnetische Impuls (EMP), der eine destruktive Wirkung auf (nicht gehärtete) Elektronik haben kann;
3) der manipulative Angriff auf Computer und Computernetzwerke. (Rotte 2019)

Bezüglich der dritten Form von Cyber-Angriffen lassen sich verschiedene Cyber-Waffen identifizieren. Diese Cyber-Waffen können Schäden auf unterschiedlichen Ebenen verursachen. (Rid/McBurney 2012) Auf der niedrigsten, schadenverursachenden Ebene befindet sich bösartige Software (Malware), die ein System von außen beeinflussen kann, aber technisch nicht in der Lage ist, in dieses System einzudringen und direkten Schaden zu verursachen. Auf der anderen Seite dieses Spektrums liegt eine Malware, die selbst geschützte und physikalisch isolierte Systeme durchdringen und Ausgabeprozesse autonom beeinflussen kann, um direkten Schaden zuzufügen. Zwischen diesen beiden Extremen befindet sich eine Malware, die gezielt einen bestimmten Prozess identifizieren und beeinflussen kann, aber auch eine Malware, die präzise und spezifische Eingriffe ermöglicht, die zu funktionalem und sogar physischem Schaden von Menschen führen können. (Rid/McBurney 2012) Bei Cyber-Attacken lassen sich zwischen fünf Angriffszielen differenzieren: »1. Die Übernahme von Computern; 2. Die Störung der Funktion eines IT-Systems; 3. Der Diebstahl von Daten; 4. Die Einspeisung eigener Daten; 5. Die dauerhafte Kontrolle und Nutzung eines Systems.« (Rotte 2019, S. 321)

Bisher lassen sich nur wenige empirische Beispiele von Cyber-Attacken finden. Einer der ersten bedeutenden Angriffe wird Russland zugeschrieben. Im Jahr 2007 wurden kritische Infrastrukturen Estlands, hierzu gehörten Finanzzentren, Banken, Parlamente, Ministerien und Sicherheits- und Verkehrsinfrastrukturen, über drei Wochen lang angegriffen und teilweise deaktiviert. Für Estland war dies ein schwerer Schlag für die Regierungsfähigkeit. (Even/Siman-Tov 2012) Diese Russland zugeschriebene Cyber-Attacke ist angeblich auf die Entscheidung der estnischen Regierung zurückzuführen, ein sowjetisches Kriegsdenkmal in Tallinn zu verschieben. Nach diesem Angriff erhöhte sich das sicherheitspolitische Interesse am Cyber-Krieg und eine Vielzahl von Wissenschaftlern sieht den Angriff auf Estland als einen Wendepunkt in der Forschung zum Cyber-Krieg an, da es das erste Ereignis war, in dem ein Staat systematischen, großangelegten Cyber-Attacken ausgesetzt war. Der Cyber-Angriff auf Georgien (2008) ist ein weiteres Ereignis, das Russland zugeschrieben wird. Hierbei wurden eine Vielzahl öffentlicher Server beschädigt und Regierungswebseiten abgeschaltet. Ziel des Angriffes scheint es gewesen zu sein, die Kommunikation zwischen Regierung und Bürgern zu beinträchtigen. Im Gegensatz zum Angriff auf Estland war dieser Angriff jedoch kein eigenständiges Ereignis, sondern ging der Invasion russischer Bodentruppen im Land voraus. (Even/Siman-Tov 2012) Das georgische Beispiel zeigt auf, wie der Cyber-Krieg eine konventionelle militärische Operation unterstützen kann. Ein weiteres bekanntes Beispiel für eine Cyber-Attacke ist der US-amerikanisch-israelische Computerwurm mit dem Namen »Stuxnet«, der in eine iranische Nuklearanlage eingespeist wurde. Dieser Computerwurm schaffte es, die Zentrifugen zur Urananreicherung zu beschädigen, und gilt somit als eine der ersten Cyber-Attacken, die einen kinetischen Effekt erzielte. (Even/Siman-Tov 2012)

Kontroversen und Debatten

Der Cyber-Krieg wird aus theoretischer und empirischer Sichtweise kontrovers diskutiert. Zwei Bereiche sollen im Folgenden beleuchtet werden. Der erste Bereich betrifft das Konzept des *cyberwar* und hinterfragt dieses kritisch. So hält Rid den Cyber-Krieg für einen Mythos. Nach Rids Auffassung existiert der Cyber-Krieg nicht, da er keine der für eine Kriegsdefinition notwendigen Klassifikationen erfüllt, vor allem in Bezug auf einen direkten kinetischen Effekt, der zu physischem Schaden führt. (Rid 2018) Für Rid sind Cyberattacken nur ein Teil der Kriegsführung selbst und mit Sabotage, Spionage und Subversion gleichzusetzen. Somit hat es weder in der Vergangenheit noch in der Gegenwart Cyber-Kriege gegeben und es ist somit unwahrscheinlich, dass es in der Zukunft einen Cyber-Krieg geben wird. Ähnlich argumentiert Thiel:

> »Klassische Merkmale des Krieges – wie physische Gewalt oder anhaltende Auseinandersetzungen – lassen sich für die bisherigen Cyber-Ereignisse kaum feststellen. Selbst relativ klar dem Begriff zuzuordnende Ereignisse, etwa die digitalen Scharmützel am Rande des Krieges zwischen Georgien und Russland 2008 oder Stuxnet [...] müssen eher als strategische und isolierte Aktionen betrachtet werden.« (Thiel 2015, S. 1)

Für Thiel birgt die Klassifizierung dieser Ereignisse als »Krieg« eine essentielle Gefahr. Diese Gefahr besteht zum einen darin, dass »Cyber-Attacken zunehmend auch konventionell vergolten werden dürfen, wie sich etwa in der Verschärfung von

Sanktionen gegenüber Nordkorea durch die Vereinigten Staaten zeigte, nachdem dem dortigen Regime die Verantwortung für den *Sony-Hack* zugeschrieben wurde.« (Thiel 2015, S. 2) Zum anderen öffnet die Begrifflichkeit Gefahren für den Rechtsstaat und die Demokratie. Da der Begriff einen »sehr diffusen Projektionsraum« bietet, der »[v]on der Spionage bis zur Blockade, von der Sabotage hin zum Datendiebstahl« reicht, kann fast alles »als Angriff markiert und somit als der Logik des Krieges zugehörig interpretiert werden.« (Thiel 2015, S. 1) Hierdurch kann etwa »digitaler ziviler Ungehorsam nicht nur kriminalisiert, sondern häufig sogar in den juristischen Kontext von Terrorismus- und Spionageparagraphen gestellt« werden. (Thiel 2015, S. 1)

Der zweite Bereich beschäftigt sich mit den sicherheitspolitischen Auswirkungen des Cyber-Krieges. Ein zentraler Punkt hierbei ist das Attributionsproblem, d. h. die korrekte Zuordnung eines Angriffs zu einem bestimmten Angreifer, denn der Cyber-Raum bietet zumindest kurzfristig den Schutz der Anonymität. Angreifer können sich hinter falschen IP-Adressen, fremden Servern und Aliasnamen verstecken und so mit nahezu vollständiger Anonymität agieren. (Cornish 2010) Bei mutmaßlichen staatlich geförderten Aktionen lässt sich deshalb nur schwer zweifelsfrei ein von der Exekutive erteilter Angriffsbefehl nachweisen. Deshalb erlaubt das Attributionsproblem ein Maß an glaubhafter Abstreitung (*plausible deniability*). (Cornish 2010)

Ein zweiter sicherheitspolitisches Punkt betrifft die Verwundbarkeit kritischer Infrastrukturen, wie etwa Elektrizitätswerke, Finanzeinrichtungen, Krankenhäuser und Wasserversorgungssysteme. (Rotte 2019) Dies rückt die Frage nach der Verteidigung im Cyberspace in das Zentrum der Debatte. Das Hauptproblem hierbei liegt im Cyber-Krieg selbst, der hauptsächlich auf den Angriff ausgelegt ist und die Verteidigung schwierig gestaltet. (Even/Siman-Tov 2012) Drei Gründe seien hierfür beispielhaft angeführt. Erstens finden Angriffe fast in Lichtgeschwindigkeit statt, was Reaktionsmöglichkeiten extrem einschränkt. Zweitens kann oft schon ein einziger Einbruch an einer Verteidigungsstelle das gesamte Verteidigungssystem zum Einsturz bringen. Drittens erhöhen sich die Auswirkungen von Cyber-Schäden, je mehr sich Streitkräfte auf den Cyber-Raum verlassen und ihre Abhängigkeit vom Cyberspace wächst. (Even/Siman-Tov 2012)

Ein dritter sicherheitspolitischer Punkt bezieht sich auf den Nutzen des Cyberspace zur Informationskriegsführung (*information warfare*), um Desinformationen zu verbreiten und öffentliche Meinungen zu beeinflussen. »Die umfassendste und professionellste Umsetzung von Information Warfare lässt sich […] von russischer Seite beobachten, deren Propagandaaktivitäten beispielsweise von Fehlinformationen über Verbrechen, die laut verlässlichen offiziellen Stellen gar nicht stattgefunden haben, bis hin zur Beeinflussung von Wahlen in Westeuropa und den USA reichen«. (Rotte 2019, S. 326)

7 Die Zukunft des Krieges: Ein Ausblick

Technologische und kulturelle Entwicklungen haben seit dem Beginn des 20. Jahrhunderts einen fundamentalen Einfluss auf die sich verändernde Natur des Krieges gehabt und werden dies auch in Zukunft haben. Dieses Kapitel soll einen Ausblick auf zukünftige Entwicklungen in Bezug den Krieg bieten. Hierbei sollen drei Bereiche untersucht werden. Zunächst wird auf die voranschreitende, technologische Entwicklung auf dem Gebiet der künstlichen Intelligenz eingegangen. Hierauf folgt eine Betrachtung der urbanen Kriegsführung, da sich abzeichnet, dass die Kriege der Zukunft zunehmend innerhalb von Städten geführt werden. Den Abschluss bildet ein Ausblick auf eine denkbare sechste Domäne der Kriegsführung (die des menschlichen Verstandes), die Entwicklungen im Bereich der Neurowissenschaften zu ermöglichen scheinen.

7.1 Künstliche Intelligenz und autonome Waffensysteme

Technologisch fortschrittliche Staaten haben die Entwicklung von autonomen Waffensystemen in den letzten Jahren mit Hilfe von künstlicher Intelligenz (KI) stark vorangetrieben. Zu den wichtigsten Kräften dieser Entwicklung gehören:

1) das exponentielle Wachstum der Rechenleistung;
2) ausgeweitete Datensätze (Big Data);
3) Fortschritte bei der Entwicklung maschineller Lerntechniken und -algorithmen (*machine learning*);
4) die rasche Ausweitung des kommerziellen Interesses und der Investitionen in KI. (Johnson 2019)

Durch die Forschung auf dem Gebiet der künstlichen Intelligenz scheint es in naher Zukunft möglich, dass Waffensysteme ohne menschliches Einwirken Ziele auswählen und bekämpfen können. Obwohl die Menschheit immer neue Technologien entwickelt hat, um Feinde effizienter zu töten, so deutet die Entwicklung im Bereich der autonomen Waffensysteme eine neue Dimension an. Zum ersten Mal in der Menschheitsgeschichte bildet sich somit ein Prozess ab, in dem der Mensch ein

Waffensystem einsetzen kann, das unabhängig vom Menschen Entscheidung über Leben und Tod trifft. Der amerikanische General John R. Allen merkt an: »[K]ünstliche Intelligenz wird die Art wie wir Krieg führen fundamental verändern«. (Allen 2018) Derzeit wird zwischen drei unterschiedlichen Formen von »autonomen« Waffensystemen unterschieden:

1) Ein autonomes Waffensystem ist ein Waffensystem, das, einmal aktiviert, Ziele selektieren und bekämpfen kann, ohne dass ein menschlicher Bediener eingreifen muss/kann.
2) Ein überwacht-autonomes Waffensystem ist ein Waffensystem, das dem menschlichen Bediener die Möglichkeit des Eingreifens und Ablehnens bestimmter Handlungen, wie dem Waffeneinsatz, bietet.
3) Ein teil-autonomes Waffensystem ist ein Waffensystem, das, einmal aktiviert, ein Ziel oder eine bestimmte Gruppe von Zielen bekämpfen kann, die ein menschlicher Bediener zuvor ausgewählt und zum Angriff freigegeben hat. (FES 2015, S. 4)

Bezüglich der Zukunft der Kriegsführung fokussiert sich die Forschung vor allem auf den ersten Aspekt, der Herstellung selbstständig agierender Waffensysteme. Hierbei liegt der Schwerpunkt auf eigenständig lernende Maschinen, die nicht nur Daten analysieren und verarbeiten, sondern auch selbstständig intelligente Entscheidung treffen können.

Selbst unter Informatikern und Ingenieuren gibt es jedoch keine allgemein anerkannte Definition von KI. (Cummings 2017) Ein allgemeines Verständnis von KI ist die Fähigkeit eines Computersystems, Aufgaben auszuführen, die normalerweise menschliche Intelligenz erfordern (z. B. visuelle Wahrnehmung, Spracherkennung und Entscheidungsfindung). Diese Definition ist jedoch zu stark vereinfacht, da offen ist, was intelligentes Verhalten ausmacht (z. B. kognitive Intelligenz, emotionale Intelligenz, soziale Intelligenz). (Cummings 2017) In der waffentechnologischen Nutzung der KI fokussiert sich die Forschung deshalb hauptsächlich auf die Informationsverarbeitung. Menschliche Intelligenz folgt im Allgemeinen einer Abfolge, die als Informationsverarbeitungsschleife bezeichnet wird (*perception*, *cognition* und *action*), bei der Personen etwas in der Welt um sie herum wahrnehmen, überlegen, was zu tun ist, und dann, nachdem sie die Optionen abgewogen haben, eine Entscheidung treffen. KI ist darauf programmiert, etwas Ähnliches zu tun, indem ein Computer die Welt um sich herum wahrnimmt und die eingehenden Informationen durch Optimierungs- und Verifizierungsalgorithmen verarbeitet. (Cummings 2017) KI-Systeme haben in den letzten Jahren auf diesem Gebiet dadurch große Fortschritte erzielt, dass sie Methoden des »tiefen Lernens« (*deep learning*) verwenden, die die neuronalen Prozesse des menschlichen Gehirns, wenn auch stark abstrahiert und vereinfacht, modellieren. Auf dem neuesten Stand der KI-Forschung zeigen Algorithmen eine zunehmende Fähigkeit, ohne direkten menschlichen Einfluss zu lernen und mit mehrdeutigen und asymmetrischen Informationen umzugehen. Diese Entwicklungen gehen weit über die traditionellen Stärken der Maschinenintelligenz (Berechnung und Mustererkennung in riesigen Datenmengen) hinaus. Ungeachtet dieses beachtlichen Fortschritts bleibt der Stand der Technik in der KI auf maschinelles Lernen beschränkt. Experten halten deshalb eine KI, die den Intellekt des menschlichen Gehirns widerspiegeln kann, oder eine hochgradige »superintelligente« KI, die in der Lage ist, die kognitive Leistung des Menschen in jeder Domäne zu übertreffen, in naher Zukunft für unmöglich. (Müller/Bostrom, 2014) Trotz allem sind unabhängige, selbstgesteuerte Waffensysteme jedoch nicht nur Waffen der Zukunft, sie sind zum Teil sogar bereits im Einsatz. Amerikas »halbautonome« Langstrecken-Anti-Schiffsrakete benötigt möglicherweise Menschen, um Ziele zu identifizieren, aber sie setzt KI ein, um zu entscheiden, wie diese Ziele zerstört werden sollen. Israel benutzt bereits die Harop, eine Drohne, die ohne menschlichen Einfluss Radarsysteme aufspürt und zerstört. Die *Sea Hunter*, ein amerikanisches U-Boot-Abwehrschiff, kann monatelang die Ozeane auf der Suche nach feindlichen Kräften durchkreuzen, ohne einen Menschen an Bord. (Coker 2019)

Abb. 15: IAI Harop UAV auf der Paris Air Show 2013.

Der Rückgriff auf KI gesteuerte Waffensysteme in Konflikten bietet vielfältige Vorteile.

- *Ökonomisch:*
  Es reduziert Kosten und notwendiges Personal.
- *Operativ:*
  Es erhöht die Geschwindigkeit im Entscheidungsfindungsprozess, reduziert die Abhängigkeit von Kommunikationswegen zwischen Mensch und Maschine und kann potentiell menschliches Versagen verringern.

- *Sicherheit:*
  Es ersetzt Menschen oder unterstützt Menschen in gefährlichen Situationen.
- *Humanitär:*
  Wenn KI gesteuerte Waffen darauf programmiert sind, das humanitäre Völkerrecht zu achten, können Menschenrechtsverletzungen potentiell minimiert werden. (Del Monte 2018, S. 12)

Die militärische Verwendung von KI birgt jedoch auch große Gefahren. Auf politischer Ebene können KI gestützte Waffensysteme zu einer erhöhten Kriegsbereitschaft führen. Wenn Krieg nur noch von Maschinen geführt wird, kann die Hemmschwelle zum Krieg auf extreme Weise reduziert werden, da Staaten den Verlust von Waffensystemen anstatt von Menschenleben politisch einfacher rechtfertigen können. (Del Monte 2018) Auch die strategischen Gefahren sind vielfältig. So können die oben genannten amerikanischen U-Boot-Ortungsdrohnen zwar keine Ziele angreifen, aber diese Technologie könnte möglicherweise das globale strategische Gleichgewicht gefährden, da die meisten Atommächte ihre atomare Abschreckung auf die Annahme stützen, dass mit Nuklearraketen bestückte U-Boote schwer zu lokalisieren sind. Relativ kostengünstige KI gesteuerte Unterwasserdrohnen könnten die Meere in nicht allzu ferner Zukunft jedoch »transparent« machen, mit potentiell katastrophal geostrategischen Folgen. (Geist 2016) Darüber hinaus ist der Mensch möglicherweise nicht mehr in der Lage, vorherzusagen, wer oder was zum Ziel eines Angriffs gemacht wurde oder sogar zu erklären, warum ein bestimmtes Ziel ausgewählt wurde. Dies wirft rechtliche, ethische, humanitäre und sicherheitspolitische Fragen auf. (Surber 2018) Aus humanitärer und ethischer Sicht könnte der Einsatz von KI in der Kriegsführung den Wert des menschlichen Lebens mindern, da eine Maschine und nicht länger ein Mensch entscheidet zu töten. Ronald Arkin vom Georgia Institute of Technology sieht diese ethischen und humanitären Bedenken jedoch nicht. Im Gegenteil, für ihn stellt KI einen Fortschritt hin zu einer Humanisierung des Krieges dar. Arkins Hauptaugenmerk liegt hierbei auf der richtigen Programmierung der Maschine. Eine solche erlaubt es erstens, dass das Waffensystem nicht von menschlichen Gefühlen wie Rache und Hass geleitet wird, und zweitens, dass die Technologie menschliches Versagen durch größere Präzision ausgleichen und somit Kollateralschäden während des Waffeneinsatzes verringern kann. (Arkin 2009) Das vollständige Vertrauen auf Waffensystemen auf Basis von KI kann aber auch aus sicherheitstechnischer Sicht gefährlich sein, da Fehler im Programmcode oder Fehlfunktionen katastrophale Folgen haben können. Zudem könnte der technologische Fortschritt in Bezug auf die KI dazu führen, dass Waffensysteme beginnen zusammenzuarbeiten (als selbstorganisierte Schwärme) mit unvorhersehbaren Folgen für die internationale Sicherheit. (Surber 2018)

Die obige Betrachtung im Hinblick auf den zunehmenden Nutzen von KI in der Kriegsführung stellt die Menschheit vor eine gravierende Frage. Wird der Mensch noch eine Rolle in der Zukunft des Krieges spielen? Obwohl die Realität von der Science-Fiction-Vision eines autonomen Kampfroboters, wie er in den *Terminator*-Filmen gezeigt wird, noch weit entfernt scheint, so zeigt sich doch eine Entwicklung in diese Richtung ab. Singer merkt in diesem Sinne an, dass »die Einführung von unbemannten Waffensystemen in das Schlachtfeld nicht nur verändert wie wir kämpfen, sondern erstmalig auf einer fundamentalen Ebene verändert wer kämpft. Es transformiert den Akteur des Krieges, nicht nur dessen Fähigkeiten.« (Singer 2009, S. 194)

7.2 Urbane Kriegsführung: die Rückkehr der Stadt als Schlachtfeld

In den letzten Jahren scheint sich ein »alter« Kriegsschauplatz als zukünftige Domäne der Kriegsführung herauszukristallisieren. Städte, so die Voraussage von hochrangigen Militärs und zivilen Wissenschaftlern, werden im 21. Jahrhundert eine der Hauptkampfzonen der Zukunft darstellen. Die Architekten und Städteplaner Phillip Misselwitz und Eysal Weizman geben dieser Annahme Ausdruck: »Das Zeitalter der Clausewitz'schen Definition von Krieg als symmetrischem Kampf auf offenem Feld ist endgültig vorbei: Kriegsschauplatz sind die Städte geworden.« (Misselwitz/Weizman 2003) Dass Städte wieder zum Schlachtfeld in der modernen Kriegsführung werden, ist somit als weiterer Bruch mit der Idee des konventionellen Krieges zu deuten. Eine historische Perspektive auf die urbane Kriegsführung zeigt, dass Streitkräfte um Städte kämpften, jedoch nicht in ihnen. Trotz der historischen Beispiele von Großkämpfen in Städten wie etwa der Schlacht um Stalingrad sehen militärische Planungen meist vor, nicht in diesen zu kämpfen. Die Gründe hierfür sind vielschichtig und reichen von hohen Verlusten in der Zivilbevölkerung über die große Gefahr, in Hinterhalte zu geraten, bis zu dem Verlust der Manövrierfähigkeit moderner Streitkräfte. Im Generellen lässt sich in Bezug auf militärische Planungen feststellen, dass Streitkräfte dazu angewiesen wurden und werden, Städte zu meiden, zu umgehen oder zu isolieren, statt Operationen in ihnen durchzuführen. (Hills 2003) Globale Entwicklungen verändern diese Sichtweise jedoch, weshalb die Stadt als zukünftiger Gefechtsraum identifiziert wird. Die zunehmende Wichtigkeit von Städten in der modernen Kriegsführung lässt sich auch im öffentlichen Diskurs feststellen, da Städtenamen sinnbildlich für gegenwärtige Konflikte sowie Konflikte der jüngeren Geschichte stehen: Sarajewo, Grosny, Falludscha, Mosul, Kobane oder Aleppo.

Drei Entwicklungen sind für die Urbanisierung der Kriegsführung hauptverantwortlich. Aufgrund von demografischen Veränderungen und der fortwährenden Urbanisierung der Menschheit erhöht sich erstens die sicherheitspolitische Bedeutung von Städten. Es wird prognostiziert, dass bis 2050 über zwei Drittel der globalen Bevölkerung in sogenannten Megastädten, d. h. in Städten mit mehr als zehn Millionen Einwohnern, leben werden. (Kilcullen 2013) 1950 existierte mit New York nur eine Megastadt, 1995 waren es 14 und gegenwärtig ist diese Zahl auf 36 angewachsen. Dies macht Megastädte – und das ist die zweite Entwicklung – zu strategisch wichtigen globalen Zentren, die von kritischer Bedeutung für die Stabilität der internationalen Sicherheit sowie der Weltwirtschaft sind. Aufgrund ihrer zunehmenden politischen, wirtschaftlichen und sozialen Bedeutung sind Megastädte somit in der Zukunft ein globales, strategisches Schlüsselgebiet. Obwohl – und das ist die dritte Entwicklung – die Urbanisierung ein positives Phänomen sein kann, das zu industriellem Wachstum und zur Armutsminderung beiträgt, so stellt es doch städtische Verwaltungen und Sicherheitsbehörden vor die Herausforderung, mit dem raschen Bevölkerungswachstum Schritt zu halten. Die Kombination aus städtischer Armut, hoher Bevölkerungsdichte, begrenzten Ressourcen und teils schlechter Regierungsführung macht diese besonders anfällig für politische und soziale Unruhen, kriminelle Gewalt und Terrorismus, die zu einer Gefahr für die globale Ordnung werden können. (Konaev 2019)

Es stellt sich jedoch die Frage, ob urbane, militärische Operationen auf eine generelle Veränderung in der Kriegsführung hindeuten. Folgt man den Ausführungen des Berichts *Megacities and the United States Army: Preparing for a Complex and Uncertain Future* (Harris 2014) der US-Armee, so haben Megastädte das Potential, zu dramatischen Veränderungen in der internationalen Sicherheit zu führen, weshalb sich die US-Armee auf eine neuartige Form der Kriegsführung einstellen sollte. Michael Evans hingegen sieht in der Einschätzung des US-Militärs eine selektive Interpretation des Phänomens Megastadt. Seiner Ansicht nach sind Megastädte in der Zukunft von strategischer Bedeutung, aber zu einer Veränderung der Kriegsführung führen diese nicht:

> »Megastädte sind nicht sui generis; Sie stellen kein neuartiges militärisches Phänomen dar. Die militärischen Prozesse, die in jeder Stadt operieren, stammen aus den Grundlagen der Stadtkriegsführung, die mindestens seit der Mitte des 20. Jahrhunderts von Landstreitkräften erprobt wurden. Ungeachtet künftiger technologischer Entwicklungen dürften die meisten Grundlagen der Stadtkriegsführung auch in einem Großkonglomerat im Maßstab einer Megacity für konventionelle Streitkräfte relevant bleiben.« (Evans 2015 S. 33)

Ungeachtet der Debatte, ob die urbane Kriegsführung ein neuartiges militärisches Phänomen darstellt oder nicht, so muss doch anerkannt werden, dass das urbane Einsatzgebiet Streitkräfte vor besondere Herausforderungen stellt. Zunächst ist hierbei anzumerken, dass das Einsatzgebiet Stadt ein dicht besiedeltes Gebiet ist. Dies erhöht nicht nur die Wahrscheinlichkeit ziviler Verluste, sondern stellt Streitkräfte auch vor das Problem, zwischen Nichtkombattanten und Kombattanten zu unterscheiden, vor allem wenn sich letztere nicht klar, z. B. durch Uniformen, von ersteren abgrenzen. Darüber hinaus ist es bei der urbanen Kriegsführung schwieriger, große Truppenkontingente bereitzustellen. Diese sind einerseits notwendig, um die im Häuserkampf zu erwartenden hohen Verluste auszugleichen, und andererseits, um eroberte Gebäude dauerhaft zu besetzen, damit eine Kontrolle über das Schlachtfeld erreicht werden kann. Des Weiteren müssen die Streitkräfte in einem urbanen Einsatzgebiet unterschiedliche Aufgaben zur gleichen Zeit wahrnehmen. General Charles Krulak, ehemaliger Kommandeur des amerikanischen Marine Corps, legte 1997 diese Herausforderung an die Streitkräfte in seinem Theorem des *three block war* (»Drei-Block-Krieg«) dar. Seiner Annahme nach müssen moderne Streitkräfte extrem flexibel sein und die Fähigkeit besitzen, gleichzeitig in einem Straßenblock humanitäre Hilfe zu leisten, in einem zweiten friedenssichernde Operationen durchführen und in einem dritten den Feind direkt zu bekämpfen. (Edwards 2017) Auch wenn Krulak das Theorem des »Drei-Block-Krieges« nicht direkt auf die urbane Kriegs-

7.2 Urbane Kriegsführung: die Rückkehr der Stadt als Schlachtfeld

führung bezogen sah, sondern als allgemeine Herausforderung der »Neuen Kriege«, so weist er dennoch auf die Wichtigkeit der Städte für die moderne Kriegsführung hin. »Der Feind hat CNN geschaut. Sie haben die Macht unserer Technologie gesehen. Sie werden uns nicht direkt bekämpfen. Wir werden nicht den Sohn von Desert Storm sehen, sondern das Stiefkind von Tschetschenien.« (Krulak zitiert nach Kilcullen 2013, S. VII)

Zusätzlich müssen Streitkräfte aufgrund des Terrains, das sich nicht nur aus Straßenzügen, sondern auch aus Hochhäusern und Tunnelsystemen zusammensetzt, vertikal denken. In einem amerikanischen Report über das zukünftige Einsatzgebiet des US-Marine Corps, der in Kollaboration mit Science-Fiction-Autoren wie Max Brooks erstellt wurde, wird dies mit dem Begriff des *four floor war* (»Vier-Stockwerke-Krieg«) umschrieben. Ähnlich dem »Drei-Block-Krieges« müssen Streitkräfte im »Vier-Stockwerke-Krieg« gleichzeitig unterschiedliche Aufgaben auf verschiedenen Ebenen wahrnehmen. So müssen diese z. B. auf einem Stockwerk Zivilisten evakuieren, auf einem zweiten gefangen genommene Einheiten verhören, auf einem dritten Einheiten ausbilden und auf einem vierten offensive Gefechtsoperationen durchführen. (Ruble/Kirstein 2016) Der architektonische Aufbau der Stadt ist eine weitere Herausforderung für die konventionellen Streitkräfte, denn er negiert die technologische Überlegenheit konventioneller Streitkräfte. Im städtischen Einsatzgebiet sind z. B. die Möglichkeiten der Luftunterstützung oder Luftaufklärung stark eingeschränkt oder oftmals auch unmöglich, wenn Streitkräfte inmitten der Bevölkerung operieren oder unter der Stadt in Tunnelsystemen kämpfen. Dazu schränkt die Infrastruktur der Stadt die Manövrierfähigkeit konventioneller Armeen wegen des komplexen Netzes aus Straßen, Querstraßen und Gassen sowie unterirdischen Tunneln und mehrstöckigen Gebäuden stark ein. Aufgrund dieses Netzes müssen sich Armeen in kleinen Einheiten fortbewegen, was dessen Feuerkraft reduziert und die Truppenkoordination erschwert. Die Koordination wird darüber hinaus durch Hochhäuser erschwert, die Funksignale stören können und somit die Kommunikation einschränken.

Die Stadt stellt Streitkräfte nicht nur vor geländespezifische Schwierigkeiten, sondern auch vor Schwierigkeiten, die gesellschaftlicher Natur sind. Streitkräfte, die in urbanen Gebieten operieren, müssen die Stadt auch als sozialen Raum begreifen. Städte sind komplexe, dynamische Systeme, die sich ständig verändern. Armeen müssen sich somit nicht nur der Infrastruktur bewusstwerden, sondern auch ein gewisses Verständnis für die städtischen Governance-Strukturen (legal und illegal), die Bewegung von Menschen, Waren und Verkehr sowie den Rhythmus der Stadt entwickeln. (Williams 2017) Wenn Streitkräfte in dieses System eindringen, können sie enorme Störungen verursachen, was negativen Einfluss auf die strategische Ebene haben kann. David Kilcullen berichtet in seinem Buch über die urbane Kriegsführung, wie die Errichtung von Barrieren dazu beigetragen hat, die Gewalt in Bagdad zu reduzieren. So sei die Gewaltreduzierung durch das »Töten« der Stadt erreicht worden, die am besten als »ein lebender Organismus, der sich bewegt und atmet«, verstanden werden müsse und dem durch die Barrieren die Luft zum Atmen genommen wurde. Das Eingreifen in diesen Organismus hat dann Sympathisanten der Streitkräfte schnell zu Feinden werden lassen und somit den kurzfristigen taktischen Vorteil (die Gewaltreduzierung) in ein langfristiges, strategisches Problem verwandelt (dem Vertrauensverlust der Bevölkerung). (Kilcullen 2013) Dies ist der Hauptunterschied zwischen der urbanen Domäne und anderen Domänen der Kriegsführung, denn im Gegensatz z. B. zum Dschungel ist die Stadt ein von Menschen geprägtes Gebiet, das mit den Streitkräften interagiert. (Hills 2003)

7.3 Neurologische Kriegsführung

Im wissenschaftlichen und militärischen Diskurs hat eine weitere Entwicklung in Bezug auf die Kriegsführung bisher nur minimale Beachtung gefunden. Hierbei handelt es sich um Entwicklungen aus dem Bereich der Neurowissenschaften. Die Disziplin der Neurowissenschaften ist ein naturwissenschaftlicher Forschungsbereich, der sich mit der Funktionsweise des menschlichen Gehirns und des menschlichen Verstandes beschäftigt und hierbei auf unterschiedliche Disziplinen wie z. B. Biologie, Chemie und kognitive Psychologie zurückgreift. (Moreno 2012) Die Fortschritte in diesem Bereich scheinen der Kriegsführung eine weitere, neue Domäne hinzugeführt zu haben. Nach Land, Wasser, Luft, Weltraum und Cyber-Raum ist die sechste Domäne der Kriegsführung der menschliche Verstand selbst. Im wissenschaftlichen Diskurs wird diese Form der Kriegsführung mit dem Begriff *neurowarfare* (neurologische Kriegsführung) bezeichnet. (White 2008; Krishnan 2016) Beim *neurowarfare* wird das menschliche Gehirn zu einem Terrain der Kriegsführung. Auf diesem Schlachtfeld geht es nicht nur, darum die Herzen und den Verstand (*hearts and minds*) der Bevölkerung zu gewinnen, sondern darum, in den Verstand des Gegners einzudringen und diesen zu manipulieren oder zur Aufgabe zu zwingen. Eine im Jahr 2008 von der amerikanischen Defense Intelligence Agency in Auftrag gegebene Studie verdeutlicht die Ziele der neurologischen Kriegsführung.

> »Können kognitive Zustände und Absichten kontrolliert werden? […] [K]önnen wir die Motivation des Gegners zum Kampf stören? Andere Fragen, die sich durch die Kontrolle des Geistes stellen, sind: Wie können wir Menschen dazu bringen, uns mehr zu vertrauen? Was wäre, wenn wir dem Gehirn helfen könnten, Angst oder Schmerz zu beseitigen? Gibt es eine Möglichkeit, den Feind dazu zu bringen, unseren Befehlen zu gehorchen?« (National Research Council 2008, S. 16–17)

Die grundlegende Idee dahinter, die Psyche des Gegners anzugreifen, ist nicht neu und lässt sich in vielen militärstrategischen Werken der Geschichte finden. Der chinesische General und Militärstratege Sun-Tzu (ca. 544–496 v. Chr.) z. B. merkte schon vor über 2 000 Jahren an: »Den Feind ohne zu kämpfen zu unterwerfen, ist der Gipfel des Könnens.« Oder moderner ausgedrückt vom RAND-Analysten Richard Szafranski: »Das Ziel des Krieges ist ganz einfach, den Feind dazu zu zwingen oder zu ermutigen, das zu machen oder zu wählen, was man sich selbst von diesem wünscht. Oder anders gesagt, das Ziel des Krieges ist es, den Willen des Gegners zu unterwerfen.« (Szafranski 1997 S. 397) Es macht somit Sinn, militärische und finanzielle Ressourcen auf die psychologische Manipulation des Feindes zu richten, anstatt diese auf die physische Zerstörung von Dingen und die Tötung von Menschen, die für die Unterwerfung des Willens des Gegners nur sekundär sind, zu verschwenden. Bisher war diese Form der Kriegsführung jedoch auf den indirekten Einfluss auf den Gegner beschränkt. Durch die Neurowissenschaft kann es in der Zukunft jedoch möglich werden, diesen Effekt direkt zu erreichen, z. B. durch Neurowaffen. Neurowaffen zielen darauf ab, die kognitiven, emotionalen und motorischen Eigenschaften des Gegners zu beeinflussen und dessen Fähigkeiten (z. B. Wahrnehmung, Beurteilung, Moral, Schmerztoleranz und körperliche Ausdauer) zu beinträchtigen. (Giordano/Wurzman 2011) Eine Möglichkeit hierbei ist z. B., die Wahrnehmung des Gegners zu manipulieren. Im Jahr 2004 hatte der amerikanische Oberst Michael McKim bereits die Idee vorgebracht, dass das Militär versuchen sollte, den Wahrnehmungsraum des Krieges neu zu gestalten, da »eine Brücke, von der geglaubt wird, dass sie zerstört ist oder von der angenommen wird, dass Panzer diese nicht passieren können, genauso sein kann wie eine von Bomben zerstörte Brücke.« (McKim zitiert nach Bousquet 2012) Die *Defense Advanced Research Projects Agency* (DARPA), die als Behörde des Verteidigungsministeriums der Vereinigten Staaten von Amerika Forschungsprojekte für die amerikanischen Streitkräfte durchführt, investierte im Jahr 2012 über vier Millionen Dollar in ein Forschungsprojekt namens *Battlefield Illusion*. Dieses Projekt untersucht Technologien, die »die sensorische Wahrnehmung des Gegners manipulieren können« (DARPA zitiert nach Bousquet 2012), um den Wahrnehmungsraum des Schlachtfeldes zu beeinflussen. Dies kann durch neurotrope Pharmazeutika oder neurostimulatorische Vorrichtungen erreicht werden. (Giordano/Wurzmann 2011)

Es scheint somit, als ob die Neurowissenschaften den heiligen Gral der Kriegsführung gefunden haben. Wie in vorherigen Kapiteln ausgeführt, hat die Kriegsführung immer die Absicht, den Willen des Gegners zu unterwerfen und diesen dazu zu zwingen, eine Niederlage zu akzeptieren und das Kämpfen einzustellen. Die Neurowissenschaften könnten dies in Zukunft ohne Waffengewalt ermöglichen, denn durch sie kann die militärische Fähigkeit erlangt werden, die Wahrnehmungen und Überzeugungen des Gegners zu manipulieren und neu zu programmieren, wodurch der Gebrauch militärischer Gewalt als Notwendigkeit des Krieges wegfällt. Wissenschaftliche Fortschritte in diesem Bereich können somit zu einem grundlegenden Wandel in der Kriegsführung führen, da die Eroberung des neurologischen Terrains (dem hypothetischen Gebiet, das den Verstand mit der realen Welt verbindet) theoretisch eine Dominanz über alle anderen Domänen der Kriegsführung (Land, Wasser, Luft, Weltraum, Cyber) möglich macht. (Krishnan 2016) Aufgrund dessen wirft die neurologische Kriegsführung auch rechtliche Fragen auf. Dazu gehören u. a.

- das Wissen und die Einwilligung von Personen, die gebeten werden, solche Technologien zu nutzen oder sich freiwillig dazu melden;
- die rechtlichen Pflichten und Verantwortungen von Entscheidungsträgern, die von ihren Untergebenen verlangen, dass sie Missionen und Operationen durchführen, in denen Neurotechnologien Anwendung finden;
- die Pflichten und Verantwortungen von Herstellern von Neurotechnologie und jenen Zivilisten, die militärische Missionen unterstützen;

- und im weiteren Sinne die Absicherungen gegen Selbstbeschuldigung, wenn neurowissenschaftliche Techniken und Technologien dazu verwendet werden, um Forschungen an menschlichen Testpersonen durchzuführen. (Farewell 2014)

Zukünftige Entwicklungen auf dem Gebiet der Neurowissenschaften haben darüber hinaus das Potential, nicht nur große Auswirkungen auf die Kriegsführung, sondern auch auf die Gesellschaft und den menschlichen Verstand selbst zu haben. (Krishnan 2016) Die neurologische Kriegsführung wird deshalb auch unter ethischen Gesichtspunkten diskutiert, wobei hierbei vor allem Fragen nach der Rechenschaftspflicht, Asymmetrie und einer potentiellen Risikolosigkeit des Krieges im Zentrum stehen. (Evans 2014; Walther 2014)

Die meisten Entwicklungen auf dem Gebiet des *neurowarfare* stecken jedoch noch in den Kinderschuhen. Weiter fortgeschritten ist jedoch die pharmakologische und kybernetische Forschung, die zum Ziel hat, den Soldaten selbst oder die Verbindung zwischen Waffe und Soldat zu verbessern. Durchbrüche zur Verbesserung der menschlichen Leistung im Krieg, so Krishnan, sind höchstwahrscheinlich aus zwei unterschiedlichen Forschungsrichtungen zu erwarten. (Krishnan 2016) Hierbei sind zuerst Forschungsvorhaben zu nennen, die darauf abzielen, das menschliche Gehirn mit einem Waffensystem zu vernetzen. Mit Hilfe eines *Brain-computer interface* (BCI) könnte es möglich werden, Neuroprothesen zu entwickeln, durch die potentiell gedankengesteuerte Waffensysteme ermöglicht werden. (Krishnan 2016) Ein weiteres Gebiet ist das *human enhancement*, das darauf ausgerichtet ist, die menschliche Leistung zu erhöhen Der derzeitige Schwerpunkt auf dem Gebiet der Leistungssteigerung liegt auf der Entwicklung von Psychopharmaka, die die kognitiven Eigenschaften von Soldaten verbessern, im Unterbewusstsein wahrgenommene Bedrohungen registrieren und Stress reduzieren sollen. (Paulus 2015) Des Weiteren sollen Arzneimittel dabei helfen, dass z. B. Soldaten traumatische Erfahrungen vergessen oder körperliche Wunden schneller heilen, um somit schneller wieder einsatzfähig zu sein. Entwicklungen auf diesem Gebiet deuten jedoch bisher nicht auf die Entstehung einer neuen Domäne der Kriegsführung hin, sondern sind eher als Anzeichen für eine *Revolution in Military Affairs* (RMA) zu verstehen.

Literaturverzeichnis

Zitate aus fremdsprachigen Texten wurden für den Text vom Autor übersetzt.

Alamir, Fouzieh Melanie (2015): »Hybride Kriegführung« – ein möglicher Trigger für Vernetzungsfortschritte? In: Ethik und Militär 2 (2), S. 3–7
Allen, John R./Husain, Amir/Work, Robert O./Cole, August/Scharre, Paul/Anderson, Wendy R./Porter, Bruce/Townsend, Jim (2018) (Hrsg.): Hyperwar: Conflict and Competition in the AI Century (Austin: SparkCognition Press)
Angerer, Florian (2010): Der konventionelle Enthauptungsschlag im Kontext moderner Kriege: politische, wirtschaftliche und gesellschaftliche Aspekte (Zürich: vdf Hochschulverlag)
Arkin, Ronald C. (2009): Ethical Robots in Warfare. In: IEEE Technology and Society Magazine 28 (1), S. 30–33
Arquilla, John/Ronfeldt, David (1993): Cyberwar is Coming! In: Comparative Strategy, 12 (2), S. 141–165
Ashley, Richard K. (1988): Untying the Sovereign State: A Double Reading of the Anarchy Problematique. In: Millennium: Journal of International Studies 17 (2), S. 227–262
Asprey, Robert B. (2002): War in the Shadows: The Guerilla in History Vol.2 (Lincoln: Universe)
Auten, Brian J. (2008): Carter's Conversion: The Hardening of American Defense Policy (Columbia: University of Missouri Press)
Bailey, Jonathan (2001): The First World War and the Birth of Modern Warfare. In: Knox, MacGregor (Hrsg.): The Dynamics of Military Revolution (Cambridge, Cambridge University Press S. 132–153
Balasevicius, Tony/Smith, Greg (2007): Fighting the Mujahideen: Lessons from the Soviet Counter-Insurgency Experience if Afghanistan. In: Canadian Military History 16 (4), S. 73–82
Battilega, John A. (2004): Soviet Views of Nuclear Warfare: The Post-Cold War Interviews. In: Sokolski, Henry D. (Hrsg.): Getting MAD: Nuclear Mutual Assured Destruction, Its Origin and Practice (Carlisle: Strategic Studies Institute) S. 151–174
Baudrillard, Jean (1995): The Gulf War did not take Place (Bloomington: Indiana University Press)
Bauman, Zygmunt (2005): Moderne und Ambivalenz: Das Ende der Eindeutigkeit. (Hamburg: Hamburger Edition)
Baruch, Bernard (1948): Testimony before Special Committee of the United States Senate: Investigation of the National Defense Program. S. Res. 46 (41) S. 25735–26769
Barkawi, Tarak/Brighton, Shane (2011): Powers of War: Fighting, Knowledge, and Critique. In: International Political Sociology 5 (2), S. 126–143
Bean, Tim (2000): Naval Warfare In: Trew, Simon und Sheffield, Gary (Hrsg.): 100 Years of Conflict: 1900–2000 (Thrupp: Simon Publishing) S. 193–217
Beevor, Antony (2014): Der Zweite Weltkrieg (München: C. Bertelsmann Verlag)
Beevor, Antony (1999): Stalingrad (London: Penguin Books)
Berlich, Christoph (2016): Was ist dran am Cyber-Krieg? Eine Analyse moderner Kriegführung am Beispiel des russisch-georgischen Krieges 2008 (Hamburg: disserta Verlag)
Berman, Paul (2006): Zwei Prämissen, eine Katastrophe – Was ist der Terrorismus: Strategie oder totalitäre Ideologie? In: Internationale Politik 1, S. 22–30
Black, Jeremy (2003): World War Two: A Military History (London: Routledge)
Bloch, Johann von (1899): Der Krieg: Band VI (Berlin: Puttkammer/Mühlbrecht)

Bluhm, Harald/Geis, Anna (2004): Den Krieg überdenken. Kriegstheorien und Kriegsbegriffe in der Kontroverse – ein Tagungsbericht. In: Zeitschrift für Internationale Beziehungen 11:2, S. 419–427

Bock, Veronika (2015): Hybride Kriege – die Ohnmacht der Gegner? In: Ethik und Militär, 2, S. 1–63

Bonacker, Thorsten/Imbusch, Peter (1996): Begriffe der Friedens- und Konfliktforschung: Konflikt, Gewalt, Krieg, Frieden. In: Imbusch, Peter/Zoll, Ralf (Hrsg.): Friedens- und Konfliktforschung: Eine Einführung in die Quellen (Opladen: Leske und Budrich) S. 73–116

Bothe, Michael (2007): Krieg im Völkerrecht. In: Beyrau, Dietrich/Hochgeschwender, Michael/Langewische, Dieter (Hrsg.): Formen des Krieges: Von der Antike bis zur Gegenwart (Paderborn: Ferdinand Schöningh) S. 469–478

Bousquet, Antoine (2012): All Your Brain Are Belong To Us: Neuroscience Goes to War. In: The Disorder of Things, URL: https://thedisorderofthings.com/2012/02/19/all-your-brain-are-belong-to-us/ (abgerufen am 05.02.2020)

Brodie, Bernard (1946): The Absolute Weapon: Atomic Power and World Order (New York: Harcourt Brace)

Brodie, Bernard (1959): Strategy in the Missile Age (Princeton N. J.: Princeton University Press)

Chojnacki, Sven (2004): Wandel der Kriegsformen? Ein kritischer Literaturbericht. In: Leviathan 32 (3), S. 402–424

Clausewitz, Carl von (1980): Vom Kriege (Bonn: Dümmler)

Coker, Christopher (2013): Warrior Geeks: How 21st Century Technology is Changing the Way. We Fight and Think about War (London: Hurst)

Coker, Cristopher (2019): Artificial Intelligence and the Future of War. In: Scandinavian Journal of Military Studies 2 (1), S. 55–60.

Colás, Alejandro/Saul, Richard (Hrsg.) (2006): The War on Terrorism and the American ›Empire‹ after the Cold War (New York: Routledge)

Cornish, Paul/Livingston, David/Clemente, Dave/Yorke, Claire (2010): On Cyber Warfare (London: Chatham House Report)

Craig, Campbell/Radchenko, Sergey (2018): MAD, not Marx: Khrushchev and the nuclear revolution. In: Journal of Strategic Studies 41 (1–2), S. 208–233

Crenshaw, Martha (2008): ›New‹ vs. ›Old‹ Terrorism: A Critical Appraisal. In: Coolsaet, Rik (Hrsg.): Jihadi Terrorism and the Radicalisation Challenge in Europe (Aldershot: Ashgate) S. 25–36

Crockatt, Richard (1995): The Fifty Years War: The United States and the Soviet Union in World Politics, 1941–1991 (New York: Routledge)

Cummings, M. L. (2017): Artificial Intelligence and the Future of Warfare. In: Chatham House Research Paper, URL: https://www.chathamhouse.org/sites/default/files/publications/research/2017-01-26-artificial-intelligence-future-warfare-cummings-final.pdf (abgerufen am 05.02.2020)

Cutler, Leonard (2018): President Obama's Counterterrorism Strategy in the War on Terror: An Assessment (New York: Palgrave MacMillan)

Daase, Christopher (2001): Terrorismus – Begriffe, Theorien und Gegenstrategien: Ergebnisse und Probleme sozialwissenschaftlicher Forschung. In: Die Friedenswarte 76, S. 55–79

Daase, Christopher (2003): Krieg und politische Gewalt: Konzeptionelle Innovation und theoretischer Fortschritt. In: Hellmann, Gunther/Wolf, Klaus Dieter/Zürn. Michael (Hrsg.): Die neuen Internationalen Beziehungen. Forschungsstand und Perspektiven in Deutschland (Baden-Baden: Nomos) S. 161–208

Daase, Christopher/Spencer, Alexander (2011): Stand und Perspektiven der politikwissenschaftlichen Terrorismusforschung. In: Spencer, Alexander/Kocks, Alexander/Harbrich, Kai (Hrsg.): Terrorismusforschung in Deutschland (Wiesbaden: VS Verlag) S. 25–47

Davis, Norman (1996): An Information-Based Revolution in Military Affairs. In: Strategic Review, 24 (1), S. 43–53

DeBlois, Bruce M./Garwin, Richard L./Kemp, R. Scott/Marwell, Jeremy C. (2004): Space Weapons: Crossing the U.S. Rubicon. In: International Security 29 (2), S. 50–84

Del Monte, Luis A. (2018): Genius Weapons: Artificial Intelligence, Autonomous Weaponry, and the Future of Warfare (New York: Prometheus Books)

Demmers, Jolle/Gould, Lauren (2018): An Assemblage Approach to Liquid Warfare: AFRICOM and the ›Hunt‹ for Joseph Kony. In: Security Dialogue 49 (5), S. 364–381

Der Derian, James (2001): Virtuous War: Mapping the Military-Industrial-Media-Entertainment Network, Boulder, Colorado: Westview Press)

Diehl, Ole (2013): Die Strategiediskussion in der Sowjetunion: Zum Wandel der sowjetischen Kriegsführungskonzeption in den achtziger Jahren (Wiesbaden: Springer Verlag)

Dixon, Paul (2009): Hearts and Minds? British Counter-Insurgency from Malaya to Iraq. In: Journal of Strategic Studies 32 (3), S. 353–381

Douhet, Giulio (1983): The Command of the Air (Washington, D. C.: Air Force History)

Echterkamp, Jörg (2015): Der Zweite Weltkrieg eine historische Zäsur. In: Bundeszentrale für politische Bildung, URL: http://www.bpb.de/geschichte/deutsche-geschichte/der-zweite-weltkrieg/199392/einfuehrung (abgerufen am 05.02.2020)

Edwards, Aaron (2017): War: A Beginners Guide (London: Oneworld Publications)

Ehrhart, Hans-Georg (2014): Russlands unkonventioneller Krieg in der Ukraine: Zum Wandel kollektiver Gewalt. In: Aus Politik und Zeitgeschichte 64 (47–48), S. 26–27

Ehrhart, Hans-Georg (2017): Einleitung: Krieg und Kriegsführung im 21. Jahrhundert. In: Ehrhart, Hans-Georg: Krieg im 21. Jahrhundert: Konzepte, Akteure, Herausforderungen (Baden-Baden: Nomos Verlag) S. 7–30

Eichhorst, Kristina (2007): Terrorismus – eine schwierige Begriffsbestimmung. In: ISUK (Hrsg.): Jahrbuch Terrorismus 2006 (Opladen/Farmington Hill: Verlag Barbara Budrich) S. 23–37

Echevarria, Antulio J. (2005): Fourth Generation War and Other Myths (Carlisle: Strategic Studies Institute)

Eppler, Erhard (2002): Vom Gewaltmonopol zum Gewaltmarkt: Die Privatisierung und Kommerzialisierung der Gewalt (Frankfurt am Main: Suhrkamp Verlag)

Etzersdorfer, Irene (2007): Krieg: Eine Einführung in die Theorie bewaffneter Konflikte (Frankfurt am Main: UTB)

Evans, Michael (2010): Elegant Irrelevance Revisited: A Critique of Fourth Generation Warfare. In: Karp, Aaron/Karp, Regina/Terriff, Terry (Hrsg.): Global Insurgency and the Future of Armed Conflict: Debating Fourth-Generation Warfare (New York: Routledge), S. 67–74

Evans, Michael (2015): The Case against Megacities. In: Parameters: US Army War College Quarterly, 45 (1), S. 33–43

Evans, Nicholas (2014): Emerging Military Technologies: A Case Study in Neurowarfare. In: Tripodi, Paolo/Wolfendale, Jessica (Hrsg.): New Wars and New Soldiers: Military Ethics in the Contemporary World (Farnham: Ashgate) S. 105–116

Even, Shmuel/Siman-Tov, David (2012): Cyber Warfare: Concepts and. Strategic Trends (Tel Aviv: Institute for National Security Studies)

Farewell, James P. (2014): Issues of Law Raised by Developments and Use of Neuroscience and Neurotechnology in National Security and Defense. In: Giordano, James: Neurotechnology in National Security and Defense: Practical Considerations, Neuroethical Concerns (London: CRC Press) S. 133–166

FitzGerald, Frances (2001): Way out there in the Blue: Reagan, Star Wars and the End of the Cold War (New York: Touchstone Books)

Fitzgerald, Gerard J. (2008): Chemical Warfare and Medical Response during World War I. In: American Journal of Public Health 98 (4), S. 611–625

Freedman, Lawrence (2002): The Third World War? In: Survival 43 (3), S. 61–88

Freudenberg, Dirk (2007): Theorie des Irregulären: Partisanen, Guerillas und Terroristen im modernen Kleinkrieg (Wiesbaden: V.S. Verlag)

Fridman, Ofer (2018): Russian »Hybrid Warfare«: Resurgence and Politicization (Oxford: Oxford University Press)

Friedrich Ebert Stiftung (FES) – Arbeitskreis Internationale Sicherheitspolitik (2015): Neue digitale Militärtechnologien und autonome Waffensysteme, URL: https://library.fes.de/pdf-files/id/ipa/11622.pdf (abgerufen am 05.02.2020)

Foley, Robert T. (2014): Dumb Donkeys or Cunning Foxes? Learning in the British and German Armies during the Great War. In: International Affairs 90 (2), S. 279–298

Foley, Robert T. (2006): What's in a Name?: The Development of Strategies of Attrition on the Western Front, 1914–1918. In: The Historian 68 (4), S. 722–746

Förster, Stig (1999): Das Zeitalter des totalen Kriegs, 1861–1945. Konzeptionelle Überlegungen für einen historischen Strukturvergleich. In: Mittelweg 36 (8), S. 12–29
Förster, Stig (2002): Einleitung. In: Förster, Stig/Kroener, Bernhard R./Wegner, Bernd (Hg.): An der Schwelle zum Totalen Krieg. Die militärische Debatte über den Krieg der Zukunft 1919–1939 (Paderborn: Ferdinand Schöningh), S. 30–33
Förster, Stig (2005): Die Neuen Kriege: Was tun mit den alten Instrumenten? In: Newsletter des Arbeitskreises Militärgeschichte 10 (1), S. 7–12
Frieser, Karl-Heinz (2005): Blitzkrieg-Legende. Der Westfeldzug 1940 (München: Oldenbourg Verlag)
Fukuyama, Francis (1992): The End of History and the Last Man (New York: Free Press)
Fürting, Henner (2003): Kleine Geschichte des Irak: von der Gründung 1921 bis zur Gegenwart (München: C.H. Beck)
Gaddis, John Lewis (2008): Der Kalte Krieg: Eine neue Geschichte (München: Pantheon Verlag)
Gaddis, John Lewis (1986) The long Peace: Elements of Stability in the Postwar International System. In: International Security 10, S. 99–142
Geis, Anna (2006): Den Krieg überdenken. Kriegsbegriffe und Kriegstheorien in der Kontroverse. In: Geis, Anna (Hrsg.): Den Krieg überdenken: Kriegsbegriffe und Kriegstheorien in der Kontroverse (Baden-Baden: Nomos) S. 9–43
Geist, Edward Moore (2016): It's already too Late to Stop the AI Arms Race – We Must Manage it instead. In: Bulletin of the Atomic Scientists 72 (5), S. 318–321
Giordano, James/Wurzman, Rachel (2011): Neurotechnologies as Weapons in National Intelligence and Defense – an Overview. In: Synesis: A Journal of Science, Technology, Ethics and Policy 2 (1), S. 55–71
Graml, Hermann (1990): Europas Weg in den Krieg: Hitler und die Mächte 1939 (München: Oldenbourg)
Gray, Colin S./Payne, Keith (1984): Sieg ist möglich – eine amerikanische Einladung zum Atomkrieg. In: Brauch, Hans Günter (Hrsg.): Kernwaffen und Rüstungskontrolle: Ein Interdisziplinäres Studienbuch (Opladen: Westdeutscher Verlag) S. 227–242
Gray, Colin S. (1999): Modern Strategy (Oxford: Oxford University Press)
Gray, Colin S. (2005): Another Bloody Century: Future Warfare (London: Orion Books)
Gray, Colin S. (2007): War Peace and International Relations: An Introduction to Strategic History (London: Routledge)
Gregory, D. (2011): From a View to a Kill: Drones and Late Modern War. In: Theory, Culture/Society 28 (7), S. 188–215
Greiner, Bernd/Müller, Christian Th./Walter, Dierk (Hrsg.) (2006): Heiße Kriege im Kalten Krieg: Studien zum Kalten Krieg. Bd. 1 (Hamburg: Hamburger Edition)
Greiner, Bernd/Müller, Christian Th./Walter, Dierk (Hrsg.) (2008): Krisen im Kalten Krieg: Studien zum Kalten Krieg. Bd. 2 (Hamburg: Hamburger Edition)
Groitl, Gerline (2015): Strategischer Wandel und zivil-militärischer Konflikt: Politiker, Generäle und die US-Interventionspolitik von 1989 bis 2013 (Wiesbaden: Springer Verlag)
Gusterson, Hugh (2016): Drone: Remote Control Warfare (London: MIT Press)
Gurr, Ted Robert (1970): Why Men Rebel (Princeton: Princeton University Press)
Habermas, Jürgen (1989): Der philosophische Diskurs der Moderne: Zwölf Vorlesungen (Frankfurt am Main: Suhrkamp)
Hammes, Thomas X. (2006): The Sling and the Stone: On war in the 21st Century (St. Paul: Zenith Press)
Hansel, Mischa (2010): Schutzraum, Kampfzone oder Pax Americana? – Der Weltraum und die Kriegsführung der Zukunft. In: Jäger, Thomas: Die Komplexität der Kriege (Wiesbaden: VS Verlag) S. 261–283
Harris, J. Paul (1995): Debate: The Myth of Blitzkrieg. In: War in History 2 (3), S. 335–352
Harris, Marc/Dixon, Robert/Melin, Nicholas/Hendrex, Daniel/Russo, Richard/Bailey, Michael (2014): Megacities and the United States Army: Preparing for a Complex and Uncertain Future. In: Chief of Staff of the Army: Strategic Studies Group, URL: https://www.army.mil/e2/c/downloads/351235.pdf (abgerufen am 05.02.2020)
Hart, Stephen (2000): Landwarfare in Europe, 1942–1945. In: Trew, Simon/Sheffield, Gary (Hrsg.): 100 Years of Conflict: 1900–2000 (Thrupp: Simon Publishing) S. 146–174

Hegenbart, Christine (2014): Cyber-Security: Eine Frage der Begriffe. In: Arbeitspapiere Sicherheitspolitik 2, S. 1–9

Heuser, Beatrice (2012): Guerilla Warfare. In: Martel, Gordon (Hrsg.): The Encyclopedia of War Vol. 3 (Oxford: Wiley-Blackwell) S. 925–939

Heuser, Beatrice (2013): Rebellen Partisanen Guerilleros. Asymmetrische Kriege von der Antike bis heute (Paderborn: Ferdinand Schöningh)

Heuser, Beatrice (2014): The Bomb: Nuclear Weapons in their Historical, Strategic and Ethical Context (New York: Routledge)

Heuser, Beatrice/Shamir, Eitan (2016): Insurgency and Counterinsurgency: National Styles and Strategic Cultures (Cambridge: Cambridge University Press)

Herberg-Rothe, Andreas (2003): Der Krieg: Geschichte und Gegenwart (Frankfurt am Main: Campus Verlag)

Herz, John H. (1974): Staatenwelt und Weltpolitik. Aufsätze zur internationalen Politik im Nuklearzeitalter (Hamburg: Hoffmann und Campe)

Hills, Alice (2004): Future War in Cities: Rethinking a Liberal Dilemma (New York: Frank Cass Publishers)

Hippler, Thomas (2011): Counterinsurgency – Theorien unkonventioneller Kriegführung: Callwell, Thompson, Smith, und das US Army Field Manual 3-24. In: Jäger, Thomas/Beckmann, Rasmus (Hrsg.): Handbuch Kriegstheorien (Wiesbaden: Springer) S. 256–283

Hobsbawm, Eric (2017): Das lange 19. Jahrhundert. 3 Bde. (Stuttgart: WBG Theiss)

House, Simon (2014): The Battle of the Ardennes, August 1914: France's Lost Opportunity. In: Krause, Jonathan (Hrsg.): The Greater War: Other Combatants and Other Fronts, 1914–1918 (New York: Palgrave MacMillan) S. 7–25

Hoffman, Bruce (2003): Terrorismus – Der unerklärte Krieg: Neue Gefahren politischer Gewalt (Frankfurt am Main: S. Fischer)

Hoffman, Frank G./Mattis, James N. (2005): Future Warfare: The Rise of Hybrid Wars. In: Naval Institute Proceedings 132 (11), S. 18–19

Hoffman, Frank G. (2007): Conflict in the 21st Century: The Rise of Hybrid Wars. (Arlington, VA: Potomac Institute for Policy Studies)

Hoffman, Frank G. (2009): Further Thoughts on Hybrid Threats. In: Small Wars Journal, URL: https://smallwarsjournal.com/jrnl/art/further-thoughts-on-hybrid-threats (abgerufen am 05.02.2020)

Holewinski, Sarah (2012): The Civilian Impact of Drones: Unexamined Costs, Unanswered Questions, Columbia Law School Human Rights Clinic (Columbia Law School: New York)

Horowitz, Michael C., Kreps, Sarah/Fuhrmann, Matthew (2016): The Consequences of Drone Proliferation: Separating Fact from Fiction. In: International Security 41 (2), S. 7–42

Howell, Edgar M. (1956): The Soviet Partisan Movement 1941–1944 (Washington, D. C.: Department of the Army)

Hughes, Geraint (2011): The Cold War and Counter-Insurgency. In: Diplomacy/Statecraft, 22 (1), S. 142–163

Hüppauf, Bernd (2013): Was ist Krieg? Zur Grundlegung einer Kulturgeschichte des Kriegs (Bielefeld: Transcript Verlag)

Ignatieff, Michael (2000): Virtual War: Kosovo and Beyond (London: Vintage Books)

Isaac, Joel/Bell, Duncan (2012): Introduction. In: Isaac, Joel/Bell, Duncan (Hrsg.): Uncertain Empire: American History and the Idea of the Cold War (Oxford: Oxford University Press) S. 3–17

Jackson, Julian (2004): The Fall of France: The Nazi Invasion of 1940 (Oxford: Oxford University Press)

Jackson, Richard (2005): Writing the War on Terrorism: Language, Politics and Counter-Terrorism (Manchester: Manchester University Press)

Jackson, Richard (2016): Introduction: a Decade of Critical Terrorism Studies. In: Jackson, Richard (Hrsg.): Routledge Handbook of Critical Terrorism Studies (New York: Routledge) S. 1–14

Jahns, Christopher/Schüffler, Christine (2008): Logistik: Von der Seidenstrasse bis heute (Wiesbaden: Springer Gabler Verlag)

Jersak, Tobias (2000): Blitzkrieg Revisited: A New Look at Nazi War and Extermination Planning. In: The Historical Journal 43 (2), S. 565–582

Jhaveri, Nayna J. (2004): Petroimperialism: US Oil Interests and the Iraq War. In: Antipode 36 (1), S. 2–11

Johnson, James (2019): Artificial Intelligence/Future Warfare: Implications for International Security. In: Defense/Security Analysis, 35 (2), S. 147–169

Johnson, Robert (2018): Hybrid War and Its Countermeasures: A Critique of the Literature. In: Small Wars/Insurgencies, 29 (1), S. 141–163

Jordan, David (2016): The Evolution of Air and Space Power. In: Jordan, David/Kiras, James D./Lonsdale, David J./Speller, Ian/Tuck, Christopher/Walton, C. Dale (Hrsg.): Understanding Modern Warfare (Cambridge: Cambridge University Press) S. 250–272

Joy, Robert J. T. (1997): Historical Aspects of Medical Defense Against Chemical Warfare. In: Sidell, Frederick R., Takafuji, Ernest T./Franz, David R. (Hrsg.): Medical Aspects of Chemical and Biological Warfare (Maryland: United States Government Printing) S. 87–109

Kahl, Martin (2017): Krieg als Mittel gegen den Terrorismus? Das Scheitern des War on Terror. In: Ehrhart, Hans-Georg (Hrsg.): Krieg im 21. Jahrhundert: Konzepte, Akteure, Herausforderungen (Baden-Baden: NOMOS) S. 229–250

Kahn, Hermann (2007): On Themonuclear War (New Brunswick: Transaction Publishers)

Kaldor, Mary (2000): Neue und alte Kriege: Organisierte Gewalt im Zeitalter der Globalisierung (Frankfurt am Main: Suhrkamp Verlag)

Kaldor, Mary (2013): In Defence of New Wars. In: Stability: International Journal of Security and Development. 2 (1), S. 1–16

Kaplan, Robert (1994): The Coming Anarchy. In: The Atlantic, URL: https://www.theatlantic.com/magazine/archive/1994/02/the-coming-anarchy/304670/ (abgerufen am 05.02.2020)

Kaplan, Edward (2015): To Kill Nations: American Strategy in the Air-atomic Age and the Rise of Mutually assured Destruction (New York: Cornell University Press)

Kennedy, Kevin C. (1983): A Critique of United States Nuclear Deterrence Theory. In: Brook. Journal of International Law 9 (1), S. 35–66

Kilian, Jürgen (2013): Wehrmacht, Partisanenkrieg und Rückzugsverbrechen an der nördlichen Ostfront im Herbst und Winter 1943. In: Vierteljahrshefte für Zeitgeschichte 61 (2), S. 173–200

Kiras, James D. (2016): Irregular Warfare. In: Jordan, David/Kiras, James D./Lonsdale, David J./Speller, Ian/Tuck, Christopher/Walton, C. Dale (Hrsg.): Understanding Modern Warfare (Cambridge: Cambridge University Press) S. 301–371

Kilcullen, David (2013): Out of The Mountains: The Coming Age of the Urban Guerilla (Oxford: Oxford University Press)

Knowles, Emily/Watson, Abigail (2018): Remote Warfare. Lessons learnt from Contemporary Theatres (London: Oxford Research Group)

Konaev, Margarita (2019): The Future of Urban Warfare in the Age of Megacities. In: Focus stratégique, No. 88 S. 1–56

Kraschner, Holger (2008): Neues Risiko Terrorismus: Entgrenzung, Umgangsmöglichkeiten, Alternativen (Wiesbaden: VS Verlag)

Kreuzer, Michael P. (2016): Drones and the Future of Air Warfare: The Evolution of Remotely Piloted Aircraft (New York: Routledge)

Krieg, Andreas/Rickli, Jean-Marc (2019): Surrogate Warfare: The Transformation of War in the Twenty-First Century (Washington, D. C.: Georgetown University Press)

Krishnan, Armin (2016): Military Neuroscience and the Age of Neurowarfare (New York: Routledge)

Kurtulus, Ersun N. (2011): The »New Terrorism« and its Critics. In: Studies in Conflict/Terrorism 34 (6), S. 476–500

Kurowski, Franz (1977): Der Luftkrieg über Deutschland (Düsseldorf: Heyne Verlag)

LaFeber, Walter (2002): The Post September 11 Debate Over Empire, Globalization, and Fragmentation. In: Political Science Quarterly 117 (1), S. 1–17

Larsen, Jeffrey Arthur/Smith, James M. (2005): Historical Dictionary of Arms Control and Disarmament (Lanham: Scarecrow Press)

Larsen, Jeffrey Arthurs (2014): Limited War and the Advent of Nuclear Weapons. In: Larsen, Jeffrey Arthur/Kartchner, Kerry M. (Hrsg.): On Limited Nuclear War in the 21st Century (Stanford: Stanford University Press) S. 3–20

Lemler, Kai (2017): Sicherheitskonzepte in asymmetrischen Konflikten (Baden-Baden: Tectum Verlag)

Lewis, Michael (2013): Drones and Distinction: How IHL encouraged the Rise of Drones. In: Georgetown Journal of International Law 44 (3), S. 1127–1166

Lieb, Peter (2007): Konventioneller Krieg oder Weltanschauungskrieg? Kriegführung und Partisanenbekämpfung in Frankreich 1934/44 (München: Oldenbourg)

Lieb, Peter (2008): Few Carrots and a lot of Sticks: German Anti-Partisan Warfare in World War Two. In: Marston, Daniel/Malkasian, Carter (Hrsg.): Counterinsurgency in Modern Warfare (Oxford: Osprey Publishing) S. 57–78

Lightbody, Bradley (2004): The Second World War (New York: Routledge)

Lind, William S./Nightengale, Keith/Schmitt John F./Sutton, Joseph W./Wilson, Gary I. (1989): The Changing Face of War: Into the Fourth Generation. In: Marine Corps Gazette 73 (10), S. 22–26

Lind, William S. (2004): Understanding Fourth Generation War. In: Military Review, 84 (5), S. 12–16

Lonsdale, David J. (2016): Strategy. In: Jordan, David/Kiras, James D./Lonsdale, David J./Speller, Ian/Tuck, Christopher/Walton, C. Dale (Hrsg.): Understanding Modern Warfare (Cambridge: Cambridge University Press, 2016) S. 21–81

Lüdecke, Alexander (2007): Der Zweite Weltkrieg. Ursachen, Ausbruch, Verlauf, Folgen (Berlin: Paragon)

Luiifj, Eric (2014): Definitions of Cyber Terrorism. In: Akhgar, Babak/Stainforth, Andrew/Bosco, Francesca (Hrsg.): Cyber Crime and Cyber Terrorism: Investigator's Handbook (Waltham: Syngress) S. 11–18

Lupton, David E. (1998): On Space Warfare: A Space Power Doctrine (Maxwell Air Force Base: Air University Press)

Martin, Helge (2016): Der Islamische Staat und die hybride Kriegsführung: Beiträge zur Schärfung des Konzeptes hybrider Kriegsführung am Beispiel des nichtstaatlichen Gewaltakteurs Islamischer Staat. In: Zentrum für Europäische Friedens- und Sicherheitsstudien, Working Paper 11, S. 1–58

Matthies, Volker (2005): Eine Welt voller neuer Kriege? In: Frech, Siegfried/Trummer, Peter (Hrsg.): Neue Kriege: Akteure, Gewaltmärkte, Ökonomie (Schwalbach: Wochenschau Verlag) S. 185–190

Maurer, Tim (2018): Cyber Mercenaries: The State, Hackers, and Power (Cambridge: Cambridge University Press)

McGraw, Gary (2013): Cyber War is Inevitable (Unless We Build Security In). In: Journal of Strategic Studies 36 (1), S. 109–119

McGwire, Michael (1986): Deterrence: the Problem – not the Solution. In: International Affairs 62 (1), S. 55–70

McInnes, Colin (1988): Nuclear Strategy. In: McInnes, Colin/Sheffield, G.D. (Hrsg.): Warfare in the Twentieth Century: Theory and Practice (London: Unwin Hyman) S. 140–163

Mearsheimer, John J. (1990): Why We Will Soon Miss the Cold War. In: The Atlantic, 266 (2), S. 35–50

Meier, Niklaus (2012): Warum Krieg?: Die Sinndeutung des Krieges in der deutschen Militärelite 1871–1945 (Paderborn: Ferdinand Schöningh)

Meschnig, Alexander (2015): Der Wille zur Bewegung: Militärischer Traum und totalitäres Programm. Eine Mentalitätsgeschichte vom Ersten Weltkrieg zum Nationalsozialismus (Bielefeld: transcript Verlag)

Milevski, Lukas (2012): Fortissimus Inter Pares: The Utility of Landpower in Grand Strategy. In: Parameters 42:2, S. 6–15

Milner, Marc (1990): The Battle of the Atlantic. In: Gooch, John (Hrsg.): Decisive Campaigns of the Second World War (London: Routledge) S. 45–66

Milner, Helen (1991): The Assumption of Anarchy in International Relations Theory: A Critique. In: Review of International Studies, 17:1, S. 67–85

Misselwitz, Phillip/Weizman, Eysal (2003): Krieg der Städte. In: ARCH+ 164/165, S. 64–71
Moreno, Jonathan D. (2012): Mind Wars: Brain Science and the Military in the 21st Century (New York: Bellevue Literary Press)
Moore, William (1987): Gas Attack! Chemical Warfare 1915–1918 and Afterwards (New York: Hippocrene Books)
Morrow, John H. Jr. (2010): The First World War. 1914–1918. In: Olsen, John Andreas (Hrsg.): A History of Air Warfare (Dulles: Potomac Books) S. 3–26
Müller, Christian Th. (2018): Jenseits der Materialschlacht: Der Erste Weltkrieg als Bewegungskrieg (Paderborn: Ferdinand Schöningh)
Müller, Harald/Sohnius, Stephanie (2006): Intervention und Kernwaffen: Zur Neuen Nukleardoktrin der USA (Frankfurt am Main: HSFK-Report)
Müller, Vincent C./Bostrom, Nick (2014): Future Progress in Artificial Intelligence: A Survey of Expert Opinion. In: Müller, Vincent (Hrsg.): Fundamental Issues of Artificial Intelligence (Berlin: Springer) S. 555–572
Mumford, Andrew (2013): Proxy Warfare and the Future of Conflict. The RUSI Journal 158 (2), S. 40–46
Münkler, Herfried (2002): Die Neuen Kriege (Reinbeck: Rowohlt Verlag)
Münkler, Herfried (2004): Die neuen Kriege: Kriege haben ihre Gestalt fundamental verändert. In: Der Bürger im Staat, 54 (4): S. 179–184
Münkler, Herfried (2006): Der Wandel des Krieges: Von der Symmetrie zur Asymmetrie (Weilerswist: Velbrück Verlag)
Münkler, Herfried (2014): Der Große Krieg: Die Welt 1914–1918 (Berlin: Rowohlt)
Münkler, Herfried (2017): Kriegssplitter: Die Evolution der Gewalt im 20. und 21. Jahrhundert (Reinbeck: Rowohlt, 2017)
Murray, Williamson (1998): Armored Warfare: The British, French and German Experiences. In: Murray, Williamson/Millett, Allan R.: Military Innovation in the Interwar Period (Cambridge: Cambridge University Press) S. 6–49
Murray, Williamson/Mansoor, Peter (Hrsg.) (2012): Hybrid Warfare: Fighting Complex Opponents from the Ancient World to the Present (Cambridge: Cambridge University Press)
National Research Council (2008): Emerging Cognitive Neuroscience and Related Technologies (Washington, D. C.: The National Academies)
Neiberg, Michael S. (2011): «The Evolution of Strategic Thinking in World War I: A Case Study of the Second Battle of the Marne. In: Journal of Military and Strategic Studies 13 (4), S. 1–20
Neitzel, Sönke (2004): Der strategische Luftkrieg im Zweiten Weltkrieg. In: Heidenreich, Bernd/Neitzel, Sönke (Hrsg.): Der Bombenkrieg und seine Opfer (Wiesbaden: Hessische Landeszentrale für politische Bildung) S. 5–17
Neitzel, Sönke (2014): Der Totale Krieg. In: Zeitalter der Weltkriege. Informationen zur politischen Bildung Nr. 321, S. 26–39
Neumann, Peter R. (2009): Old and New Terrorism: Late Modernity, Globalization and the Transformation of Political Violence (Cambridge: Polity)
Neumann, Peter R. (2019): Bluster: Donald Trump's War on Terror (Oxford: Oxford University Press)
Newman, Edward (2004): The ›New Wars‹ Debate: A Historical Perspective Is Needed. In: Security Dialogue 35 (2), S. 173–189
Nichols, Thomas M. (2018): U.S. Nuclear Strategy: The Search for Meaning. In: Reveron, Derek S./Gvosdev, Nicholas K./Cloud, John A. (Hrsg.): The Oxford Handbook of U.S. National Security (Oxford: Oxford University Press) S. 377–396
Oeter, Stefan (2014): Rechtsfragen des Einsatzes bewaffneter Drohnen aus völkerrechtlicher Perspektive. In: Ethik und Militär 1, S. 36–40
Otto, Jean L./Webber, Bryant J. (2013): Mental Health Diagnoses and Counselling Among Pilots of Remotely Piloted Aircraft in the US Aircraft. In: Medical Surveillance Monthly Report 20 (3), S. 3–8
Osgood, Robert E. (1957): Limited War: The Challenge to American Strategy (Chicago: University of Chicago Press)

Overy, Richard J. (1992): Air Warfare and Modernity. In: Boog, Horst/Keenan, Karl B. (Hrsg.): The Conduct of the Air War in the Second World War: An International Comparison (New York: Berg Publishers) S. 7–31
Overy, Richard J. (2005): Total War II: The Second World War. In: Townshend, Charles (Hrsg.): The Oxford History of Modern War (Oxford: Oxford University Press) S. 138–157
Overy, Richard J. (2013): The Bombers and the Bombed: Allied Airwar over Europe 1939–1945 (New York: Penguin)
Paech, Norman (2013): Drohnen und Völkerrecht. In: Strutynski, Peter (Hrsg.): Töten per Fernbedienung: Kampfdrohnen im weltweiten Schattenkrieg (Wien: Promedia) S. 19–33
Paulus, Martin P./Haase, Lori/Johnson, Douglas C./Simmons, Alan N./Potterat, Eric G./Van Orden, Karl/Swain, Judith L. (2015): Neural Mechanisms as Putative Targets for Warfigther Resilience and Optimal Performance. In: Giordano, James (Hrsg.): Neurotechnology in National Security and Defense: Practical Considerations, Neuroethical Concerns (London: CRC Press) S. 51–64
Pesek, Michael (2010): Das Ende eines Kolonialreiches: Ostafrika im Ersten Weltkrieg (Frankfurt am Main: Campus Verlag)
Pfetsch, Frank R. (2017): Frieden, Krieg und internationale Politik. In: Sauer, Frank/Masala, Carlo (Hrsg.): Handbuch Internationale Beziehungen (Wiesbaden: VS Verlag) S. 861–879
Pflieger, Klaus (2011): Die Rote Armee Fraktion – RAF. 14.5.1970 bis 20.4.1998 (Baden-Baden: Nomos)
Philpott, William (2014): Attrition: Fighting the First World War (London: Little Brown)
Podliska, Bradley F. (2010): Acting Alone: A Scientific Study of American Hegemony and Unilateral Use-of-Force Decision Making (New York: Lexington Books)
Pöhlmann, Markus (2015): Der Panzer und die Mechanisierung des Krieges: Eine deutsche Geschichte 1890 bis 1945 (Leiden: BRILL)
Prümm, Karl (2005): Die Historiographie der »neuen Kriege« muss Mediengeschichte sein. In: Zeithistorische Forschungen/Studies in Contemporary History, 2 (1), S. 100–104
Rácz, András (2015): Russia's Hybrid War in Ukraine. Breaking the Enemy's Ability to Resist. In: The Finnish Institute of International Affairs, FIIA Report 43, S. 1–101
Raths, Ralf (2011): Die Überlegenheit der Verteidigung: Die Entwicklung der deutschen Defensivkonzepte im Grabenkrieg. In: Jäger, Thomas/Beckmann, Rasmus (Hrsg.): Handbuch Kriegstheorien (Wiesbaden: Springer) S. 396–404
Reed, Donald J. (2008): Beyond the War on Terror: Into the Fifth Generation of War and Conflict. In: Studies in Conflict/Terrorism 31 (8), S. 684–722
Reichborn-Kjennerud, Erik/Cullen, Patrick (2016): What is Hybrid Warfare? In: Norwegian Institute of International Affairs, URL: https://nupi.brage.unit.no/nupi-xmlui/bitstream/handle/11250/2380867/NUPI_Policy_Brief_1_Reichborn_Kjennerud_Cullen.pdf?sequence=3&isAllowed=y (abgerufen am 05.02.2020)
Richter, Wolfgang (2013): Kampfdrohnen, Völkerrecht und militärischer Nutzen. In: SWP-Aktuell, URL: https://www.swp-berlin.org/fileadmin/contents/products/aktuell/2013A28_rrw.pdf (abgerufen am 05.02.2020)
Rid, Thomas (2012): Cyber War Will Not Take Place. In: Journal of Strategic Studies 35 (1), S. 5–32
Rid, Thomas/McBurney, Peter (2012): Cyber-Weapons. In: The RUSI Journal 157 (1), S. 6–13
Rid, Thomas (2018): Mythos Cyberwar: Über digitale Spionage, Sabotage und andere Gefahren (Hamburg: Edition Körber)
Riemann, Malte (2020): »As Old as War Itself«? Historicizing the Universal Mercenary. In: Journal of Global Security Studies, URL: https://doi.org/10.1093/jogss/ogz069 (abgerufen am 01.03.2020)
Riemann, Malte/Rossi, Norma (2020): Remote Warfare: The Sociopolitical Effects of Ever Present/Absent War. In: McKay, Alasdair (Hrsg.): Conceptualizing Remote Warfare: The Past, Present and Future (E-IR, 2020) (im Erscheinen)
Riemann, Malte/Rossi, Norma (2019): Introduction. In: Riemann, Malte/Rossi, Norma/Smith, Martin S./Murray, Donette/Brown, David (Hrsg.): War amongst the People: A Critical Assessment (Hampshire: Howgate Publishing) S. 1–18

Roberts, Michael (1995): The Military Revolution, 1560–1660. In: Rogers, Clifford J. (Hrsg.): The Military Revolution Debate: Readings in the Military Transformation of Early Modern Europe (Boulder: Westview Press) S. 13–36

Rotte, Ralph (2019): Das Phänomen Krieg: Eine sozialwissenschaftliche Bestandsaufnahme (Wiesbaden: Springer VS)

Ruble, Vic/Kirstein, Sara (2016): Double Ten Day. In: Science Fiction Futures. Marine Corps Security Environment Forecast: Future 2030–2045 (Quantico: Marine Corps Warfighting Laboratory) S. 9–22

Ruloff, Dieter (2004): Wie Kriege beginnen: Ursachen und Folgen (München: C.H. Beck)

Sarkees, Meredith Reid/Wayman, Frank (2010): Resort to War: 1816–2007 (Washington, D. C.: CQ Press)

Sheffield, Gary D. (1988): Blitzkrieg and Attrition: Land Operations in Europe 1914–1945. In: McInnes, Colin/Sheffield, Gary D. (Hrsg.): Warfare in the Twentieth Century: Theory and Practice (London: Unwin Hyman) S. 51–79

Schliefsteiner, Paul (2017): Der Globale Krieg gegen den Terror seit 2011. In: Goll, Nicole/Heppner, Harald/Hoffmann, Georg (Hrsg.): Globaler Krieg: Visionen und ihre Umsetzung (Wien: LIT Verlag) S. 185–208

Schmidt, Rainer F. (2008): Der Zweite Weltkrieg: Die Zerstörung Europas (Berlin-Brandenburg: Be-Bra Verlag)

Schmidt, Stefan (2009): Frankreichs Außenpolitik in der Julikrise 1914: Ein Beitrag zur Geschichte des Ausbruchs des Ersten Weltkrieges (München: R. Oldenbourg Verlag)

Schmitt, Carl (1974): Der Nomos der Erde im Völkerrecht des Jus Publicum Europaeum (Berlin: Dunker/Humboldt)

Schöneberger, Timm (2014): Vom Zweiten Golfkrieg zum Kampfeinsatz im Kosovo: Eine Zwei-Ebenen-Analyse der Bundeswehreinsätze in den 90er Jahren (Wiesbaden: Springer Verlag)

Schrader, Lutz (2012): Ethnopolitische Konflikte. In: Bundeszentrale für politische Bildung, URL: https://www.bpb.de/internationales/weltweit/innerstaatliche-konflikte/54504/ethnopolitische-konflikte (abgerufen am 05.02.2020)

Schreiber, Wolfgang (2016): Der neue unsichtbare Krieg? Zum Begriff der »hybriden« Kriegführung. In: Aus Politik und Zeitgeschichte (35–36), S. 11–15

Schwarz, Wolfgang (2019): Frieden und Abschreckung. In: Gießmann, Hans J./Rinke, Bernhard (Hrsg.): Handbuch Frieden (Wiesbaden: Springer) S. 265–278

Schwab, Orrin (2009): The Gulf Wars and the United States: Shaping the Twenty-first Century (Westport: Praeger Security International)

Schwarzrock, Götz (1992): Die Menschen und ihre Geschichten in Darstellung und Dokumentation: Das Ende der Nachkriegsepoche (Frankfurt am Main: Cornelsen Verlag)

Senghaas, Dieter (1972): Abschreckung und Frieden: Studien zur Kritik organisierter Friedlosigkeit (Frankfurt am Main: Fischer Verlag)

Shaw, Martin (2005): The New Western Way of War: Risk Transfer War and its Crisis in Iraq (Cambridge: Polity Press)

Shaw, Ian/Akhter, Majed (2014): The Dronification of State Violence. In: Critical Asian Studies 46 (2), S. 211–234

Shaw, Ian (2013): Predator Empire: The Geopolitics of US Drone Warfare. In: Geopolitics 18 (3), S. 536–559

Shimko, Keith L. (2010): The Iraq Wars and America's Military Revolution (New York: Cambridge University Press)

Singer, Peter W. (2009): Wired For War: The Robotics Revolution and Conflict in the 21st Century (New York: Penguin Press)

Siroli, Gian Piero (2018): Considerations on the Cyber Domain as the New Worldwide Battlefield. In: The International Spectator 53 (2), S. 111–123

Sitaraman, Ganesh (2013): The Counterinsurgent's Constitution: Law in the Age of Small Wars (Oxford: Oxford University Press)

Smith, Rupert (2005): The Utility of Force: The Art of War in the Modern World (London: Allen Lane)

Speller, Ian (2016): Naval Warfare. In: Jordan, David/Kiras, James D./Lonsdale, David J./Speller, Ian/Tuck, Christopher/Walton, C. Dale (Hrsg.): Understanding Modern Warfare (Cambridge: Cambridge University Press) S. 159–217

Stachelbeck, Christian (2017): Materialschlachten 1916: Ereignis, Bedeutung, Erinnerung (Paderborn: Ferdinand Schöningh)

Stevenson, David (2010): 1914–1918. Der Erste Weltkrieg (Mannheim: Albatros-Verlag)

Stewart, Frances (2002): Root Causes of Violent Conflict in Developing Countries. In: British Medical Journal 324, S. 342–345

Stier, Hans Erich (1962): Deutsche Geschichte im Rahmen der Weltgeschichte (Darmstadt: C.A. Koch Verlag)

Strachan, Hew (2004): The First World War in Africa (Oxford: Oxford University Press)

Straßner, Alexander (2011): Formen des Aufstands: Die typologische und empirische Vielfalt von Insurgency im historischen Längsschnitt. In: Sebaldt, Martin/Straßner, Alexander (Hrsg.): Aufstand und Demokratie: Counterinsurgency als normative und praktische Herausforderung (Wiesbaden: Springer VS) S. 27–57

Stöver, Bernd (2017): Der Kalte Krieg (München: C.H. Beck)

Sullivan, Gordon R. (1995): The Army in the Information Age (Carlisle Barracks, Pa.: Strategic Studies Institute)

Surber, Regina (2018): Artificial Intelligence: Autonomous Technology (AT), Lethal Autonomous Weapons Systems (LAWS) and Peace Time Threats (Zürich: ICT4Peace Foundation)

Süß, Dietmar (2011): Tod aus der Luft: Kriegsgesellschaft und Luftkrieg in Deutschland und England (München: Siedler Verlag)

Szafranski, Richard (1997): Neocortical Warfare? The Acme of Skill. In: Arquilla, John/Ronfeldt, David: In Athena's Camp: Preparing for Conflict in the Information Age (Washington, D. C.: RAND) S. 395–416

Tamminga, Oliver (2015): Hybride Kriegsführung: Zur Einordnung einer aktuellen Erscheinungsform des Krieges. In: SWP-Aktuell, URL: https://www.swp-berlin.org/fileadmin/contents/products/aktuell/2015A27_tga.pdf (abgerufen am 05.02.2020)

Taylor, Alan J. P. (2001): The Origins of the Second World War (London: Penguin)

The Institute for Economics and Peace (2012): The Economic Costs of Violence Containment. (New York: 2012)

Thiel, Thorsten (2015): Cyber, Cyber-Krieg und Frieden in einer vernetzten Welt. In: Polar: Politik, Theorie, Alltag 19, S. 55–61

Thimm, Johannes (2018): Vom Ausnahmezustand zum Normalzustand: Die USA im Kampf gegen den Terrorismus. In: SWP-Studie 16 https://www.swp-berlin.org/fileadmin/contents/products/studien/2018S16_tmm.pdf (abgerufen am 05.02.2020)

Thompson, Michael J. (2011): Military Revolutions and Revolutions in Military Affairs: Accurate Descriptions of Change or Intellectual Constructs? In: Strata Vol. 3, S. 82–108

Till, Geoffrey (1988): Naval Power. In: McInnes Colin und Sheffield, G. D. (Hrsg.): Warfare in the Twentieth Century: Theory and Practice (London: Unwin) S. 80–113

Tilly, Charles (1975): Reflections on the History of European State-making. In: Tilly, Charles (Hrsg.): The Formation of National States in Western Europe (Princeton: Princeton University Press) S. 3–83

Tilly, Charles (1992): Coercion, Capital, and European States, AD 990–1990 (Oxford: Blackwell Publishers)

Travers, Tim (1987): The Killing Ground: The British Army, The Western Front and the Emergence of Modern Warfare, 1900–1918 (London: Pen/Sword)

Truman, Harry S. (1963): Public Papers of the Presidents of the United States: Harry S. Truman, 1948, Volume 4 (Best Books)

Tsetsos, Konstantinos (2014): Krieg und Frieden. In: Enskat, Sebastian/Masala, Carlo (Hrsg.): Internationale Sicherheit: Eine Einführung (Wiesbaden: Springer) S. 51–69

Tuchman, Barbara (2001): August 1914 (Frankfurt am Main: Fischer)

Tuck, Christopher (2016): Land Warfare. In: Jordan, David/Kiras, James D./Lonsdale, David J./Speller, Ian/Tuck, Christopher/Walton, C. Dale (Hrsg.): Understanding Modern Warfare (Cambridge: Cambridge University Press) S. 83–159

Ueberschär, Gerd R. (1995): Das Unternehmen Barbarossa gegen die Sowjetunion – Ein Präventivkrieg? In: Bailer-Galanda, Brigitte/Benz, Wolfgang/Neugebauer, Wolfgang (Hrsg.): Wahrheit und »Auschwitzlüge«. Zur Bekämpfung »revisionistischer« Propaganda (Wien: Deuticke Verlag) S. 162–183

Van Creveld, Martin (1991): The Transformation of War: The Most Radical Reinterpretation of Armec Conflict since Clausewitz (New York: Free Press)

Van Evera, Stephen (1984): The Cult of the Offensive and the Origins of the First World War. In: International Security 9 (1), S. 58–107

Van Puyvelde, Damien/Brantley, Aaron F. (2019): Cybersecurity: Politics, Governance and Conflict in Cyberspace (Cambridge: Polity Press)

Von Bredow, Wilfried (2014): Sicherheit, Sicherheitspolitik und Militär: Deutschland seit der Vereinigung (Wiesbaden: Springer Verlag)

Von Krshiwoblozki, Lukas (2015): Asymmetrische Kriege: Die Herausforderung für die deutsche Sicherheitspolitik im 21. Jahrhundert (Marburg: Tectum Verlag,)

Wagner, Jürgen (2006): Intellektuelle Brandstifter. Die »Neuen Kriege« als Wegbereiter des Euro-Imperialismus. In: Magazin der Informationsstelle Militarisierung (IMI) (3), S. 3–9

Walker, R. B. J. (1993): Violence, Modernity, Silence: From Max Weber to International Relations. In: Campbell, David/Dillon, Michael (Hrsg.): The Political Subject of Violence (Manchester: Manchester University Press) S. 137–160

Walsh, Stephen (2000): Landwarfare in Europe, 1939–1942. In: Trew, Simon/Sheffield, Gary (Hrsg.): 100 Years of Conflict: 1900–2000 (Thrupp: Simon Publishing) S. 125–145

Walther, Gerald (2014): Weaponization of Neuroscience. In: Clausen, Jens/Levy, Neil: Handbook of Neuroethics (Heidelberg: Springer) S. 1167–1771

Walton, C. Dale (2016): Weapons of Mass Destruction: Nuclear Weapons. In: Jordan, David/Kiras, James D./Lonsdale, David J./Speller, Ian/Tuck, Christopher/Walton, C. Dale (Hrsg.): Understanding Modern Warfare (Cambridge: Cambridge University Press) S. 405–430

Waltz, Kenneth (1959): Man the State and War (New York: Columbia University Press)

Warden, John A. (1992): Employing Air Power in the Twenty-first Century. In: Shultz, Richard H./Pfaltzgraff, Robert L. (Hrsg.): The Future of Air Power in the Aftermath of the Gulf War (Alabama: Air university Press) S. 57–82

Warner, Geoffrey (2013): Geopolitics and the Cold War. In: Immermann, Richard H./Goedde, Petra (Hrsg.): The Oxford Handbook of the Cold War (Oxford: Oxford University Press) S. 67–85

Wassermann, Felix (2015): Asymmetrische Kriege: Eine politiktheoretische Untersuchung zur Kriegführung im 21. Jahrhundert (Frankfurt am Main: Campus Verlag)

Watson, Abigail (2018): The Perils of Remote Warfare. In: RealClear Defense, URL: https://www.realcleardefense.com/articles/2018/12/08/the_perils_of_remote_warfare_114012.html (abgerufen am 05.02.2020)

Watts, Tom/Biegon, Rublick (2017): Defining Remote Warfare: Security Cooperation (London: Oxford Research Group)

Weiß, Norman (2009): Aspekte der Grotius-Rezeption am Beispiel von Mare Liberum. In: Weiß, Norman (Hrsg.): Hugo Grotius: Mare Liberum: Zur Aktualität eines Klassikertextes (Potsdam: Universitätsverlag Potsdam), S. 17–24

Wendt, Alexander (1992): Anarchy is what States make of it: the Social Construction of Power Politics. In: International Organization 46 (2), S. 391–425.

White, Stephen E. (2008): Brave New World: Neurowarfare and the Limits of International Humanitarian Law. In: Cornell International Law Journal 41 (1), S. 177–210

Williams, Phil (2017): A Soldier's Guide to Urban War. In: Association of the United States Army, URL: https://www.ausa.org/articles/soldier's-guide-urban-war (abgerufen am 05.02.2020)

Wither, James K. (2016): Making Sense of Hybrid Warfare. In: Connections 15 (2), S. 73–87

Wing, Stephen W. (1998): Myths, Models, and U.S. Foreign Policy: The Cultural Shaping of Three Cold Warriors (London: Lynne Rienner Publishers)

Woodward, David R. (2015): World War I: Western Front. In: Martel, Gordon (Hrsg.): Twentieth-Century War and Conflict: A Concise Encyclopedia (Chichester: Wiley), S. 310–319

Zimmermann, Ekkart (1981): Krisen, Staatsstreiche und Revolutionen: Theorien, Daten und neuere Forschungsansätze (Opladen: Westdeutscher Verlag)

Abbildungsverzeichnis

Abb. 1:	© Malte Riemann.	17
Abb. 2a:	Deutsche Fotothek, Wiki Commons: https://commons.wikimedia.org/wiki/File:Fotothek_df_ps_0000010_Blick_vom_Rathausturm.jpg (abgerufen am 27.04.2020).	26
Abb. 2b:	Wiki Commons: https://commons.wikimedia.org/wiki/File:Frankfurt_1945_June_destructions_after_bombing_raids_old_town_aerial.JPG (abgerufen am 27.04.2020).	27
Abb. 3:	Bundesarchiv, Bild 183-B0720-0046-001/CC-BY-SA 3.0, Wiki Commons: https://commons.wikimedia.org/wiki/File:Bundesarchiv_Bild_183-B0720-0046-001,_Vietnamkrieg,_Fl%C3%BCchtende_Mutter_mit_Kindern.jpg (abgerufen am 27.04.2020).	28
Abb. 4:	Wiki Commons: https://commons.wikimedia.org/wiki/File:Schlieffen_Plan_de_1905.svg (abgerufen am 27.04.2020).	38
Abb. 5:	Wiki Commons: https://commons.wikimedia.org/wiki/File:Cheshire_Regiment_trench_Somme_1916.jpg (abgerufen am 27.04.2020).	42
Abb. 6:	© Julian Nyča, Wiki Commons: https://de.wikipedia.org/wiki/Datei:Verdun_Douaumont_Cemetery_2.JPG (abgerufen am 27.04.2020).	51
Abb. 7:	RIA Novosti archive, image #602161/Zelma/CC-BY-SA 3.0, Wiki Commons: https://commons.wikimedia.org/wiki/File:RIAN_archive_602161_Center_of_Stalingrad_after_liberation.jpg (abgerufen am 27.04.2020).	64
Abb. 8:	Bundesarchiv, Bild 183-1985-0104-501/Lange/CC-BY-SA 3.0, Wiki Commons: https://de.wikipedia.org/wiki/Datei:Bundesarchiv_Bild_183-1985-0104-501,_Ardennenoffensive,_Grenadiere_in_Luxemburg.jpg (abgerufen am 27.04.2020).	69
Abb. 9:	Bundesarchiv, Bild 102-00159/CC-BY-SA 3.0, Wiki Commons: https://commons.wikimedia.org/wiki/File:Bundesarchiv_Bild_102-00159,_U-Bootkrieg,_britisches_Schiff_%22Maplewood%22.jpg (abgerufen am 27.04.2020).	72
Abb. 10:	Wiki Commons: https://commons.wikimedia.org/wiki/File:NATO_vs._Warsaw_(1949-1990).svg (abgerufen am 27.04.2020).	84
Abb. 11:	Wiki Commons: https://commons.wikimedia.org/wiki/File:USA_und_UdSSR_bestand_atomwaffen.svg (abgerufen am 27.04.2020).	90

Abb. 12:	Wiki Commons: https://commons.wikimedia.org/wiki/File: Bruno_Caruso_photographing_a_Guerilla_Fighter.jpg (abgerufen am 27.04.2020).	96
Abb. 13:	Wally Gobetz, Wiki Commons: https://commons.wikimedia.org/wiki/File:September_11_2001_just_collapsed.jpg (abgerufen am 27.04.2020).	120
Abb. 14:	© Malte Riemann.	131
Abb. 15:	Julian Herzog, Wiki Commons: https://en.wikipedia.org/wiki/IAI_Harop#/media/File:IAI_Harop_PAS_2013_01.jpg (abgerufen am 27.04.2020).	147